natürlich oekom!

Mit diesem Buch halten Sie ein echtes Stück Nachhaltigkeit in den Händen. Durch Ihren Kauf unterstützen Sie eine Produktion mit hohen ökologischen Ansprüchen:

- mineralölfreie Druckfarben
- Verzicht auf Plastikfolie
- Finanzierung von Klima- und Biodiversitätsprojekten
- kurze Transportwege – in Deutschland gedruckt

Weitere Informationen unter www.natürlich-oekom.de und #natürlichoekom

Dieses Buch wurde unterstützt von:

- der Gen-ethischen Stiftung
- der Rosa Luxemburg-Stiftung
- der Stiftung GEKKO
- der Stiftung Menschenwürde und Arbeitswelt
- der Stiftungsgemeinschaft anstiftung & ertomis
- der Zukunftsstiftung Landwirtschaft

Vielen Dank! Die Inhalte des Buches geben nicht unbedingt die Meinung der Stiftungen wieder.

Bibliografische Information der Deutschen Nationalbibliothek: Die Deutsche Nationalbibliothek verzeichnet diese Publikation in der Deutschen Nationalbibliografie; detaillierte bibliografische Daten sind im Internet über www.dnb.de abrufbar.

4. Auflage, 2024

oekom – Gesellschaft für ökologische Kommunikation mbH
Goethestraße 28, 80336 München
+49 89 544184 – 200
www.oekom.de

Layout, Satz, Umschlaggestaltung: Dirk Heider, Berlin
Illustrationen: Anja Banzhaf
Lektorat, Korrektur: Britta Plote und Torsten Schlusche
Druck: Elanders Waiblingen GmbH, Waiblingen

ISBN 978-3-86581-781-5
E-ISBN 978-3-96006-101-4
https://doi.org/10.14512/9783960061014

Anja Banzhaf

# SAATGUT

## Wer die Saat hat, hat das Sagen

»Sie haben versucht, uns zu begraben.
Doch sie vergaßen, dass wir Samen sind.«

In mexikanischen Graswurzelbewegungen verwendetes Sprichwort,
vermutlich zurückgehend auf den griechischen Poeten
Dinos Christianopoulos (*1931).

# Inhalt

# Streifzüge und Interviews

Für alle Bäuerinnen und Landarbeiter, Landlosen
und Gärtnerinnen dieser Erde

Prolog

# Saatgut – Ein ›heißes Schnäppchen‹?

Ein kleines, lokales Saatgutprojekt in Göttingen: Eine Gruppe von etwa fünf bis zehn Aktiven – inklusive mir selbst – beackern einen Gemeinschaftsgarten und organisieren Veranstaltungen wie Vorträge, Seminare oder Saatgut-Tauschbörsen. Bei diesen Aktionen geht es uns hauptsächlich darum, ein selbstorganisiertes Lernumfeld zu erschaffen, Wissen über Themen rund ums ökologische (Samen-)Gärtnern zu erlangen und weiterzugeben, und Menschen in der Umgebung auf die aktuellen Entwicklungen in der Landwirtschafts- und Saatgutpolitik aufmerksam zu machen. Dabei sehen wir uns als Teil größerer Bewegungen, die sich für kleinbäuerliche und solidarische (Land-)Wirtschaftsformen einsetzen.

Wie viele andere Projekte haben wir eine Internetseite, die unsere Aktivitäten und Beweggründe beschreibt, aktuelle Termine ankündigt und Möglichkeiten zum Mitmachen aufzeigt. Eine dieser Mitmachmöglichkeiten sind Sortenpatenschaften. Wir fordern die Leserinnen unserer Internetseite auf, mit einer Sorte eine Patenschaft einzugehen, also die Vermehrung dieser Sorte zu übernehmen, und am Ende des Jahres einen Teil der gewonnenen Saat an uns zurückzugeben. Diese Patenschaften beruhen auf Vertrauen und Gegenseitigkeit und zielen darauf ab, Saatgut zusammen mit anderen Menschen als Gemeingut zu behandeln und zu pflegen. In der Regel bekommen wir relativ wenige Anfragen, die wir gut im Nebenher bearbeiten können.

Im Frühjahr 2014 änderte sich das urplötzlich: Innerhalb von vier Tagen trudelten 500 Emails bei uns ein! Zunächst dachten wir, unser Emailfach sei gehackt worden, und wir brauchten ein paar Tage, um den tatsächlichen Auslöser dieser Flut zu verstehen: Jemand hatte wohl von den Sortenpatenschaften gelesen und in einer vermutlich guten Absicht entschieden, diese auf dem Internetportal ›MyDealz‹ bekannt zu machen.

Das MyDealz-Portal gibt Schnäppchen jagenden Menschen die Möglichkeit, die aktuellsten Schnäppchen (englisch: ›deals‹) aus dem Internet kundzugeben. Dies können besonders günstige Fernseher, eine ›all-inclusive‹ Urlaubsreise, ein Strauß Rosen oder auch eine Packung Fertig-Rotkohl sein. Die (uns leider immer noch unbekannte) Person hatte die Sortenpatenschaften auf der MyDealz-Seite mit einem recht guten Text beschrieben und mit unserer Internetseite verlinkt. Der Text wurde dankenswerterweise sogar mit dem Verweis versehen, dass unsere Initiative vermutlich recht klein sei und sich nur die wirklich interessierten Schnäppchenjägerinnen melden sollten.

Das ›Schnäppchen‹ kam gut an: Auf der MyDealz-Seite wurde die Kommentarfunktion zu unseren Sortenpatenschaften aktiv genutzt, nach etwa fünf Tagen waren vier Seiten mit Kommentaren gefüllt. Innerhalb von ein paar Tagen erreichte unser ›Sortenpatenschafts-Schnäppchen‹ den Status des ›hottest deal‹ der Woche. Kurze Zeit später war es der ›hottest deal ever‹ – also das heißeste Schnäppchen, das jeher auf dieser Seite bewertet wurde! Zu diesem Zeitpunkt hatten wir noch keine einzige Anfrage bearbeitet und kein einziges Saatkorn an die Schnäppchenjäger verschickt.

Da wir mit den 500 Anfragen mehr als genug zu tun hatten und auch die Bezeichnung unserer Sortenpatenschaften als ›Schnäppchen‹ nicht kommentarlos stehenlassen konnten, deaktivierten wir den Link zu unserer Seite und schrieben eine Extraseite für unsere Schnäppchenjägerinnen. Den Verfasserinnen der 500 Emails beschrieben wir Sinn und Zweck einer Sortenpatenschaft und baten sie, bei ›wirklichem‹ Interesse an der Vermehrung einer Sorte erneut auf uns zuzukommen. Daraufhin meldeten sich nochmals etwa 40 Personen zurück, denen wir – soweit wir es schafften – Saatgut zukommen ließen. Bisher haben wir allerdings noch keine einzige Rücksendung mit vermehrtem Saatgut bekommen.

Wieso erzähle ich diese Geschichte? Einerseits, weil sie so wunderbar skurril ist. Ich erinnere mich noch, wie sehr ich darüber staunte, dass unsere Sortenpatenschaften der ›hottest deal ever‹ sein sollten. Andererseits regt unser MyDealz-Erlebnis zum Nachdenken über die Rahmenbedingungen für Sortenpatenschaften an (S. 144). Und vor allem zeigt diese Geschichte ganz plakativ, dass Sorten, Saatgut und vielleicht auch Kulturpflanzenvielfalt nicht als Gemeingut, sondern als Ware angesehen werden – als ein Schnäppchen, das mal eben vor dem Zubettgehen gejagt werden kann.

Seit etwas über 100 Jahren jagen Agrarindustrie und Nationalstaaten Hand in Hand nach diesen Schnäppchen und achten mit Argusaugen darauf, dass sie ihnen niemand wieder wegschnappt. Während diese Schnäppchenjagd in vielen Ländern des globalen Südens aktuell mit großer Heftigkeit durchgeführt wird, ist sie in den Industrieländern ein eher schleichender Prozess, den viele Menschen nicht oder nur am Rande mitbekommen. Aktuelle Verhandlungen über die Überarbeitung des EU-Saatgutrechts oder dreiste Patentierungsversuche einzelner Konzerne lassen dennoch manche Menschen aufhorchen und Fragen stellen. Vielleicht kann auch dieses Buch einige Denkanstöße geben.

# Zu diesem Buch: Wer die Saat hat…

Auch wenn kaum jemand darüber nachdenkt: Wir haben jeden Tag mit Saatgut zu tun. Die Haferflocken im Müsli, die Tomatensoße auf der Pizza oder die Gerste im Bier, letztendlich wachsen all unsere Nahrungsmittel aus Saatkörnern. Und doch wissen viele Menschen wenig über das, was mit unserem Saatgut geschieht.

Mit diesem Buch richte ich mich an alle, die sich mit Saatgut beschäftigen oder beschäftigen wollen. Wer Fragen zum Thema Saatgut hat, wer gerne Essen zubereitet, auf dem Balkon gärtnert oder einen Topf Kräuter vor dem Küchenfenster hängen hat; wer einen wundervollen Haus- oder Gemeinschaftsgarten bepflanzt oder einen Acker bestellt; wer selbst Saatgut gewinnt oder gar gezielt züchtet – und auch, wer nichts von all dem tut! – wird in diesem Buch abwechslungsreiche Geschichten rund ums Saatkorn finden. Während Laien an manchen Stellen möglicherweise zu viele Details finden, werden Expertinnen in einigen Kapiteln auf bekannte Informationen stoßen. In beiden Fällen ist es gut möglich, ein paar Seiten zu überspringen. An allen relevanten Stellen gebe ich Verweise, wenn ich mich auf ein anderes Kapitel im Buch beziehe.

Zum Schmökern, Durchblättern und Hängenbleiben laden insbesondere die Interviews und Streifzüge ein, die sich durch das gesamte Buch ziehen. Sie bebildern den Haupttext mit Beispielen, geben Einblicke in die Saatgutsituation anderer Länder, lassen viele Menschen zu Wort kommen und stellen Fragen. Selbst wer ›nur‹ diese Texte liest, wird einen umfassenden Einblick in die Thematik bekommen.

Ich habe dieses Buch in drei Hauptteile gegliedert. Der erste Teil gibt einen einleitenden Überblick. Er erzählt vom Beginn der Züchtung, vom industriellen Agrarsystem und von bäuerlichen Saatgutsystemen, wie sie auf die eine oder andere Art weltweit bestehen. In Teil II beschreibe ich, wie Saatgut innerhalb weniger Jahrzehnte vom Gemeingut zur Ware wurde, und wie Agrarkonzerne und Nationalstaaten immer mehr das Sagen über die Saat erobern. Doch Saatgut gehört wie Boden, Sonnenenergie und Wasser zu den Grundelementen der Landwirtschaft, und viele Menschen lassen es sich nicht einfach so wegnehmen! Im dritten Teil des Buches gebe ich in vielen Interviews und Streifzügen den Menschen das Wort, die auf unterschiedlichste Weise versuchen, das Sagen über ihre Saat zu behalten oder wiederzuerlangen. Wer also schon viel über das Thema Saatgut weiß oder Lust auf inspirierende Projekte hat, kann einfach in Teil III einsteigen. Die dafür nötigen Grundlagen können auch während des Lesens nachschlagähnlich aus den Teilen I und II gezogen werden. Am Ende jedes Teils sind einige Bücher und auch Filme zum Weiterlesen und -schauen empfohlen.

Ich verwende in diesem Buch bewusst kaum Abkürzungen. Eine Ausnahme ist das lange Wort ›Hochreaktionssorten‹, das immer wieder auftaucht, sodass ich es mit ›HR-Sorten‹ abkürze. Was es mit diesen Sorten auf sich hat, ist auf Seite 63 nachzulesen. Und, wo es gerade um Sorten geht: Für das Verständnis dieses Buches ist die Unterscheidung von Arten und Sorten wichtig. Eine Art kann als Oberbegriff einer Pflanzengruppe gesehen werden, deren Individuen sich untereinander kreuzen können; Individuen verschiedener Arten können sich in der Regel nicht miteinander kreuzen. Innerhalb von Arten bilden sich verschiedene Untergruppen, die Sorten, aus. Beispielsweise gehören die verschiedenen Tomatensorten – ob grün, gelb, weiß, orange, rot oder gestreift, ob länglich, rund, oval, klein oder groß – zu ein und derselben Pflanzenart, der Art der Tomate.

Aus Gründen der besseren Lesbarkeit verwende ich in diesem Buch überwiegend die weibliche Form. Damit meine ich alle Menschen, ob sie sich nun weiblich, männlich, trans, inter, queer oder gar nicht definieren.

Viel Freude beim Lesen!

Lesehinweis:

Am Ende des Buches ist ein Register der Personen zu finden, mit denen ich für dieses Buch gesprochen habe. In diesem Verzeichnis ist zumeist auch eine Internetseite genannt, unter der die Person oder die zugehörigen Projekte zu finden sind. Im Text sind die Namen der Personen, die im Verzeichnis gelistet sind, mit einem Sternchen * gekennzeichnet.

Teil I

# Bäuerliche Saatgutsysteme und Kulturpflanzenvielfalt

# Die Jahrtausende alte Pflanzenzüchtung

»Kein menschliches Kulturgut, keine Münze und kein Stück bedruckten Papiers ist durch so viele Hände gegangen und so weit gewandert, ist so überlebenswichtig und wird doch so wenig geachtet wie unsere Kulturpflanzen.«

Thomas Gladis

Streifzug

## Der lange Weg des blauen Popkorns

In meinem Garten versucht Popkornmais, Kälte und Niederschlägen zu trotzen. Ich habe die blau gefärbten Körner von einem Bauern aus Griechenland bekommen, zwei Wochen lang in meinem Rucksack getragen und, zurück in Göttingen, in meinem – zugegebenermaßen etwas schattigen – Garten gesät. Jeden Tag schaue ich nach den etwas mickrigen Pflänzchen, unglücklich über den verregneten Sommer und die niedrigen Temperaturen. Der blaue Popkornmais ist anderes gewöhnt, kommt er doch aus der griechischen Sonne! Ob er tragen wird? Und wenn ja, ob er abreifen wird? Mit diesen Gedanken blicke ich ab und zu etwas verzweifelt auf die schon großen Maispflanzen auf den Feldern der Umgebung. »Vergleichst du ihn mit Hybridmais?«, fragt mich ein Freund. Ich muss lachen, hat er mich doch in meiner Sorge um das blaue Mitbringsel genau dabei ertappt. Erst viel später lerne ich, dass manche bäuerlichen Maissorten so wüchsig und ertragreich wie Hybriden sein können (S. 196).

Bevor ich die blauen Maiskörner von Griechenland nach Deutschland mitnahm, hatten sie schon ganz andere Reisen, Herausforderungen und Veränderungen erlebt. Mais hat eine lange Geschichte, von der viele Schritte im Dunkeln liegen und nur vermutet werden können. Dass ein Bauer in Griechenland mir diesen Mais schenken konnte, verdanke ich Generationen von Samengärtnerinnen und Bauern dort – und einem Prozess, der schon bei Jägerinnen und Sammlern angefangen hat. Mais hatte nicht immer solch dicke Kolben wie heute, er wurde auf diese Form hin gezüchtet! Vor über 7.000 Jahren nutzten Menschen im heutigen Mexiko ein Wildgras namens Teosinte. Jede Teosintepflanze trägt an lockeren Blütenständen viele Ähren mit nur einer Handvoll kleiner Körner. Über dem Feuer löst sich ihre harte Schale und die Körner puffen so, wie wir es heute vom Popkorn kennen. Wie an Höhlenfunden erkennbar ist, hatte die Teosinteähre vor etwa 6.000 Jahren schon einen zwei Zentimeter großen Kolbenansatz entwickelt. Die ersten Maiskolben, die Kolumbus 1493 nach Spanien brachte, zeigten zwar noch nicht die Erträge der heute angebauten Pflanzen, hatten aber

doch schon deren Kolbengröße. Von Spanien aus gelangte der Mais über Griechenland und die Türkei nach Deutschland. Global gesehen gilt Mais heute neben Weizen und Reis als wichtigste Getreideart, wobei der Anbau von Futtermais eine immer wichtigere Rolle gewinnt. Schätzungen zufolge gibt es weltweit über 50.000 Maissorten und Variationen – in Deutschland spielen jedoch nur etwa zehn Sorten im kommerziellen Anbau eine Rolle.

Von Teosinte zu Mais: Jahrhunderte währende Auslese und spontane Mutationen ließen die Ähren kolbenförmiger und die Körner größer werden

Den größten Teil ihrer Geschichte hatten die Menschen also keine Maisfelder mit dicken, körnerbesäten Kolben. Die Menschen lebten als Jägerinnen und Sammler.[1] Sie beobachteten die Zyklen der Pflanzen, lernten verstehen, wann diese reif sind und wie sie sich vermehren. Sie merkten sich die Orte, an denen besonders gut essbare Pflanzen wuchsen, um dorthin zurückzukehren – so wie auch heute schon längst sesshaft gewordene Menschen die Stellen im Wald kennen, an denen im Frühjahr Bärlauch wuchert. Einigen Hinweisen zufolge war das Sammeln bei der damalig niedrigen Bevölkerungsdichte ein extrem erfolgreiches Konzept. Mit recht wenig Aufwand führte es zu einer ausgewogenen und abwechslungsreichen Ernährung aus tausenden verschiedenen Nutzpflanzen (Bertolami 1981:8, Sahlins 1968).

Die Nahrung der Jäger und Sammlerinnen stammte aus vielfältigen und widerstandsfähigen Ökosystemen. Diese waren nicht hochproduktiv im heutigen Sinne, dafür aber sehr stabil und zuverlässig. Die Menschen bauten sich in der Nähe der besonders fruchtbaren Sammelstellen nach und nach Lagerplätze, zu denen sie immer wieder zurückkehrten. Diese Sammlerinnen und Sammler beobachteten Generation für Generation ihre Nahrungspflanzen und lernten deren Vorlieben für sonnige, feuchte oder steinige Standorte kennen. So begannen die Menschen, das Wachstum und die Verbreitung essbarer Pflanzen in ihrer Umgebung zu fördern und andere Pflanzen zu verdrängen. Auf diese Weise schufen sie sich ein immer reichhaltigeres Nahrungsmittelangebot in der Umgebung und mussten seltener umherziehen. Das Sesshaftwerden war also kein Geistesblitz einer einzelnen Sammlerin, sondern ein sich logisch ergebender Prozess mit fließenden Übergängen.

Dies wird dadurch bestätigt, dass Ackerbau auf verschiedenen Kontinenten, an voneinander abgeschiedenen Orten und mit unterschiedlichsten Ausgangsbedingungen von vielen Gruppierungen immer wieder neu ›erfunden‹ und begonnen wurde: Der Anfang der Landwirtschaft wird in Vorderasien – dem sogenannten ›fruchtbaren Halbmond‹ – mit dem Anbau von Wildemmer, -einkorn und -gerste auf etwa 13.000 Jahre vor heute datiert. Im heutigen China haben die Menschen vor etwa 12.500 bis 9.500 Jahren begonnen,

1 Entgegen weitläufiger Meinung ist es sehr unwahrscheinlich, dass es über eine so lange urgeschichtliche Epoche wie die der Steinzeit (2,5 Millionen Jahre) eine statische, geschlechtsspezifische Arbeitsteilung gab. Das Bild von der Frau als ›Sammlerin‹ und vom Mann als ›Jäger‹ ist nicht haltbar, stattdessen sprechen die archäologischen Quellen für sich immer verändernde, komplexe und vielschichtige Geschlechterrollen (Röder 2014).

Reis, Hirse und Soja anzubauen. Vor etwa 9.000 Jahren begann in Mexiko die Kultivierung von Mais beziehungsweise Teosinte (S. 16) und in der Sahelzone bauten die Menschen schon vor 7.000 Jahren Hirse an.

## Die ersten Züchterinnen

Mit dem Sesshaftwerden der ersten Menschengruppen vor etwa 10.000 bis 13.000 Jahren begannen diese mit dem Ackerbau und damit auch mit der Pflanzenzüchtung. »Solange es die Landwirtschaft gibt, sind Bauern immer auch Züchter gewesen« schreibt Reneé Vellvé (Heistinger 2001:39). Die erste Auslese führten sie beim Sammeln von Getreidekörnern durch: Wildes Getreide vermehrt sich dadurch, dass die Ähren früh aufplatzen und die darin enthaltenden Samenkörner ›streuen‹, also auf den Boden fallen. Zum einfachen Absammeln eignen sich jedoch nur die Körner von noch nicht aufgeplatzten Ähren. Mit der Wiederaussaat solcher Körner begannen die ersten Bäuerinnen den langen Züchtungsprozess des ›nichtstreuenden Korns‹, welches heute mit Dreschflegeln oder -maschinen aus den Ähren geschlagen werden muss.

Die weitere Entwicklung der Kulturpflanzen wurde durch die wachsamen Augen, die Pflege und die Vorlieben der Menschen geprägt. Die Bäuerinnen und Bauern beobachteten, selektierten, nahmen Saatgut, probierten aus und lernten kontinuierlich weiter. Ganz selbstverständlich und sorgfältig sammelten und säten sie die Pflanzen, die gut schmeckten, satt machten, vielfältig verwendbar oder gut lagerbar waren. Manche Getreidepflanzen erwiesen sich als sehr tolerant gegenüber Nässe, andere überstanden eine Krankheit gut. Wildpflanzen vermischten sich mit den in Kultur genommenen Pflanzen und brachten Kombinationen mit wieder anderen Merkmalen hervor. Zeigten sich bei zufälligen Kreuzungen und Mutationen besonders große oder nahrhafte Früchte, wurden ihre Samen bevorzugt ausgesät.

Auf ein und dem selben Feld brachten die Bäuerinnen verschiedene Sorten gleichzeitig aus, und auch die Pflanzenindividuen innerhalb einer Sorte zeigten verschiedene Erscheinungsformen. Dennoch war diese Vielfalt alles andere als beliebig und wichtige Sorten waren für die Bäuerinnen durchaus unterscheidbar: »[J]ede einzelne Population [ist] identifizierbar und trägt gewöhnlich einen eigenen Namen. Wer sie kennt, weiss genau, welchen Geschmack sie hat und ob sie sich für schweren oder leichten Boden, zur Verarbeitung zu Mehl, Brei, oder Malz [...] besonders eignet« (Bertolami 1981:22). Der Botaniker Edgar Anderson beobachtete bei der in Indien auf ›steinzeitliche‹ Art lebenden Menschengruppe der Naga, dass es »einer geradezu fanatischen Bemühung [bedurfte...], um diese (Mais-)Sorte so rein zu halten, die von einer Familie zur anderen [...] weitergegeben wurde« (Bertolami 1981:19). Wahrscheinlich haben Bäuerinnen schon vor vielen Tausend Jahren bei der Vermehrung ihrer Sorten durchaus darauf geachtet, dass sich diese nicht unerwünscht mit anderen verkreuzen.

## Vielfaltszentren von Kulturpflanzen

Wenn die Menschen weiterzogen, nahmen sie Saatgut ihrer wichtigsten Nahrungspflanzen mit und säten diese an neuen Orten wieder aus. Einige Pflanzen mussten sie aufgeben, da diese den neuen Bedingungen nicht standhielten. Andere Pflanzen passten sich an Gebirgslagen oder Meeresnähe, an andere Böden, Niederschläge, Tageslängen, Temperaturen oder Krankheiten an. Sie verkreuzten sich erneut mit lokalen Wildpflanzen und mit Kulturpflanzen anderer Bäuerinnen und Bauern. Innerhalb der letzten 10.000 Jahre ließen abertausende züchtende Hände, verschiedene Ackerbautechniken, unterschiedliche Ernährungsgewohnheiten und Klimate einen unvorstellbaren Reichtum an lokalen Sorten mit unzähligen Variationen entstehen.

»Im Laufe der Jahrtausende, in denen die meisten Nutzpflanzen kultiviert wurden, sind sie mit fast jeder vorstellbaren Gegebenheit konfrontiert und somit zu erstaunlichen Anpassungsleistungen gezwungen gewesen«, schreiben Mooney & Fowler (1991:42). Wie beispielsweise die wärmeliebende Aprikose, von der sich einige Sorten an nächtlichen Frost angepasst haben und im Himalaja angebaut werden. Oder Reis, dessen Sorten sich bei extrem unterschiedlicher Wasserverfügbarkeit entwickelt haben. Im Mai 2015 berichtete der indische Biologe Debal Deb* auf der ›Saat macht Satt‹-Konferenz[2] von einer Reissorte, die in sechs Meter tiefem Wasser wächst und vom Boot aus geerntet wird. Andere Sorten werden in Regionen mit nur 600 Millimetern Niederschlag jährlich angebaut. Auch bei Kartoffeln haben sich unzählige verschiedene Sorten

2 Diese Konferenz fand vom 29. bis 30.5.2015 in Berlin statt. Ich werde im Laufe des Buches mehrmals von Begegnungen und Gesprächen im Rahmen dieser Konferenz berichten. Programm, Referentinnen und Vorträge der Konferenz sind online verfügbar unter www.saatmachtsatt.de.

ausgebildet. Die Knolle gedeiht in Höhenlagen zwischen dem Meeresspiegel und 4.200 Metern und von der Arktis bis nach Südafrika (Bertolami 1981:21).

Diese große Vielfalt an Kulturpflanzen war und ist jedoch nicht gleichmäßig über die Kontinente verteilt. In einigen Regionen ist eine viel größere Vielfalt zu finden als in anderen. Der russische Pflanzenforscher und Biologe Wawilow fand bei seinen Reisen in den 1920er Jahren hunderte Weizensorten in einem entlegenen Winkel eines abgeschiedenen Hochplateaus in Äthiopien. Er musste feststellen, dass in anderen, viel größeren Regionen wesentlich weniger Arten zu finden waren. Auch der Botaniker Edgar Anderson beobachtete in einem Vorort der mexikanischen Stadt Guadalajara »mehr Variation im Mais dieser kleinen Stadt als in all dem Mais der Vereinten Staaten. Er variierte von Pflanze zu Pflanze, von Sorte zu Sorte, und von Feld zu Feld« (Anderson 1952:212, Üs. AB).

Heute kennt man die Ursprungsregionen vieler Kulturpflanzen; in diesen Regionen wurden sie am längsten angebaut und hatten die meiste Zeit, sich zu entwickeln. Daher ist ihre größte Vielfalt zumeist dort zu finden, gemeinsam mit einer großen Vielfalt verwandter Wildpflanzen. Doch durch die Wanderungsbewegungen der Menschen wurden schon früh Pflanzen an verschiedene Orte gebracht. Insbesondere in kleinteiligen und bergigen Regionen mit sehr unterschiedlichen Umweltbedingungen haben Kulturpflanzen auch außerhalb ihrer Ursprungsregionen eine enorme Vielfalt ausgeprägt. Diese Regionen werden ›Vielfaltszentren‹ genannt und liegen allesamt in den Tropen und Subtropen.

Demnach waren die heute finanziell reichen Regionen des globalen Nordens vormals sehr arm an Kulturpflanzenvielfalt – unter anderem aufgrund der Eiszeit, die einen großen Teil der Vielfalt vernichtete. Dass hier heutzutage so viele Kulturpflanzen angebaut und als heimisch angesehen werden, liegt an Wander- und Handelsbewegungen über viele Jahrhunderte hinweg. In der Kolonialzeit spielten die weltweiten Transporte von Pflanz- und Saatgut eine zentrale Rolle (S. 48). Wollten wir im nördlichen Europa eine Mahlzeit aus ›wirklich heimischen‹ Nahrungsmitteln zu uns nehmen, wäre unser Tisch nicht sonderlich reich gedeckt. Es gäbe Johannisbeere, Hafer, Himbeere und Roggen (Kloppenburg 2004:48).

# Weiter wie bisher ist keine Option – Das industrielle Agrarsystem

»Die industrielle Produktion in Monokulturen [...] zeigt, wie diese profitbesessene Wirtschaft den grundlegendsten Zweck jeglicher ökonomischen Aktivität untergräbt, nämlich Bedürfnisse zu erfüllen und Leben zu erhalten.«

Wichterich 2012:25, Üs. AB

Streifzug

## Tomaten aus dem Plastikmeer

Man könnte meinen, Wüsten seien keine geeigneten Orte, um Tomaten anzubauen. Doch in der südspanischen Steinwüste in der Provinz Almería werden auf 350 Quadratkilometern Tomaten und weiteres Gemüse und Obst produziert – und rund ums Jahr geerntet. Entsprechend gigantisch sind die Erntemengen: Über drei Millionen Tonnen Gemüse und Obst werden hier jährlich vom Acker geholt, das entspricht etwa zehn Kilo für jeden (menschlichen) europäischen Magen! Auch ein Großteil des Biogemüses aus Spanien reift in dieser Region. Der Anbau findet in Gewächshäusern statt, die der Region auch den Namen ›mar de plástico‹ – Plastikmeer – verleihen. Aus dem All sieht diese weltweit größte Fläche unter Gewächshausfolie aus wie Schnee in der mediterranen Wüste.

Für die Bewässerung dieser Wüste dienen unterirdische Flüsse und Grundwasserseen, die aus den nahegelegenen Bergen gespeist werden. Die Entnahme von Milliarden Litern jährlich lässt den Grundwasserspiegel immer weiter absinken, sodass in den küstennahen Gebieten Salzwasser nachsickert. Die Grundwasserreserven reichen nun nicht mehr zur Bewässerung aus, daher wird zusätzlich über Kanäle aus dem Norden Wasser in das Plastikmeer geleitet. Um die Monokulturen in den Gewächshäusern nicht den Schädlingen auszuliefern, werden Pestizide in riesigen Mengen eingesetzt. Nach etwa 50 Jahren intensiven Anbaus sind die Böden heute bis ins letzte Körnchen von Pestiziden vergiftet und ausgelaugt. Nur große Mengen mineralischer Düngemittel machen die hohen Erträge noch möglich.

Das Ausbringen der Pestizide und Kunstdünger ist Teil der harten Arbeit in der Welt der Plastikplanen. Hier arbeitet niemand aus Freude am Gärtnern – solche unmenschlichen Bedingungen akzeptiert nur, wer in Not ist. Etwa 80 Prozent der 100.000 Arbeiterinnen und Arbeiter sind aus Afrika und Osteuropa eingewandert. Viele haben keinen regulären Aufenthaltsstatus, und ohne Sicherheit und Rechte macht ihre Arbeitskraft das Unmögliche möglich: Tomatenanbau in der Wüste. Eine Hölle unter Folie, bei 50 Grad Celsius, ohne Schutzkleidung gegen Pestizide.

Der Export des Gemüses hat der Bevölkerung der Umgebung Wohlstand gebracht, die Arbeiterinnen jedoch sehen davon nichts. Kaum jemand von ihnen hat einen Vertrag oder wird nach Vertrag bezahlt. Die ›Papierlosen‹ sind die billigsten aller Arbeitskräfte und werden bevorzugt eingesetzt. Die großen Supermarktketten drücken die Preise bei der Gemüseabnahme immer weiter, und wer hier überhaupt Lohn ausgezahlt bekommt, kann schon glücklich sein. 20 Euro pro Tag sind Normalität, bei sieben Tagen Arbeit die Woche, ohne Urlaub, ohne Sozialversicherung, ohne ärztliche Versorgung und mit jederzeit drohender Entlassung. Mit dieser Bezahlung können sich die Arbeiterinnen keine Wohnungen leisten. Sie leben abgeschieden von der lokalen Bevölkerung in Plastikverschlägen zwischen den Gewächshäusern oder in Lagerhallen. Hier haben sie weder Zugang zu sanitären Anlagen noch zu Trinkwasser oder Elektrizität (Brodal 2006).

Alle in der Region wissen, dass sie da sind – akzeptiert werden diese Menschen jedoch nur, solange sie sich unsichtbar machen. Nach gewalttätigen rassistischen Übergriffen im Jahr 2000 gibt es kaum mehr Bars, Einkaufsmöglichkeiten und Treffpunkte, an denen sie sich sicher fühlen können. Die Arbeiterinnen und Arbeiter wehrten sich damals gegen die feindseligen Ausschreitungen mit einem Generalstreik mitten in der Haupterntezeit, der die Unternehmer in große Bedrängnis brachte. Sie versprachen sichere Aufenthaltsverhältnisse, neue Verträge und Sozialwohnungen. Tatsächlich verändert hat sich seitdem wenig. Nur, dass die Tomaten im Winter bei uns noch billiger geworden sind.

## Die wackeligen Beine des industriellen Agrarsystems

»Es hatte vielversprechend angefangen. In der Altsteinzeit [...] erforderte das Überleben nur wenig Zeit und mässige Anstrengungen. Um genügend Wurzeln, Beeren, Nüsse, Früchte oder Pilze zu sammeln [...] brauchten wir bloss zwei bis drei Stunden pro Tag. In unseren gemütlichen Lagern, in Laubhütten oder Höhlen [...] verbrachten wir den Rest der Zeit mit herumdösen, träumen, baden, tanzen, schmusen und Geschichten erzählen. [...] Unbeschwert zogen wir in Horden von etwa 25 Leuten in der Gegend herum, ohne viel Gepäck und ohne Eigentum, ohne Familienbindungen und Chefs, ohne Angst und Religion. Von 2 Millionen Jahren haben wir nur etwa 10000 Jahre nicht so gelebt. 99,5% unserer Geschichte sprechen für sich. Die jüngere Altsteinzeit war unser bisher bester Deal – so behauptet es wenigstens die neuere Forschung. Eine lange und glückliche Zeit – verglichen mit den 200 Jahren dieses industriellen Alptraums« (P.M. 1983:5).

Ganz so harmonisch, wie Hans Widmer die Steinzeit hier darstellt, war sie sicherlich nicht immer. Doch gibt es tatsächlich viele Hinweise darauf, dass die Steinzeitmenschen ihr Leben zu genießen wussten (Sahlins 1968). Beispielsweise werden die Abnutzungen der ausgegrabenen Oberschenkelknochen jungsteinzeitlicher Siedlerinnen aus Catal Hüyük mit exzessiven Tanzgewohnheiten erklärt (Brosius 2004:16). Im Gegensatz dazu wissen heute viele Menschen nicht mehr, woher sie die Zeit zum Tanzen und für ein ›gutes Leben‹ (siehe Kasten) nehmen sollen.

### Ein gutes Leben?

»Wir wollen nicht besser leben, wir wollen gut leben!« Dieser Aufruf verschiedener indigener Gemeinschaften sorgt für Diskussion, seit er 2009 dem Weltsozialforum im brasilianischen Belém vorgestellt wurde. Doch was ist mit einem ›guten Leben‹ gemeint? Das Konzept strebt materielle, geistige und soziale Zufriedenheit der Menschen in ihrem Lebensumfeld und ihren Gemeinschaften an. Diese Zufriedenheit wird jedoch nicht über die Inwertsetzung der ›Natur‹, über Wirtschaftswachstum oder materielle Reichtümer erlangt, sondern – vereinfacht gesagt – über einen liebevollen Umgang mit dem Leben und der Erde, soziale Einbindung in lebendige Gemeinschaften, basisdemokratische Prozesse und die Achtung der Lebensgrundlagen als Gemeingüter. Doch das ›gute Leben‹ ist ein komplexes und vielseitiges Konzept, das sich einer einfachen Definition entzieht. Wer neugierig ist, kann z.B. unter Fatheuer (2011) oder Acosta (2015) nachlesen.

Das liegt nicht etwa daran, dass die Nahrungsmittelbeschaffung in den letzten Jahrhunderten so aufwändig geworden ist! In Deutschland arbeiten nur etwa zwei Prozent der Menschen in der Landwirtschaft. Möglich ist dies durch die Maschinisierung der bäuerlichen Arbeit, die durchaus große Erleichterungen mit sich bringt. Doch so, wie die industrielle Landwirtschaft heute ihre Ausprägung findet, wird sie tatsächlich zum ›industriellen Alptraum‹, wie Widmer schreibt: Das industrielle Agrarsystem beutet Menschen und ihre Lebensgrundlagen hemmungslos aus. Menschen, Böden, Luft, Gewässer und Ökosysteme werden ausgelaugt, ausgepresst, vergiftet und zugrunde gewirtschaftet.

Die Situation im südspanischen Plastikmeer (S. 22) ist keine Panne, keine Ausnahme und auch kein Systemfehler. Sie stellt das grundlegende Prinzip des industriellen Agrarsystems dar. Ob Plantagenarbeiter in Brasilien, Erntehelferin im Sudan oder Nahrungsmittelverarbeiterin in Deutschland; ob versalzene Böden, vergiftete Flüsse oder abgeholzte Regenwälder: Ausgebeutete Menschen und eine übernutzte Umwelt sind die beiden wackeligen Beine dieses Agrarsystems. Ohne sie kann es nicht aufrecht erhalten werden.

An dieser Stelle ist der Punkt erreicht, an dem die Argumentation über das Für und Wider des industriellen Agrarsystems gestoppt werden könnte. Denn es ist irrelevant, ob einzelne Bauern von der Integration in den Weltmarkt profitieren oder dann und wann eine gentechnisch veränderte Pflanze etwas weniger Pestizide benötigt als andere Pflanzen. Solange das Agrarsystem auf diesen zwei wackeligen Beinen der Ausbeutung steht, ist es schlichtweg indiskutabel. Doch schauen wir uns einmal das Argument an, das immer noch am dringlichsten für die industrielle Landwirtschaft zu sprechen scheint: Angeblich kann nur so die Welt ernährt werden.

## Die Welt ernähren?

Die Produktion von Nahrungsmitteln findet im industriellen Agrarsystem nicht vorrangig für die lokale Bevölkerung statt, sondern für den globalen Markt. Der Wettbewerb zwischen den Bäuerinnen und Bauern weltweit soll dafür sorgen, dass die Nahrungsmittel effizient hergestellt werden. Aber ist Tomatenanbau in der Wüste wirklich effizient? Nein, ganz und gar nicht! Denn im industriellen Agrarsystem wird Effizienz mit Produktivität verwechselt:

Je mehr Ertrag pro Fläche, desto effizienter scheint das System. Doch Fläche ist nicht der einzige Faktor, der über eine ertragreiche und effiziente Landwirtschaft bestimmt. Hinzu kommen beispielsweise Rohstoffe wie Phosphat und fossile Energieträger zur Herstellung chemisch-synthetischer Düngemittel und für Transporte, Verarbeitungsindustrie und Maschinen. Auch kann Landwirtschaft auf lange Sicht nur Erträge bringen, wenn sie Grund- und Oberflächenwasser sauber und die Böden fruchtbar hält; wenn sie die Atmosphäre mit so wenig Klimagasen wie möglich belastet und eine Vielfalt an Arten, Sorten und Ökosystemen nutzt und erhält. Und nur eine Landwirtschaft, die die Gesundheit der Menschen zum Ziel hat, die in diesem System arbeiten und die Nahrungsmittel essen, ist wirklich effizient (Löwenstein 2011:109ff).

So betrachtet ist das industrielle Agrarsystem überhaupt nicht effizient. Die industrielle Landwirtschaft nutzt zwar 70 Prozent der globalen landwirtschaftlichen Ressourcen, produziert aber nur 30 Prozent der weltweit verfügbaren Lebensmittel (ETC 2013a:1). Die industrielle Produktion, Verarbeitung und Verteilung von Lebensmitteln benötigt vier bis zehn Mal so viel fossile Energie, wie diese Lebensmittel letztendlich an Nahrungsenergie enthalten. Beispielsweise kann eine Mahlzeit mit 600 Kilokalorien (Fleisch, Reis, Gemüse und Wein) in der Produktion einen Energieaufwand von 4.500 Kilokalorien benötigen (ZSL 2009:23).

Das industrielle Agrarsystem hat sich immer weiter von Sinnhaftigkeit und Effizienz entfernt. Dennoch ist es heute das in vielen Ländern vorherrschende System. Dies liegt daran, dass einige wenige enorm davon profitieren. Neben Börsenspekulanten und multinationalen Agrarkonzernen gehören zu den großen Gewinnerinnen auch die Supermarktketten: Sie vertreiben in Europa 80 Prozent aller Lebensmittel und beeinflussen mit ihrer Macht die gesamte Nahrungsmittelkette von der Produktion über die Verarbeitung bis hin zur Verteilung (Brodal 2006:155). Weltweit nimmt auch der Vertragsanbau immer weiter zu, bei dem die Verarbeitungsindustrie den Bäuerinnen von der Sortenauswahl bis zur Ernte nahezu jeden Schritt vorschreibt und den Großteil der Gewinne einstreicht. Auch Großinvestoren, die Landraub betreiben – also sich bäuerlich bewirtschaftete Flächen weltweit aneignen und mit ›Cash Crops‹[3] bestellen lassen –, sind fester Bestandteil dieser Landwirtschaft geworden. Die Menschen im globalen Norden – also auch wir in Deutschland – profitieren von Lebensmitteln zu unschlagbar nied-

3 ›Cash Crops‹ sind landwirtschaftliche Produkte, die nicht als Grundnahrungsmittel der lokalen Bevölkerung dienen, sondern insbesondere für den Export angebaut werden (z.B. Kaffee oder Baumwolle).

rigen Preisen, die dieses Agrarsystem hervorbringt. Wir merken es kaum, wenn die Preise durch Lebensmittelspekulationen oder andere Faktoren steigen. Doch für die Menschen im globalen Süden, die bis zu 80 Prozent ihres Einkommens für Lebensmittel ausgeben, verhindern diese Preissteigerungen den Zugang zu ausreichend Nahrung (Vivas o.D.:7).

Dass die Profiteure dieses Agrarsystems an dessen Vorteilen festhalten, ist nicht überraschend. Aber es wird auch immer wieder behauptet, ohne die hohen Erträge der industriellen Landwirtschaft hätten die Menschen in Zukunft nicht genügend zu essen. Wenn dies stimmt, sind wir schlecht dran. Denn in dieser Zukunft wird es die billigen fossilen Treibstoffe nicht mehr geben, von der das industrielle Agrarsystem in jeder Hinsicht abhängig ist. Zum Beispiel werden zur Produktion einer Tonne mineralischen Stickstoffdüngers zwei Tonnen Erdöl verbraucht (Löwenstein 2011:123)!

Aber auch abgesehen von der Endlichkeit fossiler Energieträger sind wir schlecht dran, wenn wir wirklich auf das industrielle Agrarsystem angewiesen sind. Hier nur ein paar Beispiele: 70 Prozent des global verfügbaren Süßwassers wird aktuell in der Landwirtschaft genutzt (ZSL 2013:31). Noch problematischer als die Wassernutzung ist die Verschmutzung der Gewässer durch die Landwirtschaft. Ein großer Teil der mineralischen Dünger wird aus den Böden ausgewaschen und gelangt in Grundwasser und Flüsse. Durch die hohen Phosphat- und Stickstoffeinträge ins Meer gelten zum Beispiel 70.000 Quadratkilometer der Ostseeböden als biologisch tot (Carstensen et al. 2014).

Auch die Agrarböden bleiben von den Auswirkungen der industriellen Landwirtschaft nicht verschont. Faktoren wie Erosion, Nährstoffverlust, Verdichtung und Versalzung werden alle von der Landwirtschaft beeinflusst; 23 Prozent aller Agrarböden weltweit gelten heute als degradiert (ZSL 2013:32). Gleichzeitig steigt der Bedarf an landwirtschaftlichen Flächen insbesondere für den Anbau von Agrarsprit und Futtermitteln, sodass weltweit Wälder und Wiesen in Agrarfläche umgewandelt werden. Auch durch diese Landnutzungsänderungen ist das industrielle Agrarsystem für über 40 Prozent der Klimagas-Emissionen weltweit verantwortlich (ZSL 2009:22).

Trotz dieser immensen ökologischen Auswirkungen schafft es das industrielle Agrarsystem schon heute nicht annähernd, die Menschen gesund und ausreichend zu ernähren. 842 Millionen

Menschen haben regelmäßig nicht genug zu essen, das ist etwa jeder achte Mensch dieser Erde. Dabei werden derzeit so viele Lebensmittel produziert, dass bis zu doppelt so viele Menschen ernährt werden könnten, wie heute auf der Erde leben (ZSL 2013:4). »Wir haben es mit einem Ernährungsregime zu tun, das teure, ungesunde und geschmacklose Nahrungsmittel im Überfluss produziert, welche über den gesamten Globus gehandelt werden und [das] Milliarden Menschen ausschließt«, schreibt Politikwissenschaftler Franziskus Forster (2008:60). Von der weltweiten Getreideernte beispielsweise landet weniger als die Hälfte direkt auf den Tellern. Der übrige Anteil wird als Futtermittel oder für Agrartreibstoffe und Industrieprodukte genutzt. In den USA und in Europa werden an verschiedenen Stellen der Lebensmittelkette insgesamt bis zu 50 Prozent der Lebensmittel weggeworfen (ZSL 2013:4f).

Auch um die Gesundheit der Menschen im industriellen Agrarsystem steht es schlecht. Pestizid- und andere Rückstände belasten die Lebensmittel, die wir täglich zu uns nehmen. Durch den Einsatz von Pestiziden erleiden jährlich drei bis fünf Millionen Bäuerinnen und Landarbeiter Vergiftungen, davon enden jährlich etwa 220.000 tödlich. Weitere Unfälle eingerechnet, gehört die Arbeit in der Landwirtschaft zu den drei gefährlichsten Berufen der Welt (ZSL 2009:7). 59 Prozent der global stattfindenden Kinderarbeit entfällt auf die Landwirtschaft (ZSL 2013:8). Als sei das noch nicht genug, wurden im letzten Jahrzehnt immer mehr Fälle bekannt, in denen zu harte Lebensbedingungen Bauern dazu trieben, sich umzubringen (Méon & Pinkenburg 2014).

Dieses Agrarsystem treibt die Menschen im globalen Süden vom Land in die Stadt. Nur allzu oft versuchen sie, dem dortigen Dasein in Slums und Ghettos zu entfliehen und machen sich mit der Hoffnung auf ein besseres Leben auf den Weg in den globalen Norden. Damit trägt das industrielle Agrarsystem zu den Flüchtlingskatastrophen im Meer sowie zu den menschenunwürdigen Auffanglagern rund um Europas Grenzen bei. Gleichzeitig ›liefert‹ es die Menschen, die im globalen Norden zwar illegalisiert werden, deren billige Arbeitskraft aber für das Funktionieren der hiesigen Landwirtschaft dringend nötig ist (S. 22).

Landflucht gibt es nicht nur in Ländern des globalen Südens. Auch in Deutschland werden die Bedingungen in der Landwirtschaft immer härter, auch hier ist ›Wachsen oder Weichen‹ seit 50 Jahren das Hauptmotiv der Landwirtschaftspolitik. Agrarsubventionen machen Produkte aus den sogenannten Agrarfabriken so billig, dass kleine Betriebe immer weniger Chancen haben. Nach Angaben des Statistischen Bundesamts sind seit 1971 etwa 72 Prozent der Höfe in Deutschland aufgegeben worden.

Hungernde und vertriebene Menschen, verschmutzte Gewässer und abgeholzte Wälder – all diese Erscheinungen sind akzeptierte ›Nebenwirkungen‹ unseres Agrarsystems. Sollte dieses wirklich das System sein, von dem unser Überleben in Zukunft abhängig ist? Und wenn nicht, wer soll dann wie die Welt ernähren? Hierzu fragt Biolandwirt Felix zu Löwenstein (2011:207): »[G]ibt es tatsächlich jemand, der ›die Welt‹ ernähren kann? Oder geht es nicht darum, dass allen Menschen, wo immer sie auf dieser Welt leben, das Recht verschafft werden muss, souverän über ihre eigene Ernährung zu bestimmen und diese so weit als irgend möglich selbst in der Hand zu behalten?«

Denn überall dort, wo Kleinbäuerinnen und -bauern genügend Bildung, soziale Sicherheit, Land, Wasser und Handwerkszeug haben, produzieren sie einen höheren Nährwert pro Fläche als die industrielle Landwirtschaft – und das bei geringerem Energieeinsatz und wesentlich niedrigeren Umweltschäden (ZSL 2013:23). Unter den richtigen Voraussetzungen können kleinbäuerliche Agrarsysteme sogar einen Beitrag zur Stabilität des Ökosystems, zum Klima- und Bodenschutz und zur Erhaltung von Vielfalt leisten (S. 132). Auch der Weltagrarbericht kommt zu dem Schluss: »Kleinbäuerliche Strukturen [...] sind die wichtigsten Garanten und die größte Hoffnung einer sozial, wirtschaftlich und ökologisch nachhaltigen Lebensmittelversorgung von künftig neun Milliarden Menschen und die beste Grundlage hinlänglich widerstandsfähiger Anbau- und Verteilungssysteme.« Die Förderung keinbäuerlicher Produktion sei daher »das dringenste, sicherste und vielversprechenste Mittel, Hunger zu bekämpfen und zugleich die ökologischen Auswirkungen der Landwirtschaft zu minimieren« (ZSL 2009:12).

Wir brauchen das industrielle Agrarsystem nicht, das von oben herab vorgibt, ›die Welt‹ ernähren zu wollen. Und wer jetzt Angst um die Schokolade hat: Auch in einem völlig anders organisierten Agrarsystem können Leckereien – und natürlich auch Grundnahrungsmittel – immer noch gehandelt, getauscht und verschenkt werden.

## Was hat das alles mit Saatgut zu tun?

Selbst die kleinste Möhre kann nur geerntet werden, wenn ihr Samen zuvor in die Erde gelangt ist. Saatgut ist das erste Glied in der Nahrungsmittelkette und gehört wie Boden, Sonne und Wasser zu den Grundlagen unserer Ernährung. Dafür, dass Saatgut eine so zentrale Rolle einnimmt, wurde diesem Thema in den letzten Jahrzehnten erstaunlich wenig öffentliche Aufmerksamkeit geschenkt: Kaum jemand weiß, was mit unserem Saatgut passiert. Doch das heißt nicht, dass damit nichts passiert.

### Die Kommerzialisierung von Saatgut

Über Jahrtausende lagen landwirtschaftliche Produktionsmittel wie Düngemittel, Zugkraft, Energie und Land vorrangig in den Händen der Bäuerinnen. In den letzten 200 Jahren wurden diese Produktionsmittel zunehmend außerhalb der Höfe hergestellt, verwaltet und als Waren gehandelt. Bäuerinnen und Gärtner sahen sich immer mehr von ihren Produktionsmitteln abgetrennt und darauf angewiesen, diese zu kaufen.

Saatgut erwies sich recht lange als resistent gegen diese Entwicklung, da es sich aus einem einfachen Grund nicht zur Kommerzialisierung eignet: Es vermehrt sich! Aus einem Möhrensamenkorn wird eine Möhrenpflanze, die wiederum tausende Samenkörner trägt. Viele Kulturpflanzen vermehren sich in einem ähnlichen Überfluss. Saatgut gibt es daher in Hülle und Fülle, und es wird immer mehr, je mehr Menschen es benutzen. Und was es im Überfluss gibt, braucht niemand kaufen. Diese biologische Eigenschaft von Saatgut hat die Bäuerinnen lange Zeit vor der Kommerzialisierung von Saatgut geschützt. Jegliche Investition in Saatgut war uninteressant für die Agrarindustrie, da sie mit diesem sich selbst vermehrenden Produktionsmittel wenig Gewinne machen konnte.

Oliver Willing von der Zukunftsstiftung Landwirtschaft[4] gibt hierzu ein anschauliches Beispiel: »Stellen wir uns einmal vor, die Autos einer deutschen Sportwagenfirma wären nicht nur schnell, sondern auch noch ›fruchtbar‹. Man würde den Wagen kaufen und im Herbst in seinem Garten vergraben. Und im nächsten Jahr wüchsen dort, sagen wir gegen Mitte Juli, mehrere Sportwagen der gleichen Marke mitsamt Sonderausstattung aus dem Boden... Zweifelsohne wäre dieser Autohersteller nach wenigen Jahren bankrott« (Christ 2010:6f). Um eine solche Pleite zu verhindern, müsste eine

4 www.zukunftsstiftung-landwirtschaft.de

künstliche Verknappung der wuchsfreudigen Autos geschaffen werden; was nicht knapp ist, wird knapp gemacht!

Das biologische Werkzeug zur Verknappung von Saatgut ist seit Anfang des 20. Jahrhunderts die Hybridzüchtung (S. 52). Hybridsaatgut ist nicht verlässlich vermehrbar und bringt Bäuerinnen und Gärtner dazu, jedes Jahr neues Saatgut zu kaufen. Als rechtliches Werkzeug bestimmen seit den 1930ern geistige Eigentumsrechte auf Sorten, dass Bäuerinnen das einmal gekaufte Saatgut einer geschützten Sorte entweder gar nicht oder nur gegen Zahlung von Nachbaugebühren wieder aussäen dürfen (S. 103). Mit der Gentechnik werden ab 1970 beide dieser Werkzeuge zusammengeführt (S. 95).

Mit diesen Strategien sind im Laufe der letzten 100 Jahre zwei Werkzeuge gefunden worden, mit denen das Saatgut den Bäuerinnen aus der Hand genommen und in eine profitable Ware verwandelt werden konnte. Diese Entwicklungen machten Saatgut ab etwa 1970 auch für Chemiekonzerne interessant, die nun Saatgut, Düngemittel und Pestizide im Paket verkaufen konnten (Howard 2009:1270). Seitdem hat eine weltweite Verflechtung von Agrar- und Chemiekonzernen stattgefunden, die immer neue Märkte erschließen (S. 85) und inzwischen erheblichen Einfluss auf Saatgutgesetze verschiedenster Länder nehmen (S. 101).

»Wer die Saat hat, hat das Sagen!« Dieses bäuerliche Sprichwort kommt nicht von ungefähr. Schon vor und in der Kolonialzeit war Saatgut von geostrategischer Bedeutung (S. 48). Doch in den letzten 150 Jahren haben Agrarindustrie und Nationalstaaten ihre Begehrlichkeiten auf Saatgut in zuvor ungekanntem Maß ausgeweitet. Sie haben sich die bäuerlichen Zuständigkeiten über Saatgut und Pflanzenzüchtung angeeignet und Bäuerinnen und Bauern in die Abhängigkeit von Großkonzernen gebracht. Die Akteure des industriellen Agrarmodells zielen darauf ab, bäuerliche Saatgutsysteme überflüssig zu machen und durch industrielle Saatgutsysteme zu ersetzen. Damit geht eine enorme Vereinheitlichung der Landwirtschaft und der weltweite Verlust der Kulturpflanzenvielfalt einher.

## Verlust der Kulturpflanzenvielfalt

Die globale Vereinheitlichung in der Landwirtschaft hat aus komplexen Anbausystemen Monokulturen gemacht. Hierbei gingen nicht nur verschiedenste bäuerliche Anbaumethoden und kleinteilige Strukturen verloren, sondern auch die Sorten, die in diesen Systemen genutzt wurden. Schätzungen zufolge sind weltweit in den letzten 100 Jahren etwa 75 Prozent der Kulturpflanzenvielfalt verloren gegangen beziehungsweise vernichtet worden. In Deutschland sind es sogar 90 Prozent und in den USA 94 Prozent (Prall 2010:194, Ray 2012:6). Zwar werden weltweit noch 7.000 Pflanzenarten angebaut oder gesammelt, doch decken nur 30 Arten 95 Prozent unserer Nahrungsenergie ab. Den größten Anteil übernehmen mit 60 Prozent die drei Arten Weizen, Mais und Reis (EvB & PSR 2014:7). Und auch innerhalb der Arten und Sorten ist die Vielfalt extrem zurückgegangen. Im Iran beispielsweise, der als eine der Ursprungsregionen von Getreide gilt, wird über sechs Klimazonen hinweg auf 500.000 Hektar überwiegend nur noch eine Weizensorte angebaut (BUKO et al. 2008:24). Die heute verwendeten Sorten haben zudem meist eine sehr enge genetische Basis, da sie auf gro-

**Einfalt in der Vielfalt:**
Die Ernährung der meisten Menschen beruht auf sehr wenigen Pflanzenarten
verändert nach EvB & PSR (2014:7)

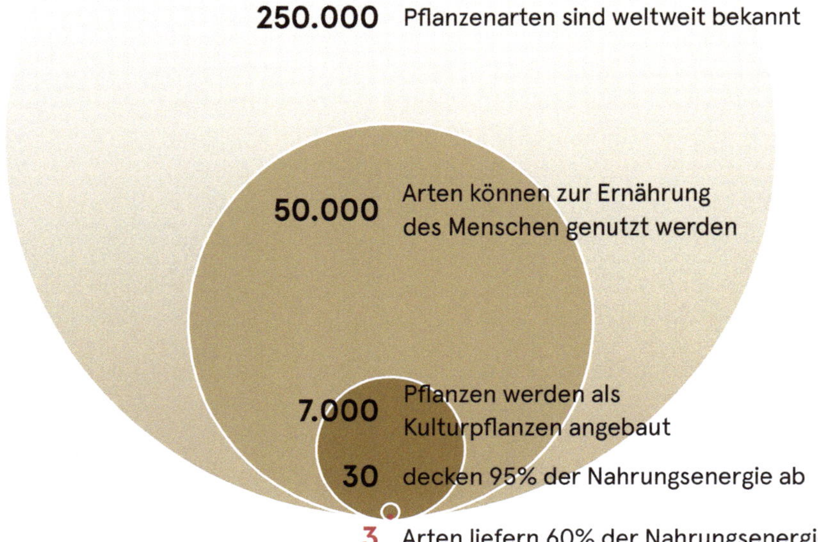

ße Einheitlichkeit gezüchtet werden (S. 54, 64). Mit der Standardisierung der Landwirtschaft geht also auch eine starke Fokussierung unserer Ernährung auf wenige und einheitliche Arten und Sorten einher.

Um diesen Verlust von Kulturpflanzenvielfalt zu kompensieren, wurden in den letzten hundert Jahren weltweit Saatgutproben gesammelt und in Genbanken eingelagert (S. 78). Doch dabei wird nicht beachtet, dass die Vielfalt – von Anbausystemen, sowie von Arten, Sorten und innerhalb von Sorten – auf den Feldern eine unschätzbar wichtige Funktion hat: Sie macht die Landwirtschaft krisensicher und widerstandsfähig. Einheitlichkeit hingegen macht unsere Agrarökosysteme und damit auch unser gesamtes Agrarsystem extrem anfällig (S. 78, 245). Ein Beispiel für diese Anfälligkeit gibt der nächste Streifzug.

Streifzug

## Von Bananeneinfalt und anderen Obstklonen

Wie sieht eine Banane aus? Was für eine Frage! Gelb natürlich! Manche Bananen sind etwas gelber als andere, etwas mehr oder etwas weniger gebogen, manche sind etwas größer, andere etwas kleiner. Aber an sich haben viele Menschen ein recht klares Bild von ›der Banane‹ vor Augen. Dass diese Früchte auch rot, braun, rosa, orange oder gar gestreift sein können, ist unbekannt. Das liegt daran, dass die allermeisten Bananen, die in den europäischen Supermarktregalen zu finden sind, zu der Sorte ›Cavendish‹ gehören.

Doch genau diese Einfalt der Bananen stellt ein großes Risiko dar. Bananen werden nicht über Samen, sondern über Schösslinge vermehrt, die mit der Mutterpflanze genetisch identisch sind (vegetative Vermehrung, Kasten S. 52). Diese Klone werden auf riesigen Plantagen zwischen Lateinamerika, Afrika und Asien angebaut. Ein Paradies für Pilze, Viren und andere Schädlinge! Einer der verheerendsten Pilze löst die Schwarze Sigatoka-Krankheit aus, die in Pflanzungen weltweit vorkommt und in manchen Regionen immer wieder bis zu 50 Prozent der Bananenernte vernichtet (Zeller 2005:24ff).

Schon in der ersten Hälfte des 20. Jahrhunderts mussten in Mittel- und Südamerika über 40.000 Hektar Bananenplantagen gerodet werden, da sie von einem Pilz befallen waren, der die sogenannte Panama-Krankheit verursachte. Zu der Zeit bestanden die Pflanzungen fast ausschließlich aus der Sorte ›Gran Michel‹. Da die Sorte Cavendish resistent gegen den Pilz der Panama-Krankheit ist, löste sie ab den 1950ern die anfällige Gran Michel ab. Doch der Pilz entwickelt sich weiter und gegen eine seiner Unterarten ist auch die heute weltweit angebaute Cavendish nicht resistent. Aktuell diskutieren

Die Kulturpflanzenvielfalt wird immer mehr vernichtet, z. B. ist die Vielfalt der Auberginen heute vielerorts kaum mehr bekannt.

Forscherinnen darüber, auf welche Art und wie schnell sich der Pilz ausbreitet.

Seit Jahrzehnten befindet sich die Bananenzüchtung im ständigen Wettlauf mit Krankheiten und Schädlingen. Doch auch große Durchbrüche in der Resistenzforschung können das eigentliche Problem des Bananenanbaus nicht beheben – die Uniformität. Der Anbau von Millionen von Bananenklonen in großflächigen Plantagen wird immer nur mit riesigen Mengen an Pestiziden möglich sein. Mehr als 40 Pestizidspritzungen pro Jahr sind im Bananenanbau Normalität (Zeller 2005:31).

Leider ist die Banane kein Einzelfall. Beispielsweise werden auch Äpfel vegetativ vermehrt und fast alle heute verkauften Sorten gehen auf sechs Sorten zurück (Bannier 2013). Zudem wurde der intensive Apfelanbau erst durch die Verwendung von schwach wachsenden Unterlagen[5] möglich. Heutzutage werden nur eine Handvoll Standardunterlagen verwendet, wodurch die Einheitlichkeit im Apfelanbau noch größer wird. Auch bei vielen Zitruspflanzen werden genetisch identische Standardunterlagen verwendet. Im Jahr 2005 wuchsen in Brasilien 85 Prozent der Süßorangen auf einer Unterlage, die von einer Krankheit bedroht ist (Zeller 2005: 76).

**5** Eine Unterlage besteht aus einer Wurzel und einem Teil des Stammes eines Obstgehölzes; auf diese Unterlage wird eine andere Sorte veredelt. So erhält der daraus wachsende Baum die Eigenschaften der Unterlage (z.B. schwacher Wuchs) sowie die der darauf veredelten Sorte (z.B. viele Früchte).

# Die Bedeutung bäuerlicher Saatgutsysteme

»Wir reden über Saatgut, wir reden über Nahrungsmittel, aber wir vergessen die Bauern. Wenn es keine Bauern mehr gibt, gibt es auch kein Saatgut mehr.«

Farida Akhter*
auf der ›Saat macht Satt‹-Konferenz
in Berlin, Mai 2015

Das industrielle Agrarmodell hat keine Antworten auf die aktuellen gesellschaftlichen und ökologischen Krisen der Landwirtschaft und die drängenden Fragen nach der Zukunft unserer Ernährung. Ein komplett anderes Agrarsystem ist nötig, und damit auch andere Saatgutstrukturen. Doch welche Eigenschaften sollten die Saatgutsysteme der Zukunft haben? Zu behaupten, früher sei alles besser gewesen, ist zu einfach – selbst wenn die Steinzeit tatsächlich so schön gewesen sein sollte, wie sie Hans Widmer in dem Zitat auf Seite 24 beschreibt!

Ich bin der Meinung, dass Bäuerinnen und Bauern selbst die Antworten auf die drängenden Fragen der Landwirtschaft kennen, sofern sie einen gesicherten Zugang zu Bildung und Produktionsmitteln haben. Die Antworten liegen in Strukturen, die von den Bäuerinnen und ihren Gemeinschaften selbst – und nicht ›von oben herab‹ – bestimmt werden. Noch heute ernähren Lebensmittel aus bäuerlichem Saatgut etwa 70 bis 80 Prozent der Weltbevölkerung (GRAIN 2012:24, Kaiser 2012:68). Die Stärke dieser bäuerlichen Saatgutsysteme liegt erstens in ihrer Vielfalt, und zweitens darin, dass Saatgut als Gemeingut verstanden und gepflegt wird. Die Bedeutung dieser beiden Aspekte beleuchte ich auf den nächsten Seiten.

## Gegenseitigkeit in bäuerlichen Saatgutsystemen: Saatgut ist Gemeingut

In vielen bäuerlichen Gemeinschaften der Erde wird Saatgut als ein Teil des alltäglichen Lebens behandelt, der niemandem gehört, sondern in gemeinsamer Verantwortung gepflegt und weitergegeben wird. Das Teilen von Saatgut und dem zugehörigen Wissen ist elementarer Bestandteil der bäuerlichen Landwirtschaft – alles andere erscheint vielen Bäuerinnen und Bauern verblüffend oder völlig absurd. Mooney & Fowler (1991:88) beispielsweise berichten, Bäuerinnen in Zentralamerika seien der selbstverständlichen Auffassung, Saatgut sollte verschenkt und nicht verkauft werden.

Das Verschenken von Saatgut ist etwas grundsätzlich anderes als das Verkaufen. Ein Verkauf ist abgeschlossen, nachdem das Geld in die eine Hand und das Saatgut in die andere Hand gelangt ist. In der Regel werden keine Beziehungen zwischen Verkäuferin und Käuferin eingegangen. Das Geben und Nehmen hingegen beruht auf Gegenseitigkeit (die sogenannte Reziprozität) und hat damit einen ›sozialen Sinn‹, wie Exner & Kratzwald (2012:30) beschreiben: »Reziprozität dient nämlich zugleich der Herstellung von Beziehungen und damit von sozialem Zusammenhalt überhaupt. Die einzelne Gabe ist in solchen Systemen Teil einer sozialen Struktur, worin sich Menschen in regelmäßiger Weise aufeinander beziehen, miteinander in Kontakt treten.«

**Das Teilen von Saatgut und dem zugehörigen Wissen ist elementarer Bestandteil der bäuerlichen Landwirtschaft.**

In diesem Sinne schreibt auch Heistinger (2001:118), dass bei Bäuerinnen in Südtirol das gegenseitige Austauschen von Saatgut entlang sozialer Beziehungen geschehe. Wenn die Bäuerinnen Saatgut benötigten, holten sie es sich von Höfen, bei denen sie wüssten, dass das Saatgut gut und sie selbst willkommen seien.

Begriffe wie ›Subsistenzlandwirtschaft‹ oder ›Selbstversorgung‹ rufen die Vorstellung hervor, die Bäuerinnen und Bauern stünden für sich allein und produzierten alles selbst. Doch die meisten sind eingebunden in ein Netzwerk von Bekannten, Nachbarinnen, Freunden, Familienangehörigen und anderen Vertrauten, die gemeinsam das Nötige produzieren. Auch bäuerliche Saatgutsysteme beruhen auf solchen Netzwerken, in denen die Bäuerinnen und Bauern aufeinander angewiesen sind: Mancher Bäuerin gelingt der Samenbau einer Kulturpflanze besser als anderen; manche Böden eignen sich besser als andere; und die Samen mancher Pflanzen reifen in manchen Region besser ab als in anderen. Beispielsweise besorgen sich viele Südtiroler Bergbäuerinnen der höher gelegenen Höfe Gemüsesaatgut von Höfen im Tal, da es dort wärmer ist und das Saatgut besser ausreift (Heistinger 2001:119f). In all diesen Fällen ist es wichtig, Austauschbeziehungen zu Nachbarn und Bäuerinnen in der Nähe zu pflegen.

Die sozialen Beziehungen und lokalen Netzwerke sind also ein notwendiger Teil bäuerlicher Saatgutsysteme. Sie sind Grundlage für die Handhabung von Saatgut als Gemeingut (siehe Kasten). Denn »Gemeingüter sind nicht, sie werden gemacht«, wie Commons-Aktivistin Silke Helfrich meint (2012:85). Dafür braucht es Gemeinschaften und gemeinschaftlich definierte Regeln, die den Umgang mit den Gemeingütern bestimmen. Diese Regeln mögen nicht explizit formuliert und von außen sogar unsichtbar sein; sie werden als selbstverständlicher Umgang erlernt und weitergegeben. »Wenn Saatgut als Gemeingut verstanden wird, so bedeutet dies, dass es einen gemeinsam bestimmten und bestimmenden Umgang mit der Saat gibt. Dieser basiert auf Gegenseitigkeit: Saat- und Pflanzgut wird getauscht und weitergegeben, gleichzeitig wird auch das Wissen über die Eigenschaften und die Verwendbarkeit der Sorten tradiert« (Heistinger 2001:49).

## Was ist ein Gemeingut?

Der Begriff ›Gemeingut‹ legt nahe, dass es sich dabei um ein Gut handelt, das allen ›gehören‹ sollte, wie etwa Wasser oder eben Saatgut. Doch sind diese Ressourcen nicht in jedem Fall Gemeingüter – sobald ein Konzern geistiges Eigentum auf eine Sorte anmeldet, ist sie Privateigentum und kein Gemeingut. Daher bestimmt der Umgang innerhalb einer Gemeinschaft, was als Gemeingut gilt und was nicht. »Es geht nicht um die Güter. Es geht um uns« schreiben Helfrich et al. (2012:1). Um dieses Missverständnis zu umgehen, wird vermehrt der englische Begriff ›Commons‹ verwendet.
Commons oder Gemeingüter können alles sein: Kulturtechniken wie Lesen oder bestimmte Bautechniken, Ökosysteme wie Wälder oder Meere, wissenschaftliche Erkenntnisse oder kulturelle Bräuche. Erst durch gemeinschaftlich definierte Regeln werden diese Ressourcen zu Commons. Wenn eine Gemeinschaft transparente Regeln findet, die sicherstellen, dass eine Ressource dauerhaft gemeinsam gepflegt und genutzt werden kann, ohne dass sie verbraucht wird; wenn sie den Umgang mit der Ressource selbst organisiert und alle mitbestimmen können; und wenn sich der Nutzen aus der Ressource auf die Gemeinschaft verteilt, anstatt sich auf wenige Menschen zu konzentrieren, dann hat die Gemeinschaft sich die Ressource zu ihrem Gemeingut gemacht (Helfrich et al. 2009:20).

Zentral für das Verständnis von Saatgut als Gemeingut ist auch, dass Saatgut keiner einzelnen Person gehört, sondern gemeinsam gehütet wird:[6] »Saatgut wird als Gemeingut betrachtet, wenn es ein gemeinsames Einverständnis darüber gibt, dass Saatgut [...] nicht in den Besitz Einzelner übergehen, nicht Privateigentum werden [kann]. ›Saatgut ist Gemeingut‹ bedeutet, dass Sorten den Nutzern und Nutzerinnen [...] zur Verfügung stehen, um deren Lebensunterhalt zu sichern« (Heistinger 2001:50).

Viele bäuerliche Gemeinschaften sind ihrer kollektiven Verantwortung bewusst, Saatgut als Grundlage der Ernährung zu pflegen und bereitzustellen. Und ihr gemeinschaftlicher Umgang zeigt sich in der Fülle von Saatgut! Dieses ist nicht knapp, wie uns die Agrarindustrie vormachen will (S. 30): Durch den regen, offenen und großzügigen Austausch von Saatgut konnte die Vielfalt der Kulturpflanzen überhaupt erst entstehen, und dieser Austausch ermöglicht, die Vielfalt zu erhalten und zu vermehren.

## Vielfalt in bäuerlichen Saatgutsystemen

Die professionelle Pflanzenzüchtung (S. 50) hat seit 1960 etwa 400.000 Pflanzensorten unter Verwendung von 150 Pflanzenarten gezüchtet; hierbei hat sie sich auf zwölf der 150 Pflanzenarten fokussiert. Die bäuerliche Pflanzenzüchtung hingegen hat in demselben Zeitraum 2.100.000 Pflanzensorten aus etwa 7.000 Arten hervorgebracht (EvB & PSR 2014:7). Dass die bäuerliche Züchtung wesentlich mehr Sorten kreiert und dabei ein Vielfaches von Arten nutzt, ist wenig verwunderlich. Schließlich stehen Millionen züchtende Bäuerinnen und Bauern einigen wenigen hundert Saatgutkonzernen gegenüber, die sich zudem die Vereinheitlichung der Landwirtschaft zum globalen Ziel gesetzt haben. Mit der Nutzung vieler verschiedener Anbausysteme, Kulturpflanzenarten und -sorten gelingt den Bäuerinnen, was professionelle Züchtung und industrielle Landwirtschaft schlichtweg ignorieren: Sie erhalten und vermehren Vielfalt und schaffen so die Grundlage krisensicherer Agrarsysteme.

### Vielfalt bäuerlicher Anbausysteme

Im industriellen Agrarmodell wird versucht, die unterschiedlichsten Anbausysteme global zu vereinheitlichen. Im Namen der Industrialisierung und Globalisierung sollen Felder zu Standardfel-

6 Hier kommt die Frage auf, wie Saatgut als Gemeingut der Industrie gegenüber geschützt werden kann, die die Regeln des Umgangs nicht anerkennt und Sorten privatisieren möchte. Siehe zur Diskussion S. 186ff.

dern, Sorten zu Standardsorten und Bauern zu Standardbauern werden (Scott 2014:64). Bäuerliche Landwirtschaft hingegen kennt keinen globalen Industriestandard. Der bäuerliche Anbau ist lokal geprägt und vielfältig je nach Lage, Boden und Landesklima. Die Anbausysteme richten sich nach den Umweltbedingungen und den Vorlieben der bäuerlichen Gemeinschaften hinsichtlich Anbautechniken, Verarbeitungsmethoden und Essgewohnheiten.

### Vielfalt bäuerlicher Sorten

In der bäuerlichen Landwirschaft werden nicht nur viele verschiedene Kulturpflanzenarten verwendet, sondern auch viele Sorten innerhalb der jeweiligen Art. Beispielsweise bauen die Indigenen der Gemeinschaft Quichua an den Osthängen der Anden im Amazonasgebiet etwa 90 Manioksorten, 19 Süßkartoffel-, 35 Yams-, 31 Bananen-, 14 Bohnen- und fünf Maissorten an (Reinhardt & Lunnebach 2002:16). Aber wozu eigentlich fünf Maissorten?

Manche Maissorten lassen sich direkt vom Kolben knabbern, andere eignen sich besser zur Verarbeitung als Popkorn, Polenta oder Mehl. Einigen Sorten werden bestimmte Heilwirkungen zugeschrieben (Kingsbury 2009:43). Maissorten mit blauen oder roten Pigmenten in den Stängeln erwärmen sich leichter nach einer kalten Nacht und können daher früher im Jahr gepflanzt werden als gelbe oder weiße Sorten (Mooney & Fowler 1991:37). Manche Sorten mögen es lieber trocken und andere eher nass, die einen eher kalt und die nächsten warm. Eine Sorte ist resistent gegen eine Krankheit und die andere wird von einem Schädling verschmäht. Der Anbau verschiedener Sorten erhöht die Verlässlichkeit der Ernte und ermöglicht unterschiedliche Verarbeitungen.

Zudem messen viele Bäuerinnen die Qualität einer Sorte nicht nur an ihrer Eignung als Nahrungspflanze, sondern auch an ihrem Mehrfachnutzen, also ihrer Brauchbarkeit als Futter-, Heil- oder Faserpflanze. Wer mehr Sorten anbaut, hat auch ›mehr Mehrfachnutzen‹! Beispielsweise nutzen afrikanische Bäuerinnen je nach Hirsesorte die Stängel zum Hausbau, zum Korbflechten oder als Färbemittel (Mooney & Fowler 1991:37). Südtiroler Bäuerinnen nutzen eine dort häufig angebaute Krautrübe (*Brassica rapa ssp. rapa*) als Speiserübe sowie als Futterrübe. Den bei der Verarbeitung entstehenden Saft verwenden sie zudem als Heilmittel; die grünen Triebe, die bei der Einlagerung der Rüben über den Winter sprießen, werden als frisches Gemüse gegessen (Heistinger 2001:62,132).

### Vielfalt innerhalb bäuerlicher Sorten

Doch damit nicht genug der Vielfalt. Viele bäuerliche Sorten haben eine breite genetische Basis und sind daher auch in sich vielfältig. Innerhalb einer Sorte können Pflanzen mit unterschiedlicher Wuchshöhe, Fruchtgröße, Reifezeit, Krankheitsresistenz oder Dürretoleranz vorkommen. Wenn beim Anbau einer solch vielfältigen Sorte einige Pflanzen durch Trockenheit, Schädlingsbefall oder unvorhersehbare Umwelteinflüsse weniger Ertrag bringen, gibt es mit etwas Glück genügend andere Pflanzen innerhalb des Bestandes, die robuster sind. Da diese Sorten nicht einheitlich sind, ist auch ihr Ertrag nicht einheitlich – dafür aber sehr verlässlich. Die in der industriellen Landwirtschaft verwendeten Sorten hingegen sind genetisch eng gezüchtet und oft anfällig gegen die Stressfaktoren, die bei der Züchtung nicht beachtet wurden.

### Vielfalt bäuerlicher Saatgutproduktion und -verteilung

Nicht nur vielfältige Felder und Pflanzen sind krisensicherer, sondern auch vielfältige, dynamische und flexible Produktions- und Verteilungssysteme. Beispielsweise probieren viele Bäuerinnen auch Sorten aus professioneller Pflanzenzüchtung. Wenn diese sich bewähren, werden sie vermehrt, mit lokalen Sorten gekreuzt und in die bäuerlichen Produktions- und Verteilungsstrukturen aufgenommen (BD 2014:29, Heistinger 2001:121).

Die Verteilung von Saatgut geschieht in bäuerlichen Systemen zumeist auf vielen Wegen, wie beispielsweise auf Märkten, durch Tausch oder Gaben. Im Kontrast dazu steht die Praxis großer Saatgutkonzerne, mehrere Tonnen Saatgut in einem klimatisch günstigen Land zu produzieren und diese dann nach Europa zu verschiffen (S. 93). Dieses zentralisierte System ist sehr angreifbar: Wenn das Logistikprogramm nicht funktioniert, steigende Erdölpreise den globalen Transport unrentabel machen oder das Containerschiff brennt, ist schnell sehr viel Saatgut verloren.

Aus all dem lässt sich schließen: Vielfalt macht unsere Landwirtschaft widerstandsfähig und robust. Die unzähligen Arten, Sorten und Anbaumethoden, die weltweit auf Feldern und in Gärten verteilt sind, sind gewissermaßen das Immunsystem unserer Landwirtschaft. Stabil wird dieses Immunsystem dadurch, dass wichtige

Funktionen von verschiedenen Elementen erfüllt werden, also eine gewisse Redundanz gegeben ist. Was bedeutet das? Hierzu ein kleines Beispiel:

In einem vielfältigen Agrarsystem wird eine ›Funktion‹ wie das Bestäuben der Obstblüten von verschiedenen ›Elementen‹ wie Wildbienen, Honigbienen, Hummeln und anderen Insekten übernommen. Stirbt nun eine Bienenart aus oder ist von einer Krankheit betroffen, gibt es viele andere Insekten, die die Bestäubung der Obstblüte weiterhin übernehmen: Das System ist redundant. In einem vereinfachten, vereinheitlichten Agrarsystem hingegen wird eine Funktion (wie die Bestäubung) oft nur noch auf eine einzige Art und Weise (etwa von einer Bienenart) erfüllt. Beispielsweise werden auf den riesigen, uniformen Obstplantagen in Kalifornien so viele Pestizide gespritzt, dass dort kaum mehr bestäubende Insekten leben. Daher fahren Imker ihre Bienenstöcke mit Lastwägen in die verschiedensten Plantagen Kaliforniens, immer dorthin, wo die Obstbäume gerade blühen. Das ist ein sehr fragiles System, in dem abertausende Bienen einer einzigen Art allein für die Bestäubung der Bäume sorgen. Werden diese Bienen krank, droht schnell ein totaler Ernteverlust – es gibt hier keine ›redundanten Elemente‹ mehr, die die Funktion der Bestäubung übernehmen könnten (Imhoof 2012).

Die kalifornischen Obstplantagen sind mit dem Verlust der Bestäuberinsekten nicht allein. Auch in anderen Regionen der USA sind die Bestände von vier landestypischen Bienenarten um 96 Prozent zurückgegangen (Löwenstein 2011:118). Wohin das führen kann, zeigen manche Regionen Chinas, in denen keine bestäubenden Insekten mehr leben. Dort sitzen Menschen in den Apfelbäumen und bestäuben in unendlich mühsamer Handarbeit die einzelnen Blüten (Imhoof 2012).

Mit dem Verlust der Vielfalt schwinden Redundanzen und Optionen, die abfedern können, wenn etwas schiefgeht oder sich verändert. Ob Wetterereignisse, Pflanzenkrankheiten, Klimawandel oder steigende Erdölpreise, die starke Zentralisierung und Einheitlichkeit macht das industrielle Agrarsystem extrem anfällig. Durch die Vereinheitlichung der Landwirtschaft untergräbt dieses System seine eigenen Grundlagen. Bäuerliche Agrar- und Saatgutsysteme hingegen sind durch ihre Vielfalt auf ökologischer, sozialer und politischer Ebene widerstandsfähig.

# Die Rolle von Frauen in Agrar- und Saatgutsystemen

In vielen Regionen der Erde wird Frauen die Rolle zugeschrieben, für Haushalt und Subsistenzlandwirtschaft zu sorgen. Im globalen Süden produzieren Frauen bis zu 80 Prozent der Lebensmittel (Vivas o.D.:1f). Diese Zahlen können die Realität jedoch nur verschwommen wiedergeben, da Statistiken die nicht entlohnte Arbeit auf dem Feld oder im Garten nur unzureichend erfassen. Auch die bäuerliche Saatgutarbeit wird zumeist von Frauen durchgeführt, die sich um Züchtung, Vermehrung und Aufbewahrung von Saatgut kümmern. »Als Bewahrerinnen von Saatgut und Biodiversität sind Frauen das Rückgrat der Nahrungsmittelproduktion«, schreibt Wichterich (2012:25, Üs. AB). Daher verfügen in vielen Regionen der Erde Frauen über das meiste Wissen zu Anbau, Verarbeitung, Nährwert, Heilwirkungen und Lagereigenschaften von Pflanzen und Saatgut.

Diese versorgenden, unbezahlten Tätigkeiten, die das tägliche Überleben sichern und die Grundbedürfnisse von Familien und Gemeinschaften befriedigen, werden auch als ›reproduktive‹ Arbeit beschrieben. Manchmal wird behauptet, diese sorgende Rolle sei ›natürlich‹ für Frauen, oder diese seien durch ihre Gebährfähigkeit ›näher an der Natur‹ als Männer. Doch dieses Rollenbild ist von der patriarchalen Gesellschaft genauso gewollt wie das Bild des ›starken Mannes‹.

Aus diesen gesellschaftlich festgelegten Geschlechterrollen resultiert, dass Männer oft als zuständig gelten für die ›produktive‹, also bezahlte Arbeit. In der Landwirtschaft werden daher oft die Bereiche als ›Männersache‹ angesehen, die in den Markt integriert sind und Einkommen abwerfen, wie der Handel mit Nahrungsmitteln oder der maschinisierte Anbau von ›Cash Crops‹. Durch die Integration ihrer Arbeit in den Markt sind Männer manches Mal leichter von finanziell vielversprechenden Technologien zu überzeugen: »Männer argumentieren für schnellwüchsige Sorten, die Einkommen versprechen, Frauen präferieren risikoarme Sorten, die die Versorgung garantieren; Männer favorisieren Technologie und Modernisierung und sind trotz der hohen Kosten leichter als Frauen von Hybriden zu überzeugen, die von Konzernen verkauft werden [...]« (Wichterich 2012:26, Üs. AB). Auch hier gilt wieder: Die Vorliebe für Maschinen, neuen Technologien oder Hybriden liegt nicht in der ›Natur von Männern‹, sondern ist erlernt und gesellschaftlich gewollt.

Die Konflikte um Anbaumethoden und Sorten werden häufig von denen entschieden, die das Agrarland besitzen. Doch in vielen Ländern des globalen Südens haben Frauen keinen Zugang zu Land; entweder ist es ihnen grundsätzlich verboten, Land zu besitzen, oder patriarchale Erbfolgeregelungen verhindern, dass Land in den Besitz von Frauen gelangt (Vivas o.D.:5). »Frauen haben systematisch weniger Zugang zu Land und Kapital als Männer, und trotz ihres oft anspruchsvollen Wissens über Anbausysteme zählt die Sicht von Frauen selten bei Entscheidungen zu landwirtschaftlichen Technologien und Lebensmittelpolitik« (Patel 2012:3, Üs. AB).

Als Folge finden viele Frauen ihr Wissen und ihre Tätigkeitsbereiche immer weiter von dem neuen Paradigma der industriellen Landwirtschaft verdrängt. Zwar gehen auch Frauen zunehmend bezahlter Arbeit in der industriellen Landwirtschaft nach und gewinnen durch ein eigenes Einkommen die Möglichkeit, unabhängige Entscheidungen zu treffen. Doch wird ihnen oft noch immer die versorgende Rolle in der Gemeinschaft zugeschrieben, wodurch schwerwiegende Doppelbelastungen entstehen können. Zudem werden Frauen in der industriellen Landwirtschaft meist als ungelernte Hilfskräfte unter prekären Bedingungen eingestellt und verdienen bis zu 30 Prozent weniger als Männer (Vivas o.D.:3).

Da moderne Technologien der ›männlichen Sphäre‹ zugeschrieben werden, verhindert die Industrialisierung der Landwirtschaft aktiv die Teilhabe vieler Frauen. Häufig wird nun argumentiert, Frauen müssten einen gleichberechtigten Platz im industriellen Agrarsystem bekommen, ohne dass dieses System selbst hinterfragt wird. Aber wie viele würdige Arbeitsplätze gibt es denn in riesigen Cash Crop-Plantagen?

Anstatt versorgende Arbeiten auch noch in den ›industriellen Alptraum‹ (S. 24) zu treiben, sollten Bäuerinnen in ihren eigenen Entscheidungen ermächtigt werden und gleichberechtigte Handlungsmöglichkeiten erhalten. Hätten Frauen denselben Zugang wie Männer zu Land, Kapital und Bildung, könnten sie sogar die Produktivität ihrer Felder um 20 bis 30 Prozent steigern (FAO 2011:5). Und würden *alle* Menschen[7] unabhängig ihres Geschlechts in ihrer

7 Nur unsere gesellschaftlichen Normen definieren, dass Zweigeschlechtlichkeit, also die Einteilung der Menschen in Männer und Frauen, als ›normal‹ gilt. Es gibt wesentlich mehr Geschlechter als diese beiden, und es ist höchste Zeit, die Vielfalt der Geschlechter zu schätzen und als selbstverständlich und bereichernd anzuerkennen. Mehr hierzu z.B. unter Projektwerkstatt (2006).

kleinbäuerlichen Arbeitsweise unterstützt, könnten sie dem industriellen Agrarsystem ein starkes bäuerliches System und ein ›gutes Leben‹ (Kasten S. 24) entgegensetzen.

Ein solches vom Markt unabhängiges Agrarsystem ist es, wofür viele Bäuerinnen und auch Bauern im globalen Süden eintreten – etwa, wenn sie die Gemeingüter verteidigen, die sie zum Überleben brauchen (Kasten S. 37). Es gibt unzählige Beispiele von Bäuerinnen, die sich gemeinsam gegen Großstaudämme, Landraub oder den Einsatz gentechnisch veränderter Organismen wehren. Auch sind es oft vorrangig Frauen, die sich für den Schutz bäuerlicher Sorten einsetzen und den Tausch von Saatgut anregen, dezentrale Saatgutbanken aufbauen und für kollektive Rechte über die Lebensgrundlagen kämpfen. Diese Menschen machen damit ganz klar: Sie und ihre Gemeinschaften wollen vor Ort selbst entscheiden, welches Saatgut sie verwenden und wie ihre Landwirtschaft und Lebenswelt ausgestaltet ist.

## Wie romantisch?!

Bauern, die mit ihren Ochsen durch die Felder ziehen; bäuerliches Saatgut, das durch seine Angepasstheit alle Witterungen und Krankheiten übersteht; Bäuerinnen, die mit dem Dreschflegel Saatgut dreschen und dieses in verzierten Tonbehältern aufbewahren – Bilder wie diese laden zur romantischen Verklärung der kleinbäuerlichen Lebenswelt und Saatgutsysteme ein. Mit dem Wunsch nach Erhaltung dieser angeblich heilen, traditionsreichen Welt geht oft die Ablehnung von Modernisierung, Technologie und jeglichen Handels mit der ›Außenwelt‹ einher.

Doch solche Projektionen auf ›traditionelle‹ Bäuerinnen und indigene Gemeinschaften sagen mehr über die aus, die sie sich vorstellen, als über die Bäuerinnen und Gemeinschaften selbst. Der bäuerliche Alltag ist nicht romantisch, sondern oft hart und anstrengend, und tradierte Rollenverständnisse können sehr beengend sein. Daher ist eine generelle Ablehnung von Neuerungen nicht angebracht. Diese Neuerungen können bestimmte Anbaumethoden sein, eine gute Schutzkleidung, Sämaschinen oder neue Sorten.

Umgekehrt haben viele bäuerliche Gemeinschaften zweifellos umfangreiche ›traditionelle‹ Kenntnisse über ihre Landwirtschaft und ihr Umfeld. Beispielsweise wissen sie häufig genauestens Bescheid über die Vermehrung und Lagerung von Saatgut und die

Verwendung ihrer Sorten als Speise-, Futter-, Heil- oder Faserpflanzen. Doch das bedeutet nicht, dass alle traditionellen Anbaumethoden und lokalen Sorten grundsätzlich die besten sind, oder dass Erfahrungen aus anderen Regionen oder wissenschaftliche Ergebnisse nicht hilfreich sein können.

Hinzu kommt, dass bäuerliches Wissen zunehmend verlorengeht und viele Bäuerinnen und Bauern keinen ausreichenden Zugang zu agrarökologischer Weiterbildung haben. Viele bäuerliche Anbausysteme sind daher lange nicht so produktiv wie sie sein könnten. Nur allzu oft bekommen die Bäuerinnen in dieser Situation von landwirtschaftlichen Beratungsdiensten Pestizide und mineralische Dünger empfohlen, jedoch ohne genügend über deren Anwendung zu erfahren. Auf diese Weise entstehen landwirtschaftliche Praktiken, die für Mensch und Umwelt gefährlich sind, und nichts mehr mit dem traditionellen Wissen zu tun haben, das wir uns so gerne vorstellen.

Die Technologien und Methoden, die eine kleinbäuerliche Landwirtschaft fördern können, sind nicht kapitalintensiv und für große Investoren völlig uninteressant – genau wie die kleinbäuerliche Landwirtschaft selbst. In der Vergangenheit gingen daher die meisten Entwicklungen in die genau entgegengesetzte Richtung. Der nächste Buchteil handelt davon, wie Nationalstaaten und Industrie seit der Kolonialzeit versuchen, Bäuerinnen und Bauern zu entmachten und das Sagen über die Saat zu erobern.

# Zum Weiterlesen und -schauen...

**ETC (2009): With climate chaos... who will feed us? The industrial food chain or the peasant food web?**
[www.etcgroup.org/content/who-will-feed-us; 10.11.2015].
*20 Fragen und faktenreiche Antworten, die kurz und knapp das industrielle Agrarsystem und die bäuerliche Landwirtschaft gegenüberstellen und klar machen: Weiter wie bisher ist keine Option!*

**EvB, Forum UE, Miseror (2014): Agropoly.**
Wenige Konzerne beherrschen die weltweite Lebensmittelproduktion.
[www.evb.ch/fileadmin/files/documents/Shop/EvB_Agropoly_DE_Neuauflage_2014_140707.pdf; 10.11.2015].
*Auf knapp 20 Seiten macht diese Broschüre deutlich, wie viele Bereiche der industriellen Nahrungsmittelproduktion in den Händen weniger Konzerne liegen.*

**No Lager & EBF (Hrsg.) (2008): Peripherie und Plastikmeer. Globale Landwirtschaft – Migration – Widerstand.**
Wien.
[www.no-racism.net/upload/823354996.pdf; 10.11.2015].
*Sehr lesenswerte Broschüre zur Situation migrantischer Landarbeiterinnen in der industriellen Landwirtschaft.*

**ZSL (Hrsg.) (2013): Wege aus der Hungerkrise. Die Erkenntnisse und Folgen des Weltagrarberichts: Vorschläge für eine Landwirtschaft von morgen.**
Hamm: AbL Verlag.
[www.weltagrarbericht.de/broschuere.html; 10.11.2015].
*Wie sieht eine zukunftsfähige Landwirtschaft aus? Übersichtliche Zusammenfassung des Weltagrarberichts, mit vielen Grafiken und handfesten Beispielen von Wegen aus der Hungerkrise.*

Teil II

# Saatgut: Vom Gemeingut zur Ware

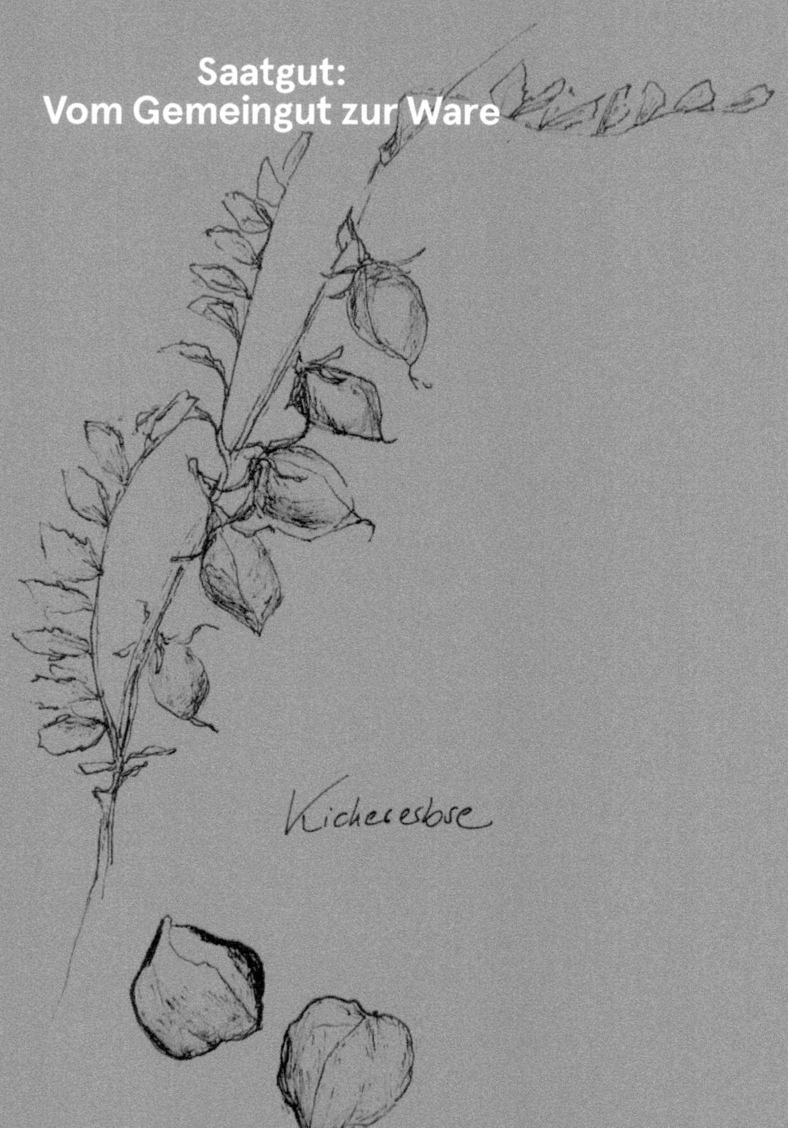

# Koloniales Pflanzengeschacher

»Die europäischen Mächte dirigierten Truppen und Flotten um den Erdball, um sich die Produktion und den Handel kommerziell wichtiger Pflanzen zu sichern. Mit der Entdeckung geeigneter Mittel zum Transport lebender Pflanzen nahm der Kampf um Monopole die Form eines botanischen Schachspiels an.«

Mooney & Fowler 1991:191

Der Alte Botanische Garten in Göttingen ist ein wundervoller Ort. Wie viele Stunden habe ich hier schon verbracht, bin spaziert, habe gelesen, geschrieben, Bienen zugesehen und Pflanzen angeschaut. Botanische Gärten wie dieser haben jedoch eine nicht so wundervolle Geschichte. Europäische Fürsten ließen gegen 1530 die ersten dieser Gärten in Europa anlegen. Die Gärten boten Raum für bisher unbekannte Pflanzen von unschätzbarem kulinarischen, medizinischen und industriellen Wert, die die Kolonisatoren von ihren Eroberungsfahrten mitbrachten. So wurden die Botanischen Gärten zu Durchgangsstationen von Pflanzen, die von West nach Ost oder Ost nach West geschifft wurden. Die Kolonisatoren ließen auch in den Tropen und Subtropen ein »strategisches Netzwerk botanischer Gärten« errichten (Mooney & Fowler 1991:196): »Die botanischen Netzwerke der Imperialmächte umspannten die entferntesten Bereiche des Imperiums. 1889 hatten die Königlichen Botanischen Gärten in Kew bei London beispielsweise Verbindungen zu Botanischen Tochtergärten in Adelaide, Auckland, Bangalore...« (Kloppenburg 2004:365, Üs. AB). Der Agrarsoziologe Kloppenburg* ergänzt diese Liste der Verbindungen des Gartens in Kew um weitere 43 Tochtergärten rund um den Erdball! In diesen Gärten erforschten Botaniker die wirtschaftliche Nutzung der Pflanzen für die Kolonialmächte, welche diese dann entweder im Norden oder in den Kolonien anbauen ließen.

Die Ausbreitung von Kulturpflanzen in neue Regionen ist nichts Neues in der Menschheitsgeschichte. Mit der Invasion der Portugiesen in Afrika und der Spanier in Amerika begann im

15. Jahrhundert jedoch eine Ein- und Ausfuhr von Pflanzen und Saatgut in bis dahin ungekanntem Ausmaß. Die Geschichte des Kolonialismus ist auch die Geschichte des Gerangels der Kolonialmächte um botanische Besonderheiten und kommerziell wichtige Pflanzen. Kolumbus beispielsweise brachte von seiner Eroberungsfahrt nicht nur Kartoffeln, sondern auch Mais, Bohnen und Erdnüsse nach Europa. Bei seiner nächsten Fahrt nahm er Weizen, Oliven, Zwiebeln und Zitrusfrüchte von Europa mit nach Amerika – um dort die Plantagen in den Kolonien mit neuen Pflanzen zu versorgen. Aus solchen Vorgängen entstand eine Grundlage des Kolonialismus: Die Imperialmächte vernichteten in ihren Kolonien große Bestände lokaler Nutzpflanzen und etablierten Plantagenwirtschaften, in denen sie Sklaven Kostbarkeiten produzieren ließen.

Im 19. Jahrhundert wurden die ursprünglich aus Südostasien stammende Banane und das Zuckerrohr in Afrika, in der Karibik sowie in Zentral- und Südamerika angebaut. Kaffee, dessen Ursprung in Äthiopien vermutet wird, wurde nun in Plantagen in der Karibik, in Süd- und Zentralamerika und Südostasien angebaut. Da die Kolonisatoren zumeist nur ein paar Samenproben oder eine Handvoll Pflanzgut an die neuen Standorte brachten, gingen die neu angelegten Plantagen zumeist aus wenigen Pflanzenexemplaren hervor: »Selbst unser aller Morgenkaffee lässt sich wahrscheinlich auf einen Baum im Botanischen Garten von Amsterdam zurückführen, der zum Stammbaum der südamerikanischen Kaffeeindustrie wurde« (Mooney & Fowler 1991:97). Auch die riesigen Ölpalmenplantagen in Südostasien sind auf vier Palmen zurückzuführen, die im 19. Jahrhundert aus Nigeria nach Indonesien verschifft wurden (Mooney & Fowler 1991:194).

Die Gewinner dieses weltweiten Geschachers mit Pflanzen und Saatgut waren die Kolonialmächte. Alle Gewinne flossen in die großen Städte dieser Staaten; auch die landwirtschaftliche Produktion im Norden fußte auf den Pflanzen- und Nahrungsmittelimporten aus dem Süden. Die Ernährung der Bevölkerung Europas verbesserte sich durch die Einführung neuer Pflanzen stark. Nahezu jede heute wirtschaftlich wichtige Nahrungspflanze wurde in der Kolonialzeit auf die eine oder andere Art aus den Kolonien nach Europa eingeführt (Kloppenburg 2004:14). Der Zugang zu, die Nutzung von und die Kontrolle über die Kulturpflanzen spielte und spielt auch heute noch eine elementar wichtige Rolle im geostrategischen Machtspiel.

# Professionelle Pflanzenzüchtung

»Es gibt zwei grundlegend unterschiedliche Vorstellungen von Pflanzenzüchtung. Eine geht davon aus, dass die Tätigkeit des Züchtens und die Tätigkeit des Anbauens von Pflanzen untrennbar verbunden sind. Die andere Vorstellung geht von der Annahme aus, dass das Züchten einigen Experten auf diesem Gebiet vorbehalten [ist].«
Heistinger 2001:38

## Anfänge der professionellen Pflanzenzüchtung

Ich sitze auf einer Wiese auf dem Gelände des Hofs Bienenwerder[8] östlich von Berlin und halte einen Saatgutkatalog in den Händen. Er kommt aus einer Zeit, als es noch kaum Saatgutkataloge gab. Vor 150 Jahren war solch ein Katalog ein Kunstwerk! Liebevoll mit Hand gezeichnete und kolorierte Tomaten, Erbeeren und Rübchen, von denen mir nur wenige bekannt sind. Eine der hier abgebildeten Rübensorten ist auch tatsächlich nicht mehr aufzufinden, wie mir ein Gärtner erklärt. Bei seinen Recherchen gab ihm der Saatgutkatalog den einzigen Hinweis darauf, dass diese Rübe überhaupt einmal angebaut wurde.

Der bildschöne Katalog wurde von Vilmorin, dem ersten europäischen Saatguthaus, herausgegeben. Pierre d'Andrieux de Vilmorin, königlicher Botaniker und Gärtner, gründete dieses Unternehmen Mitte des 18. Jahrhunderts, und es sollte über die nächsten 230 Jahre in den Händen der Familiendynastie Vilmorin bleiben. Für den Import exotischer Pflanzen begleiteten Vilmorins Abgesandte französische Truppen in die Kolonien und sammelten dort Pflanz- und Saatgut (Mooney & Fowler 1991:133). In den Gärten des Saatguthauses wurden züchterische Versuche mit exotischen und heimischen Pflanzen durchgeführt. Mitte des 19. Jahrhunderts veröffentlichte Louis de Vilmorin seine Studien einer neuen Kreuzungsmethode, die als eine der ersten theoretischen Grundlagen der wissenschaftlichen Pflanzenzüchtung dienten. 1840 bis 1920

8 www.olib-ev.org

war Vilmorin das weltweit wichtigste Saatgutunternehmen und auch heute noch zählt es zu den weltgrößten Saatgutkonzernen. Allerdings gehört Vilmorin seit 1975 zur Limagrain Group (S. 86) (Kingsbury 2009:107ff).

Die Geschichte des Unternehmens Vilmorin zeigt beispielhaft, dass die Anfänge der professionellen Pflanzenzüchtung eng mit kolonialen Saatgutimporten und herrschaftlichen Familienverhältnissen verwoben sind: »Es fällt auf, dass die Geschichte der professionellen Pflanzenzüchtung in den Gärten und Ländereien wohlhabender Gutsbesitzer beginnt« (Heistinger 2001:42). Vor allem in Ostdeutschland betrieben landwirtschaftliche Großbetriebe ab 1850 einen hohen Aufwand, um zu Zuchterfolgen zu kommen. Im letzten Drittel des 19. Jahrhunderts hielt die Pflanzenzüchtung Einzug in die Universitäten, wo sie erstmals als eigenständige Disziplin in die akademische Lehre integriert wurde. In Regionen mit kleinstrukturierter Landwirtschaft, in denen es keine Großbetriebe mit Kapazitäten für pflanzenzüchterische Forschung gab, übernahmen ab 1900 öffentliche Institute diese Aufgaben (Flitner 1995:38,41).

Die Methoden der ersten professionellen Pflanzenzüchter waren denen der bäuerlichen Züchterinnen zunächst ähnlich. Sie bestanden in der Auslese zufällig auftretender Mutationen und von Pflanzen mit gewünschten Eigenschaften; ab 1800 kamen gezielte Kreuzungen hinzu (Becker 2011:14). Mitte des 19. Jahrhunderts begann Gregor Mendel im damals österreichischen Brünn mit seinen berühmten Kreuzungsversuchen mit Erbsen, Bohnen, Mais und vielen Zierpflanzen. Er leitete aus seinen Ergebnissen Prinzipien ab, die heute als Grundregeln der Vererbung gelten. Als er sie jedoch 1865 veröffentlichte, fanden sie kaum Beachtung, da das Verständnis dafür noch fehlte. Erst im Jahr 1900 erkannten drei Wissenschaftler unabhängig voneinander, dass mit Mendels Forschungsergebnissen die Beobachtungen der praktischen Pflanzenzüchtung theoretisch erklärt werden konnten. Ab nun waren die professionellen pflanzenzüchterischen Experimente nicht mehr ausschließlich von Erfahrungswissen, Beobachtungsgabe und Zufall geprägt, sondern konnten gezielt und systematisch durchgeführt werden.

## Hybridzüchtung

Mendels Erkenntnisse lieferten weit über die deutschsprachigen Länder hinaus die Grundlage für pflanzenzüchterische Versuche. 1908, nur acht Jahre nach der ›Wiederentdeckung‹ der Mendelschen Gesetze, veröffentlichte der nordamerikanische Genetiker George H. Shull die Ergebnisse seiner Experimente: Er hatte das Prinzip der Heterosis als Grundlage der Hybridzüchtung auf der Basis von Inzuchtlinien erkannt. Dieses Prinzip wird auf den nächsten Seiten erklärt.

### Wie funktioniert die Hybridzüchtung?

George H. Shull führte seine Experimente zur Hybridzüchtung an Mais durch. Mais hat weibliche und männliche Blüten an einer Pflanze: Die fädigen Blüten oben an der Maispflanze sind männlich, die Blüten in den Blattachsen, aus denen die Kolben wachsen, sind weiblich. Die Blüten einer Pflanze blühen jedoch kurz nacheinander, sodass die Pflanze sich nicht selbst befruchten kann. Mais zählt also zu den Fremdbefruchtern (siehe Kasten).

### Die Fortpflanzung von Kulturpflanzen

Pflanzen können sich ungeschlechtlich (vegetativ) oder geschlechtlich (generativ) vermehren. Bei der ungeschlechtlichen Vermehrung bilden Pflanzen Knollen, Ausläufer oder Sprösslinge aus; die Nachkommen sind mit der Mutterpflanze genetisch identisch und damit Klone. Die geschlechtliche Vermehrung hingegen findet über Samen statt.

Bei der geschlechtlichen Vermehrung von Kulturpflanzen sorgen in der Regel Insekten und der Wind für die Befruchtung. Hierbei sind zwei Arten zu unterscheiden: Selbstbefruchtung und Fremdbefruchtung. Bei der Selbstbefruchtung bestäubt der männliche Pollen einer Pflanze die weibliche Narbe *derselben* Pflanze – dies geschieht oft in ein und derselben Blüte. Bei der Fremdbefruchtung bestäubt der männliche Pollen einer Pflanze die weibliche Narbe einer *anderen* Pflanze. Verschiedene Mechanismen können bei Fremdbefruchtern die Selbstbefruchtung verhindern, wie beispielsweise eine unterschiedliche Blühzeit der männlichen und weiblichen Blüten einer Pflanze oder eine genetische Selbstinkompatibilität. Doch auch die Mischung der beiden Fortpflanzungssysteme kommt vor; kaum eine Pflanzenart ist hundertprozent selbstbefruchtend.

Selbstbefruchter sind weitgehend ›reinerbig‹. Bei Fremdbefruchtern hingegen mischt sich das Erbgut der Pflanzen bei der Befruchtung, wodurch sie in vielen Merkmalen ›mischerbig‹ sind. Werden Fremdbefruchter über Generationen in einer zu kleinen Population angebaut oder zur Selbstbefruchtung gebracht, kommt es zu einer Inzuchtdepression: Das Erbgut wird zu ›eng‹ und die Pflanzen degenerieren und verlieren an Vitalität und Ertrag.

Die Hybridzüchtung jedoch möchte die Fremdbefruchtung der Maispflanzen verhindern und sie stattdessen zur Selbstbefruchtung bringen. Ihr Ziel ist, zwei reinerbige Pflanzen miteinander zu kombinieren; daher ist der erste Schritt, zwei reinerbige Elternpflanzen herzustellen. Hierfür muss mit einigen Tricks gearbeitet werden: Die weibliche Blüte wird abgedeckt und die männliche Blüte in eine Tüte eingeschlossen, in der sich der Pollen sammelt. Mit diesem Pollen wird dann die weibliche Blüte derselben Pflanze bestäubt – also eine Selbstbefruchtung oder ›Selbstung‹ herbeigeführt. Das Saatgut dieser selbstbefruchteten Pflanze bringt die nächste Generation hervor, die auf die gewünschten Kriterien selektiert werden kann. Diese Selbstung wird über mehrere Generationen wiederholt, bis die Pflanzen nur noch eine enge genetische Basis haben und nahezu ganz reinerbig sind. Dieser Vorgang wird separat für beide Elternlinien, also die zukünftigen Vater- und Mutterpflanzen durchgeführt.

Aber Achtung: In diesem Stadium sind die Pflanzen für den landwirtschaftlichen Anbau nicht geeignet! Denn was mit ihnen gemacht wurde, ist Inzucht, und die Pflanzen sind degeneriert (siehe Kasten). Kreuzt man jedoch die beiden ingezüchteten Elternpflanzen miteinander, geschieht das, was als Heterosis-Effekt bekannt ist. Die Verbindung der beiden zuvor in ihren Erbanlagen vereinseitigten Pflanzen führt zu erhöhter Vitalität und die Pflanzen übertreffen ihre Eltern in Eigenschaften wie Wuchsfreude und Ertrag.[9]

Als Hybriden werden nun die Pflanzen bezeichnet, die aus der Kreuzung der beiden reinerbigen Elternpflanzen hervorgegangen sind. In der Züchtungspraxis bleibt es oft nicht bei diesen ›Einfachhybriden‹. Vielmehr werden zwei Einfachhybriden miteinander gekreuzt oder eine weitere ingezüchtete Pflanze wird eingekreuzt; so entstehen Doppelhybriden und Dreiweghybriden (S. 56). Eines haben all diese Hybriden gemein: Ihre Nachkommen sind nicht stabil und spalten sich im Extremfall in verschiedenste Formen auf. Beispielsweise können von einer hochwüchsigen Hybridmaispflanze einige Nachkommen hoch-, andere mittel- und die nächsten niedrigwüchsig sein; das gleiche gilt für andere Merkmale dieser Pflanze.

9 Bei Selbstbefruchtern funktioniert die Hybridzüchtung ähnlich. Allerdings müssen die Elternpflanzen nicht zuerst ingezüchtet werden, da sie aufgrund ihrer Selbstbefruchtung schon reinerbig sind (siehe Kasten). Die Kreuzung von Selbstbefruchtern jedoch ist komplizierter als bei Fremdbefruchtern, da das natürliche Fortpflanzungssystem der Selbstbefruchter nicht auf Fremdbefruchtung ausgelegt ist (Becker 2011:285ff). Generell hat die Hybridzüchtung mehr Bedeutung bei Fremdbefruchtern, da bei Selbstbefruchtern ein niedrigerer Heterosis-Effekt auftritt. Dennoch wurden in den letzten Jahrzehnten zunehmend auch Selbstbefruchter hybridisiert.

Daher ist es auch nicht korrekt, von einer ›Hybridsorte‹ zu sprechen. Per Definition ist eine Sorte in der Lage, eine Folgegeneration zu produzieren, die dieselben Merkmale wie ihre Elterngeneration aufweist. Aus diesem Grund verwende ich statt ›Hybridsorte‹ den Begriff ›Hybride‹. Entgegen verbreiteter Meinung kann die Nachkommenschaft der Hybriden durchaus zur Weiterzüchtung von neuen – und auch von samenfesten[10] – Sorten verwendet werden. Für den landwirtschaftlichen oder (erwerbs-)gärtnerischen Nachbau allerdings sind die Hybriden in den meisten Fällen ungeeignet, da ihre Nachkommen zu instabil sind.

## Hybriden für hohe Erträge?

Wer ›Hybride‹ hört, denkt meist an hohe Erträge. Und ja, viele Hybriden haben höhere Erträge als samenfeste Sorten. Gegenüber den Jubelrufen über riesige Ertragssteigerungen aus den ersten Jahrzehnten der Hybridzüchtung (S. 59) nehmen sich heute die Beschreibungen der Vorteile jedoch sehr viel bescheidener aus. Grundsätzlich ist die zu erwartende Ertragssteigerung bei Fremdbefruchtern größer als bei Selbstbefruchtern. Heiko Becker, Professor für Pflanzenzüchtung an der Universität Göttingen, schreibt, bei Selbstbefruchtern sei durch die Hybridzüchtung »dennoch [...] in aller Regel eine gewisse Leistungssteigerung« zu erwarten und »im Durchschnitt eine bessere Ertragssicherheit«. Und bei Fremdbefruchtern ginge es zwar auch um die Heterosis, »der wichtigere Grund für die Hybridzüchtung liegt aber in der Homogenität der Hybriden« (Becker 2011:169,291).

**Bei Fremdbefruchtern sind nicht Ertragssteigerungen das primäre Ziel der Hybridzüchtung, sondern die Einheitlichkeit der Sorte.**

Bei Fremdbefruchtern sind also nicht Ertragssteigerungen das primäre Ziel der Hybridzüchtung, sondern die Einheitlichkeit der Sorte: Da die Elternlinien der Hybriden reinerbig sind, haben auch die Hybriden eine sehr enge genetische Basis und sind damit sehr homogen. Der große Vorteil von Hybriden ist aus Perspektive der Züchterinnen und Züchter, dass sie mit diesen viel Kontrolle über die genetische Ausstattung ihrer Pflanzen haben. Jede der Hybridpflanzen aus der Kreuzung derselben Elternlinie ist genetisch identisch und entspricht damit auf gleiche Weise den Zuchtzielen.

10 Unter samenfesten Sorten werden die Sorten verstanden, aus deren Saatgut Pflanzen wachsen, die dieselben oder sehr ähnliche sortenspezifische Merkmale wie ihre Elterngeneration aufzeigen. Dieser Begriff wird meist verwendet, um diese Sorten von Hybriden oder HR-Sorten abzugrenzen.

Diese Homogenität ist im industriellen Agrarsystem für die maschinelle Bearbeitung und Ernte sowie für die Vermarktung wichtig – und inzwischen auch für die Zulassung von Sorten und für den Sortenschutz (S. 108, 110). Die Schattenseite der Homogenität ist das Fehlen von Vielfalt. Eine einheitliche Sorte ist sehr viel verwundbarer gegenüber Krankheiten und anderen Stressfakoren als eine Sorte mit breiter genetischer Basis (S. 40). Dies wird dadurch verstärkt, dass in der Hybridzüchtung die bewährtesten Elternlinien immer wieder verwendet werden. Daher weisen viele Hybriden nicht nur ein enges, sondern auch ein sehr ähnliches Erbgut wie viele andere Hybriden auf (Becker 2011:297).

### Aufwand der Hybridzüchtung

Der Aufwand, der für die Hybridzüchtung betrieben wird, ist hoch. Nicht alle Elternlinien und nicht alle Kombinationen ergeben gute Hybriden! Daher müssen zunächst geeignete Eltern gefunden und ingezüchtet werden, und das ist nicht immer einfach: »Wird bei einem Fremdbefruchter neu mit Hybridzüchtung begonnen, ist dies mit großen Problemen verbunden. Die Inzuchtdepression ist sehr groß, und die meisten Linien sterben ab [...]. Eine zusätzliche Schwierigkeit liegt darin, dass die meisten Fremdbefruchter über einen Selbstinkompatibilitätsmechanismus (Kasten S. 52) verfügen, der zunächst überwunden werden muss«, schreibt Becker (2011:293).

Sind diese Schwierigkeiten gemeistert, muss herausgefunden werden, welche Kombination von Elternlinien Hybriden mit den gewünschten Eigenschaften ergeben. Das wird in ›Kombinations-Eignungsprüfungen‹ – sehr aufwändigen Feldversuchen und durch rechnerische Auswertung – ermittelt. Auch die Kreuzung ist nicht bei allen Pflanzen so einfach wie bei Mais mit seinen großen Blüten! Bei diesem kann die männliche Blüte recht gut per Hand von der Mutterpflanze entfernt werden, sodass die Mutterpflanzen nur von den Vaterpflanzen bestäubt werden können. Dieses Vorgehen ist jedoch beispielsweise bei den kleinen und zudem zwittrigen Blüten von Tomatenpflanzen viel schwieriger und muss mit einer Pinzette durchgeführt werden.

Generell ist die Methode der Handkreuzung extrem arbeitsaufwändig und findet aus diesem Grund zumeist in Ländern mit niedrigen Lohnkosten statt. Neben der Handkreuzung gibt es auch chemische und genetische Mechanismen für die Hybridzüchtung (Becker 2011:281ff). Bei dem *chemischen* Mechanismus werden die

Mutterpflanzen mit einer chemischen Substanz kastriert. Hierfür werden Substanzen benötigt, die eine vollständige Kastration sicherstellen und zudem keine Nebenwirkungen auf andere Eigenschaften der Pflanzen haben. Geeignete Substanzen mit diesen Wirkungen zu finden ist kompliziert, und einige von ihnen sind hochgiftig und zum Beispiel in Deutschland nicht zugelassen. Als *genetischer* Mechanismus zur Hybridzüchtung wird zumeist die CMS-Technik verwendet.[11] Die ›cytoplasmatische männliche Sterilität‹ (CMS) kommt zwar bei vielen Pflanzenarten natürlich vor, wird heute aber fast ausschließlich im Labor mit gentechnikähnlichen Verfahren in die Zuchtlinien eingebracht (S. 98).

Nicht bei allen Pflanzen ist jeder der Hybridmechanismen geeignet. Daher müssen bei der Hybridzüchtung nicht nur Elternlinien gefunden werden, die in Kombination eine gute Hybride ergeben – sie müssen zudem auch den jeweiligen Anforderungen des angewendeten Hybridmechanismus entsprechen!

Die Bewältigung all dieser Herausforderungen und die Durchführung der Hybridzüchtung dauert für eine Hybride etwa zehn Jahre. In dieser Zeit wird die Ausgangspopulation[12] auch mit anderen, oft weniger aufwändigen Methoden züchterisch bearbeitet. Selbst wenn die Hybride nach zehn Jahren bessere Eigenschaften als die Ausgangspopulation aufzeigt, muss sie mit der inzwischen ebenfalls verbesserten Population verglichen werden – und damit schmälert sich der Erfolg der Hybridzüchtung oft beträchtlich (Becker 2011:324).

## Produktion von Hybridsaatgut

Nun wissen wir grob, wie Hybriden gezüchtet werden. Doch an dieser Stelle stellt sich eine weitere Frage: Wie wird bei den genannten Schwierigkeiten Hybridsaatgut in einer solchen Menge hergestellt, dass es in großem Stil verkauft werden kann? Ein paar Elternpflanzen reichen dazu natürlich nicht aus! Zunächst werden Vater- und Mutterlinien also hochvermehrt, um diese dann miteinander zu kreuzen. Da die Inzuchtlinien meist wenig vital sind, liefern sie aber nur wenig und oft minderwertiges Saatgut. Deshalb werden inzwischen überwiegend Doppelhybriden verwendet, bei denen die Elternpflanzen, die für die Saatgutproduktion angebaut werden, selbst bereits Hybriden sind und einen besseren Saatgutertrag liefern.

**11** Neben der CMS-Technik gibt es noch weitere gentechnische Mechanismen zur Hybridzüchung. Zur Einführung siehe Becker (2011:282ff) und Arvay (2014:41f).

**12** Ausgangspopulationen sind die Gruppen von Pflanzen, aus denen die Elternpflanzen der Hybriden ausgewählt werden.

# Produktion von Doppelhybridsaatgut



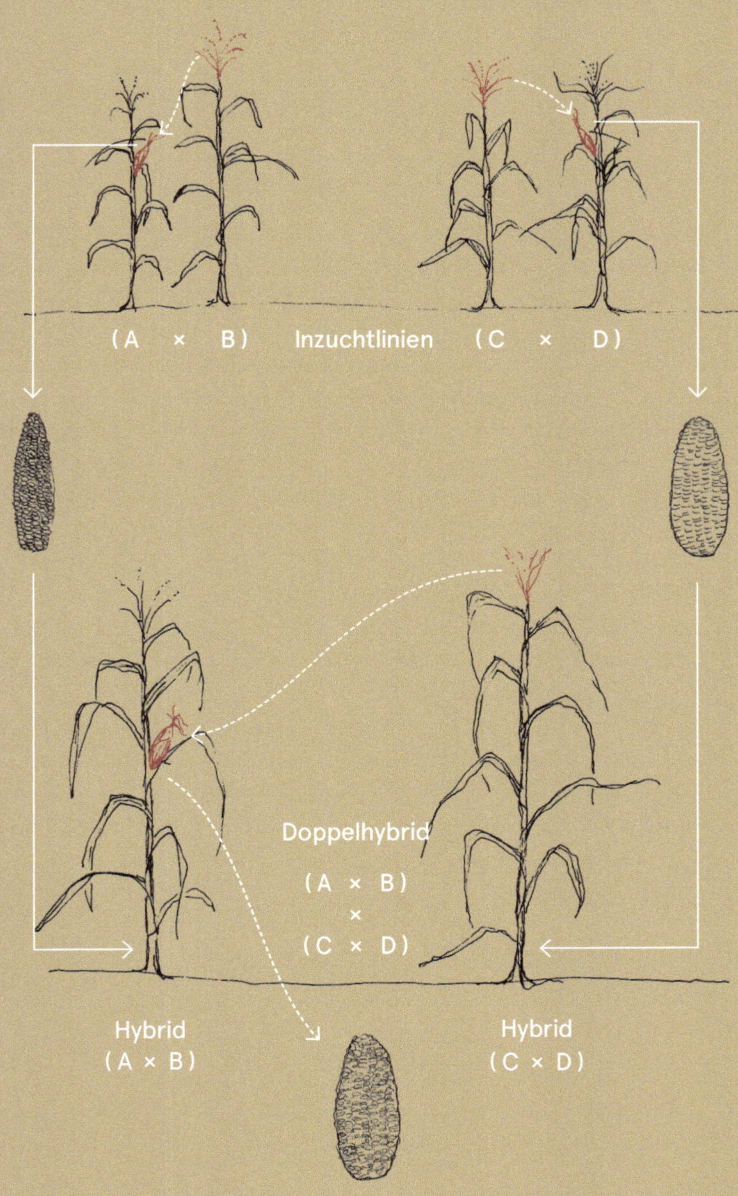

Um immer wieder ausreichend Hybridsaatgut mit denselben Eigenschaften produzieren zu können, müssen die Elternlinien mit all ihren Merkmalen aufwändig erhalten werden. Manche Saatgutkonzerne stecken genauso viel Geld in die Erhaltungszüchtung wie in die Züchtung neuer Sorten (Becker 2011:276). Der große Aufwand der Hybridzüchtung und Saatgutproduktion schlägt sich in den Preisen nieder: Hybridsaatgut kostet im Vergleich zu anderem Saatgut in der Regel mindestens das Doppelte (Becker 2011:300).

Auf den letzten Seiten ist das Wörtchen ›Aufwand‹ recht oft zu lesen. Wenn sie so aufwändig ist, warum konnte sich die Hybridzüchtung überhaupt mehr als 100 Jahre halten und zudem rasant weiterentwickeln? Schon nach der Entdeckung der Hybridzüchtung Anfang des 20. Jahrhunderts ließen die Erfolge lange auf sich warten und traten nur durch einen extrem hohen züchterischen Aufwand ein (S. 59). Vom heutigen Standpunkt aus kann sicherlich gesagt werden, dass höhere Erträge und vor allem eine hohe Homogenität manchen Hybriden deutliche Vorteile im industriellen Agrarsystem verschaffen. Bei anderen jedoch macht die Hybridzüchtung aus züchterischer Perspektive wenig Sinn. Das schreibt auch Heiko Becker, der der Hybridzüchtung ansonsten positiv gegenübersteht: »Wenn die Heterosis nur relativ gering ist, wie bei Selbstbefruchtern üblich, ist daher die Züchtung von Hybridsorten eine fragwürdige Strategie« (2011:323). Dennoch wird bis heute versucht, bei immer mehr Arten und Sorten – auch bei Selbstbefruchtern – die Hybridzüchtung durchzusetzen. Bis zum Jahr 2000 war dies in Deutschland bei über 80 Prozent aller Gemüsesorten geschehen (Fuchs 2010:91) und auch bei Getreide bestehen bis heute große Ambitionen zur Hybridzüchtung (S. 62). Doch warum? Dieser Frage gehe ich im nächsten Streifzug nach.

Streifzug

## Keine gescheuten Mühen für erfolgreiche Hybriden

Seit der Entwicklung der Hybridzüchtung durch die Genetiker George H. Shull und Edward M. East im Jahr 1908 wird diese zugleich hochgelobt und vehement abgelehnt. Der nordamerikanische Pflanzenzüchter Collins beispielsweise nannte die Methoden der Inzüchtung 1910 eine »Gewalt an der Natur der Pflanzen« und bezeichnete Shulls Methoden der Hybridzüchtung sogar als »gefährlich« (Kloppenburg 2004:98, Üs. AB).

In den ersten Jahren nach der Veröffentlichung von Shulls Erkenntnissen stießen die nordamerikanischen Züchter auf viele Schwierigkeiten bei der Züchtung von Hybridmais. Die Selbstung der Elternlinien brachte häufig kranke und krüppelige Pflanzen hervor. Viele Kreuzungen erwiesen sich als erfolglos und die Erträge lagen oft unter denen samenfester Sorten. Trotz vieler Versuche und Forschungen ließ der große Durchbruch auf sich warten.

Warum ließ man von dieser wenig erfolgreichen Methode nicht ab? Shull schrieb 1908 über mögliche Maisrekordernten, die durch die Kreuzung zweier hochqualitativer Elternlinien möglich seien. Hierbei betonte er, dass folglich jedes Jahr auf die ursprüngliche Elternlinien-Kombination zurückgegriffen werden müsse (Kloppenburg 2004:97). Dies bedeutete, dass Bäuerinnen mit Hybridsaatgut zum ersten Mal keinen Nachbau betreiben könnten und jedes Jahr neues Saatgut kaufen müssten! Schon damals war klar, welch riesiges ökonomisches Potenzial in den Hybriden steckt.

Fast zehn Jahre später brachte die Entdeckung von Doppelhybriden (S. 56) erste wirkliche Erfolge in der Hybridzüchtung. Nun wurde die Züchtung endgültig zu kompliziert für die Maisbauern, die damals noch ihr eigenes Saatgut gewannen. Dieser Umstand entging auch den beiden Züchtern Edward M. East und Donald F. Jones nicht, als sie 1919 schrieben: »Dies ist eine Methode, die die meisten Bauern nicht interessieren wird, aber es ist etwas, das leicht von Samenhändlern aufgegriffen werden könnte; in der Tat ist es das erste Mal in der Geschichte der Landwirtschaft, dass es einem Samenhändler möglich ist, vollständig von seiner [...] Erschaffung oder von etwas, das er gekauft hat, zu profitieren« (Kloppenburg 2004:99, Üs. AB).

Im gleichen Jahr entdeckten die Züchter Herbert K. Hayes und Ralph J. Garber eine Methode zur Entwicklung sogenannter ›synthetischer Sorten‹. Hierbei werden mehrere Elternlinien über ein bis zwei Generationen geselbstet und danach in einem Bestand miteinander gekreuzt. Diese abwechselnde Kombination zwischen Selbstung und Kreuzung nutzt wie die Hybridzüchtung den Heterosis-Effekt und versprach schon früh erhebliche Ertragssteigerungen. Jedoch gibt es einen entscheidenden Unterschied: Die Nachfolgegeneration einer synthetischen Sorte bleibt stabil in ihren Eigenschaften, die Sorte ist nachbaubar. Was das bedeutete, war auch dem ersten kommerziellen Hybridsaatgutproduzent George Carter klar. Er schrieb im Jahr 1925, synthetische Sorten könnten durchaus hohe Erträge bringen, doch »würden sie die Erwartungen eines jeden verderben, der gedachte, Saatgut kommerziell zu produzieren« (Kloppenburg 2004:102, Üs. AB).

Die Entwicklung der synthetischen Sorten wurden von den Akteuren, die schon hohe Gewinne mit dem Verkauf von Hybridsaatgut geschnuppert hatten, entschieden abgelehnt. Zu diesen gehörte Henry A. Wallace, der schon früh in die Hybridzüchtung involviert und entschiedener Befürworter und Förderer dieser Methode war. Sein Vater Henry C. Wallace wurde im Jahr 1920 ins Landwirtschaftsministerium berufen. Innerhalb von zwei Jahren entließ dieser den hybridkritischen Leiter der staatlichen Maiszüchtung und ersetzte ihn durch den Hybridzüchter Richey. Dieser startete ein riesiges Züchtungsprogramm. Ausgestattet mit guten Kontakten, üppiger Finanzierung und einer beachtlichen Anzahl an Personal und Forschungseinrichtungen forcierte er die Weiterentwicklung der Hybridzüchtung.

Zehn arbeitsreiche Jahre später, 1935, konnten die Züchter Hybriden mit zehn bis 15 Prozent höheren Erträgen präsentieren (Kloppenburg 2004:104).

Zu diesem Zeitpunkt stiegen die ersten Saatgutfirmen in großem Maßstab in den Verkauf von Hybridmaissaatgut ein. Das Geschäft war vielversprechend: »Zum ersten Mal wurden Samen aus einer Pflanze gewonnen, die der Anbauer nicht wieder aussäen und dabei etwas ähnliches wie die Elternpflanze erwarten konnte. Es war das nächstbeste Ding zu einem Patent«, schreibt Hybrid- und Gentechnikbefürworter Kingsbury (2009:381, Üs. AB). Mit der Hybridzüchtung war ein Verfahren gefunden worden, das Saatgut für den gewerblichen Verkauf interessant machte. Hybridmaissaatgut wurde schnell zu *dem* Saatgut, für das sich die kommerzielle Saatgutproduktion lohnte; mit diesem ›Lebensblut‹ begann die Saatgutindustrie zu florieren (Kloppenburg 2004:93).

Die neuen Maishybriden wurden geschickt beworben, und in den zehn Jahren zwischen 1935 und 1945 stellten die Bauern im sogenannten ›Maisgürtel‹, dem traditionellen Maisanbaugebiet der USA, komplett von samenfesten Sorten auf Hybriden um. In diesem Zeitraum schossen die Gewinne aus dem Verkauf von Hybridmaissaatgut von nahezu null auf 70 Millionen Dollar. 1965 waren schließlich 95 Prozent der Maisanbaufläche der USA mit Hybriden bepflanzt (Kloppenburg 2004: 91ff).

Im Anbetracht dieser Zahlen schien die Erforschung anderer erfolgsversprechender Züchtungsmethoden vollständig uninteressant zu sein. Die Möglichkeit der

Seit den Anfängen der Hybridzüchtung wurden vielfältige Maissorten durch die Hybriden verdrängt.

Züchtung von synthetischen Sorten beispielsweise wurde komplett vernachlässigt. Hierzu schreibt der Genetiker Richard Lewontin im Jahr 1982: »Seit den 1930ern wurde ein immenser Aufwand betrieben, immer bessere Hybriden zu erzeugen. Nahezu niemand hat versucht, samenfeste Sorten zu verbessern, obwohl wissenschaftliche Beweise zeigen, dass diese Sorten heute, wäre derselbe Aufwand in sie gesteckt worden, genauso gut oder sogar besser wären als Hybriden« (Kloppenburg 2004:93, Üs. AB).

Der Erfolg der Hybridzüchtung ist also weder zufällig noch ist er ein Wunder – sondern das Ergebnis eines intensiven Züchtungsprozesses, reichlicher Finanzierung, von geschicktem Lobbyismus und politischen Entscheidungen.

## Der große Schritt zur Kommerzialisierung

Die erfolgreiche Hybridisierung von Mais im ersten Drittel des 20. Jahrhunderts war der größte Schritt zur Kommerzialisierung von Saatgut: »[D]ie von den Hybriden produzierten Profite finanzierten das Wachstum einer robusten privaten Saatgutindustrie, welche dann sowohl die Ressourcen als auch die Motivation hatte, den Prozess der Kommerzialisierung weiterzutreiben« (Kloppenburg 2013:4, Üs. AB). Mit dem großen Züchtungsaufwand wurden auch Eigentumsrechte und Geheimhaltungsansprüche verbunden. Denn wer jahrelang intensiv an einer Sorte forscht, will hinterher auch etwas von dem Verkauf des Saatgutes haben. Wie lukrativ das Geschäft mit den Hybriden ist, zeigt der nächste Streifzug.

Streifzug

### Für das Geschäftsleben attraktiv – Hybridzüchtung möglichst vieler Kulturpflanzen

»Für das Geschäftsleben war die Hybridisierung zweifellos sehr attraktiv, da sie die Bauern damit fing, jedes Jahr für ihr Saatgut wiederkommen zu müssen. Da die Technik so gut für Mais funktionierte und Investoren und Saatgutfirmen immense Profite brachte, ist leicht nachzuvollziehen, wie dies der offensichtliche Weg für die meisten Pflanzenzüchtungsaktivitäten wurde«, schreibt Kingsbury (2009:406, Üs. AB).

Mit dieser Motivation werden heute sogar Hybriden von Kulturpflanzen gezüchtet, bei denen der Züchtungsaufwand noch größer ist und kaum Verbesserungen zu erwarten sind. In Deutschland ist dies beispielsweise bei Weizen der Fall, bei dem aufgrund seiner Bestäubungsbiologie die Hybridzüchtung sehr schwierig ist. Bisher wird Hybridweizen chemisch kastriert, dies findet jedoch in Frankreich statt, da die eingesetzten Mittel in Deutschland verboten sind (Becker 2011:282). Doch der Anreiz für die Hybridzüchtung von Weizen ist groß, da bisher in Deutschland über die Hälfte des verwendeten Saatgutes von den Bauern selbst produziert wird. »Eine vollständige Umstellung auf Hybridsorten würde daher zu einer Verdoppelung des Saatgutumsatzes führen«, folgert Becker (2011:300).

Neu ist der Versuch der Hybridweizenzüchtung nicht; 1974 wurde erstmals Hybridweizen in den USA verkauft. Dieser war jedoch nicht sonderlich beliebt, da er keine wirklichen Vorteile brachte (Kingsbury 2009:383). Bis heute ist der Durchbruch bei Hybridweizen nicht gelungen, doch die Bemühungen halten an: 2015 hat das deutsche Bundesministerium für Ernährung und Landwirtschaft fünf Millionen Euro Fördermittel für das in Deutschland bisher größte Hybridweizenprojekt lockergemacht. Die Ausmaße des Projekts erinnern an die Anfangszeit der Hybridzüchtung in den USA: 8.400 Weizenlinien sollen auf knapp 140.000 Parzellen in ganz Deutschland geprüft werden (ProPlanta 2015). Beachtlich ist hierbei, dass öffentliche Gelder in eine Züchtung gesteckt werden, von der Bäuerinnen und Bauern wenig und private Konzerne sehr viel zu erwarten haben.

# Von den Äckern in die Labore: Tendenzen der letzten 150 Jahre

Die Hybridzüchtung war zwar der wichtigste Schritt zur Kommerzialisierung von Saatgut, doch ist es nicht der einzige Schritt, der den Bäuerinnen ihr Saatgut aus den Händen nimmt. In den folgenden Kapiteln beschreibe ich, wie sich Industrie und Nationalstaaten immer weiter das Sagen über die Saat aneignen. Doch zunächst möchte ich in den nächsten Abschnitten einige grundlegende Veränderungen der Pflanzenzüchtung aufzeigen.

## Intensivierung der Landwirtschaft

»Begann sich [...] im letzten Drittel des 19. Jahrhunderts die Pflanzenzüchtung in Deutschland als neue Wissenschaft langsam zu formieren, so ist doch die erhebliche Intensivierung der deutschen Landwirtschaft im letzten Jahrhundert nur zu geringen Teilen eben dieser neuen Wissenschaft zu verdanken«, schreibt Flitner (1995:38). Die zunehmende Mechanisierung, neue Ackergeräte und Anbautechniken und der steigende Einsatz von Pestiziden und mineralischen Düngern trugen erheblich zu den Ertragssteigerungen in der Landwirtschaft bei (Becker 2011:14).

Anfang des 20. Jahrhunderts wurde ein industrielles Verfahren entwickelt, das Luftstickstoff in nutzbare Stickstoffverbindungen umwandelt.[13] Ab nun standen diese Stickstoffverbindungen in riesigen Mengen zur Verfügung und wurden für die großindustrielle Herstellung von Sprengstoff und Düngemitteln genutzt. Die Verfügbarkeit mineralischer Stickstoffdünger machte enorme Ertragssteigerungen möglich. Ohne sie wäre die industrielle Landwirtschaft in heutiger Form nicht denkbar: 75 Prozent des heute weltweit genutzten mineralischen Düngers ist Stickstoff (Böll et al. 2015:20).

## Ziele der Züchtung

Seit der großflächige Einsatz von mineralischen Düngern möglich ist, konzentriert sich die Pflanzenzüchtung auf Sorten, die große Mengen dieser Düngemittel aufnehmen und effizient in hohe Erträge umwandeln können (S. 72). In der Literatur werden diese Sorten oft ›Hochertragssorten‹ genannt. Viele dieser Sorten zeigen jedoch vor allem eine hohe Reaktionsfähigkeit auf Düngemittel und weisen bei niedrigem Düngeniveau niedrige Erträge auf. Daher verwende ich in Anlehnung an Shiva (1991:72) und Clar (2002:43) den Begriff ›Hochreaktionssorten‹ (HR-Sorten).

13 Das sogenannte Haber-Bosch-Verfahren.

Auch die Züchtung von Resistenzen und Toleranzen gegenüber Schädlingen und Krankheiten spielte in den vergangenen Jahrzehnten eine sehr große Rolle, immer im Wettlauf mit den resistenzbrechenden Schädlingspopulationen. Zudem wurde bei einigen Arten, wie Raps, Zuckerrübe, Weizen und Kartoffel, die Eignung zur industriellen Verarbeitung zum wichtigsten Züchtungsziel. Beispielsweise werden etwa die Hälfte der Kartoffeln in Deutschland nicht frisch, sondern als industriell hergestellte Chips, Pommes oder Knödel gegessen (Becker 2011:76ff). Bei vielen Arten ist im industriellen Agrarsystem auch wichtig, dass sie sich für weite Transportwege eignen.

Die genannten Kriterien sollen in der professionellen Pflanzenzüchtung möglichst gleichförmig in jedem Pflanzenindividuum einer Sorte gesichert sein; dies vereinfacht auch die industrielle Bearbeitung, Ernte und Verarbeitung (Becker 2011:297). Daraus ergibt sich letztlich eines der wichtigsten Züchtungsziele: Die Einheitlichkeit der Sorten. Mit der Globalisierung der landwirtschaftlichen Produktion wurden zudem Sorten forciert, die für große und auch unterschiedliche Anbaugebiete geeignet sind, denn ein großes Anbaugebiet ist für den Züchter »natürlich kommerziell interessant« (Becker 2011:162). Je größer das Anbaugebiet, desto besser verkauft sich das Saatgut der Sorte. Lokale Anpassung und standortspezifische Sorteneigenschaften sowie Sorten für weniger optimale und marginale Standorte sind ökonomisch uninteressant und geraten zunehmend in den Hintergrund.

## Methoden der Züchtung

Auch die Methoden, die in der Pflanzenzüchtung angewendet werden, haben sich in den letzten 150 Jahren drastisch geändert. Nach den ersten systematischen Kreuzungen von Mendel Mitte des 19. Jahrhunderts und der Hybridzüchtung Anfang des 20. Jahrhunderts wurde die Züchtung zunehmend von den Äckern in die Labore verlagert. Statt auf zufällige Mutationen zu warten, können seit den 1930ern Mutationen auch künstlich durch Bestrahlung oder Chemikalien ausgelöst werden. In den 1970er Jahren entdeckten Züchterinnen und Züchter, dass verstärkt Mutationen ausgelöst werden, wenn pflanzliches Gewebe in einer Zellkultur [14] wächst (Becker 2011:207ff). Im selben Zeitraum ermöglichte die Gentechnik erstmals, einzelne Gene einer Art auf eine andere Art zu übertragen.

**14** Als Zellkultur wird die Kultivierung pflanzlicher Zellen, Gewebe oder Pflanzenteilen in einem Nährmedium außerhalb des pflanzlichen Organismus (z.B. im Reagenzglas) bezeichnet.

In vielen Züchtungsprozessen heute haben Zellkulturen, die in einer Nährlösung in Plastikschalen auf ihre Eigenschaften geprüft werden, den Zuchtgarten und den Acker abgelöst. Aus einzelnen Zellen werden Pflanzen generiert, die unter kontrollierten Laborbedingungen aufwachsen. Die Züchter achten weniger auf das Äußere einer Pflanze; stattdessen analysieren sie das Erbgut und können so herausfinden, welches die idealen Kreuzungspartner sind.

Es gibt viele Argumente für und gegen die Entwicklungen in der Pflanzenzüchtung und der Biotechnologie, und die Diskussion hierüber ist nicht Gegenstand dieses Buches. Für unsere Frage, wer das Sagen über die Saat hat, fällt die Argumentation relativ einfach aus: Diese Methoden führen dazu, dass Bäuerinnen und Gärtner vom Züchtungsprozess weiter abgetrennt werden und das Sagen über ihre Saat verlieren.

**In den Industrieländern sind die Bereiche Pflanzenbau, Saatgutproduktion und Züchtung klar getrennt.**

Mit den hochtechnologisierten Züchtungsmethoden hat die Pflanzenzüchtung einen zuvor ungekannten Spezialisierungsgrad erreicht. Insbesondere in den Industrieländern sind die Bereiche Pflanzenbau, Saatgutproduktion und Züchtung klar getrennt. Züchtung ist eine hochkomplexe Wissenschaft geworden, die zunehmend von Spezialistinnen in Laboren durchgeführt wird. Das Wissen über Züchtung und Samengärtnerei wird in den üblichen landwirtschaftlichen und gärtnerischen Ausbildungen in Deutschland nicht einmal mehr gelehrt. Pflanzenzüchtung ist eine wissenschaftliche und technische Disziplin geworden, die im Alltag vieler Bäuerinnen keine Rolle mehr spielt.

### Blick der Züchtung

Innerhalb der letzten 150 Jahre veränderte sich auch der züchterische Blick auf die Pflanze. Während zuvor der gesamte Pflanzenbestand oder die Pflanze als Einheit betrachtet wurde, galt das Augenmerk ab nun zunehmend einzelnen Genen und ihren Eigenschaften. Diese Gene heißen ab etwa Mitte des 20. Jahrhunderts ›genetische Ressourcen‹, die sowohl züchterisch als auch ökonomisch bedeutungsvoll seien und daher ›gerettet‹ werden müssten (Flitner 1995:152f, S. 78).

Die Genetik hat zu großen Züchtungsfortschritten beigetragen. Gleichzeitig jedoch tendiert sie zu einer starken Vereinfachung der komplexen Verhältnisse, Wechselbeziehungen und Prozesse, in die eine Pflanze im bäuerlichen Anbau eingebunden ist. Mit dem reduzierten Blick auf nur bestimmte Eigenschaften missachtet die professionelle Pflanzenzüchtung, dass auch andere Nutzungsweisen mit diesen Pflanzen verbunden sein könnten. So wird der Mehrfachnutzen vieler bäuerliche Sorten (S. 39) oft ersetzt durch eine reine Fokussierung auf die Frucht (Heistinger 2001:61f). Beispielsweise erzählte mir eine Freundin aus Indien, dass in manchen Regionen Indiens das Stroh der Reispflanzen zum Decken von Hausdächern verwendet werde. Die meisten neueren Reissorten hätten den Vorteil, dass sie schneller abreifen und dadurch zwei Mal jährlich Reis angebaut werden könne (S. 74). Einer der Nachteile jedoch sei, dass das Stroh viel kürzer und durch die hohe Stickstoffdüngung weicher sei. Somit eigne sich das Stroh dieser Sorten nicht zum Decken der Dächer, womit eine der wichtigsten Nutzungen der Reispflanzen wegfiele.

## Züchtung wird Privatsache

Bis Mitte des 20. Jahrhunderts betrieben Genetikerinnen und professionelle Pflanzenzüchter intensive Forschungsarbeit an Universitäten und anderen öffentlichen Forschungsinstitutionen. Inzwischen gibt es solche Institutionen kaum noch, und wenn, sind sie zumeist eng mit dem privaten Sektor verflochten oder mit privaten Drittmitteln finanziert. Im Stiftungsrat der Universität Göttingen beispielsweise saß bis Mitte 2015 der Aufsichtsratsvorsitzende der KWS, einem der weltgrößten Saatgutkonzerne.

Kostspielige und aufwändige Grundlagenforschung wird heute noch immer an Universitäten durchgeführt, während die Ergebnisse, das ›Zuchtmaterial‹ und die Inzuchtlinien an Unternehmen weitergegeben werden. »Unverblümt gesagt, macht der öffentliche Sektor die Drecksarbeit, und der private Sektor verdient das Geld; der öffentliche Sektor subventioniert quasi den privaten«, schreibt Kingsbury (2009:376, Üs. AB). Ausgangspunkt dieser Entwicklung war wieder die Hybridzüchtung: »Mit den Hybriden begannen die Unternehmen, mit öffentlichen Einrichtungen [...] zu konkurrieren. [...] Jegliche Inzuchtlinie, die diese produzierten, wurde von den Unternehmen weggeschnappt und genutzt [...]« (Kingsbury 2009:375, Üs. AB). Auch heute noch subventioniert der öffentliche Sektor die privaten Unternehmen, wie zum Beispiel an dem groß angelegten Projekt der Hybridweizenforschung zu sehen ist (S. 62).

Spätestens als in den 1980ern die Agrarchemiekonzerne in großem Stil in den Saatgutmarkt einstiegen, übernahm der private Sektor endgültig das Ruder. Die Dominanz privater Konzerne in der Pflanzenzüchtung brachte bald Forderungen nach dem Schutz des geistigen Eigentums auf Pflanzensorten mit sich (S. 103): »Als die private Züchtung die öffentliche überholt hatte, wurde das Thema des Schutzes von Pflanzensorten wichtiger und zunehmend umstritten. Diese beiden Angelegenheiten sind so ineinander verflochten wie eine Kletterpflanze mit dem Baum, um den sie wächst« (Kingsbury 2009:381, Üs. AB).

Seit Jahrzehnten dominieren in den Industrieländern private Konzerne die Ausrichtung der Pflanzenzüchtung, während öffentliche Institute und Universitäten sich immer weiter zurückziehen. Für die Entwicklung von Alternativen fehlt häufig das Geld, wie beispielsweise für die Züchtung samenfester Sorten (S. 219) oder die Erforschung agrarökologischer Methoden (S. 130) (Howard 2009:1281). Völlig unbeantwortet bleibt die Frage, die vor 25 Jahren schon Mooney & Fowler (1991:149) stellten: Wer bildet die professionellen Pflanzenzüchterinnen der Zukunft aus, wenn nicht die Universitäten? Schon heute fehlt es den Züchtungsbetrieben an Nachwuchs (S. 140).

## Primitive Sorten? Die Abwertung bäuerlicher Züchtung

»Lange vor Darwin und Mendel lag die Pflanzenzucht in den Händen kundiger, fähiger Menschen, die ihre Felder mit scharfem Blick für die besten Pflanzen abschritten, deren Samen sie für die Aussaat aufhoben«, schreiben Mooney & Fowler (1991:150). So viel Achtung bekommen die bäuerlichen Züchterinnen und Züchter selten! Ihr enormes Wissen über Anbau, Pflege, Selektion, Saatgewinnung und Zubereitung der Pflanzen, das sie über Generationen weitergeben, wird heute häufig als rückschrittlich abgewertet.

Häufig wird Gärtnern und Bäuerinnen die Fähigeit des Züchtens gänzlich abgesprochen, etwa wenn der Beginn der Züchtung in das 19. Jahrhundert datiert wird. Eine Abwertung der bäuerlichen Züchtung geschieht auch, wenn bäuerliche Sorten seit der Entstehung der professionellen Züchtung als ›primitive Sorten‹ bezeichnet werden, denen ›Hochzuchtsorten‹ entgegenstehen (Flitner 1995:144f, 294f). Oder wenn bäuerliche Sorten als Gefahr für die Biosicherheit dargestellt werden (S. 109, 163).

Doch jegliche Züchtung greift letztlich auf Vorhandenes zurück. Noch heute verwendet die professionelle Pflanzenzüchtung einige grundlegende Methoden, die auch schon die Bäuerinnen vor Jahrtausenden kannten. Flitner (1995:37) schreibt daher, »[e]s ist gerade in der Pflanzenzüchtung außerordentlich schwierig, ›wissenschaftliches‹ und ›unwissenschaftliches‹ oder ›vorwissenschaftliches‹ Vorgehen gegeneinander abzugrenzen. In sehr vielen Kulturen gibt es traditionelle Auslese- und Pflanzverfahren, die hinter der ›wissenschaftlichen‹ Pflanzenzüchtung nicht zurückstehen und diese jedenfalls in einem [...] ganz wesentlichen Aspekt, nämlich der Erhaltung und Mehrung biologischer Vielfalt, weit übertreffen.«

Die bäuerliche Pflanzenzüchtung hat sich seit Jahrtausenden bewährt; auch heute noch ernähren Nahrungsmittel aus bäuerlichem Saatgut einen Großteil der Weltbevölkerung (S. 35). Alle unsere heutigen Hauptnahrungspflanzen und eine Vielzahl von Faserpflanzen wurden auch schon von den Menschen in der Steinzeit genutzt. Obwohl die professionelle Züchtung erst seit etwas über 100 Jahren besteht, wird oft behauptet, ohne diese könne die Welt heute und in Zukunft nicht ernährt werden. Ein Beispiel hierfür ist die Imagekampagne des Bundesverbands Deutscher Pflanzenzüchter, in der unter anderem gefragt wird: »Wer liefert Lösungsansätze für die Welternährung – wenn nicht wir?« (BDP 2015).

Züchtung gehöre in die Hände von Experten und diese Experten seien nicht die Bauern, so die Meinung vieler professioneller Züchterinnen und Züchter ab 1900. Ein Ergebnis dieser Auffassung ist, dass die Züchtung vielfach über die Bedürfnisse derer hinweg geht, für die angeblich gezüchtet wird, wie im nächsten Kapitel zu lesen ist.

# Neue Sorten, neue Märkte: Die Grüne Revolution

»Die Grüne Revolution ist ein Paradebeispiel dafür, wie der Westen die [sogenannte] Dritte Welt in technologische und wirtschaftliche Abhängigkeit hineinmanövrierte.«
Bertolami 1981:96

Nichts zuvor hat die Landwirtschaft in so kurzer Zeit und in so globalem Maß so stark verändert wie die Grüne Revolution. Dieser Begriff beschreibt die seit den 1960er Jahren stattfindende gezielte Verbreitung von Hochreaktionssorten (HR-Sorten) und von Methoden der industriellen Landwirtschaft in den Ländern des globalen Südens.

Ab den 1940er Jahren kursierten gehäuft Prognosen zu weltweit drohenden Hungersnöten durch das ›explodierende‹ Bevölkerungswachstum.[15] Gleichzeitig hatte die Hybridmaiszüchtung gezeigt, dass durch dieses Züchtungsverfahren Ertragssteigerungen möglich sind (S. 59). Die neuen Sorten schienen der ideale Weg zu sein, dem Hungerproblem zu begegnen. Zudem versprach die globale Verbreitung von Hybriden und HR-Sorten sowie von Methoden industrieller Landwirtschaft, weltweit Gewinne zu erwirtschaften – und politischen Einfluss auf Kleinbäuerinnen und Subsistenzbauern auszuüben. Letzteres erschien in dieser Zeit besonders wichtig, da unabhängige Kleinbäuerinnen und eine hungrige Landbevölkerung als »potenziell revolutionäre Klasse« und Basis für kommunistische Oppositionen angesehen wurden (Clar 2002:44). Zur Verhinderung ›roter Revolutionen‹ war daher die Ernährung der Landbevölkerung und die Einbindung von Kleinbäuerinnen und -bauern in marktwirtschaftliche Strukturen entscheidend (Shiva 1991:50ff).

**15** Immer wieder wurden Horrorszenarien zur ›Bevölkerungsexplosion‹ dazu genutzt, bestimmte Praktiken zu rechtfertigen. Auch heute gilt die Ernährung der ›zukünftigen zehn Milliarden‹ als wichtiges Argument für biotechnologische Züchtungsmethoden und die Industrialisierung der Landwirtschaft. Schon längst jedoch werden so viele Nahrungsmittel weltwelt produziert, dass zehn Milliarden Menschen oder mehr satt werden können (S. 28). Mehr hierzu z.B. in den Dokumentarfilmen *Population Boom* (Werner Boote) und *10 Milliarden – Wie werden wir alle satt?* (Valentin Thurn).

Die Grüne Revolution ist also motiviert durch eine »explosive Mischung aus Geschäftssinn, humanitären Absichten, Wissenschaft und Politik« (Kloppenburg 2004:158, Üs. AB). Diese Komplexität wird ignoriert, wenn die Grüne Revolution als einzig mögliche Strategie gegen drohende Hungersnöte dargestellt wird.

## Mexiko, die Wiege der Grünen Revolution

»Das Land denen, die es bebauen!« Diese Forderung ist so alt wie die Herrschaft über Bäuerinnen und Bauern, und heute noch immer so aktuell wie Anfang des 20. Jahrhunderts in Mexiko. Heute sichern sich einige wenige Großinvestoren riesige Agrarflächen weltweit; damals besaßen in Mexiko zwei Prozent der Bevölkerung 97 Prozent des Landes. Als Präsident Cárdenas in seiner Regierungszeit zwischen 1934 und 1940 eine radikale Agrarreform durchsetzte, spielten Landrechte eine zentrale Rolle. Großgrundbesitzer wurden enteignet und Kleinbäuerinnen und Landlose gezielt gestärkt. Die Regierung Cárdenas ließ etwa 20 Millionen Hektar Land an genossenschaftlich organisierte Kleinbäuerinnen verteilen. Anstatt teure technologische Mittel und externes Fachwissen zu erkaufen, förderte Cárdenas die Produktivität der Kleinbäuerinnen und -bauern (Bertolami 1981:86, Clar 2002:44).

Cárdenas' Nachfolger Camacho schlug ab 1940 einen deutlichen Kurswechsel ein. Von nun an sollte die Landwirtschaft als Grundlage dazu dienen, Mexiko zu »industrieller Größe« zu verhelfen (Bertolami 1981:90). Für die USA war damit ein günstiger Moment gekommen, Einfluss auf ihr Nachbarland zu nehmen. US-Vizepräsident Henry A. Wallace und der Präsident der Rockefeller Stiftung, Raymond Fosdick, diskutierten 1941 erstmalig über ein landwirtschaftliches Entwicklungsprogramm in Mexiko (Kloppenburg 2004:158). Interessant ist hierbei, von welchen Interessen die beiden geleitet waren: Vizepräsident Wallace hatte die Hybridzüchtung in den USA entschieden vorangetrieben (S. 60). Zum Zeitpunkt des Treffens hatte er schon das Unternehmen Hi-Bred Corn gegründet, das heute DuPont Pioneer heißt und das weltweit zweitgrößte Saatgutunternehmen ist (S. 88). Die Rockefeller Stiftung war dem Ölkonzern Standard Oil zugehörig und maßgeblich an der Industrialisierung der Landwirtschaft beteiligt.

Als Ergebnis dieses Treffens startete 1943 ein landwirtschaftliches Programm zur Ertragssteigerung von Mais- und Weizensorten in Mexiko, obwohl ein Berater die Rockefeller Stiftung vorher eindrücklich gewarnt hatte: »Die Standardisierung der mexikanischen Landwirtschaft auf wenige kommerzielle Arten kann nicht erreicht werden, ohne die einheimische Kultur und Ökonomie hoffnungslos durcheinander zu bringen« (Kloppenburg 2004:162, Üs. AB).

Doch genau dieses ›Durcheinanderbringen‹ war die Idee. Für die Entwicklung Mexikos galten ab nun die kleinbäuerlichen Sorten, Methoden und Strukturen als hinderlich (Clar 2002:45). So berichtete ein anderer Berater der Rockefeller Stiftung nach einer Reise durch Mexiko 1951, die Wirtschaft des Landes sei durch »hunderttausende von unökonomischen landwirtschaftlichen Betrieben gehandicapt [...]« (Mooney & Fowler 1991:75). Die Stiftung kam zu dem Ergebnis, dass in solch einer Situation der »rascheste Fortschritt erzielt werden kann, indem man oben anfängt und nach unten expandiert« (Mooney & Fowler 1991:75). Ziel war also eindeutig nicht mehr, Bäuerinnen ›von unten‹ zu ermächtigen, sondern ›von oben herab‹ Lösungen zu präsentieren. Ab nun wurde die landwirtschaftliche Entwicklung Mexikos durch das Ziel der ›industrielle Größe‹ des Landes sowie die Interessen der USA und der Agrarindustrie bestimmt.

Streifzug

## Weizen für die ganze Welt – Norman Borlaug

›Vater der grünen Revolution‹ wird Norman E. Borlaug auch genannt. In Mexiko war er ab 1945 für das Weizenzüchtungsprogramm zuständig und begann, tausende Weizensorten aus verschiedensten Regionen der Erde zu sammeln und miteinander zu kreuzen. In seinen aufwändigen Zuchtprogrammen entdeckte er ein Problem: Wenn er zur Steigerung der Erträge hohe Mengen mineralischen Stickstoffdüngers anwendete, schossen fast alle der Weizensorten in die Höhe; sie bekamen weiches Stroh und fielen um, bevor die Weizenkörner reif waren. Für maximale Ertragssteigerungen benötigte er also Sorten, die auch bei hohen Düngemittelzugaben niedrig und standfest blieben; Sorten, die Düngemittel gut in Erträge umwandeln konnten.

Anfang der 1950er Jahre hörte er von ›Norin 10‹, einer japanischen Weizensorte mit kurzem Stroh. Der nordamerikanische Züchter Orville Vogel hatte Norin 10 erfolgreich mit einer nordamerikanischen langstrohigen Weizensorte gekreuzt. Borlaug erhielt einige Samen von Vogels besten Züchtungslinien und begann, diese sogenannten ›Zwergweizensorten‹ in die lokalen mexikanischen Sorten einzukreuzen. Borlaugs neue Zwergweizensorten erreichten Ertragssteigerungen bis zu 50 Prozent – allerdings nur unter idealen Bedingungen, wie regelmäßige Bewässerung und hohe Zugaben von Mineraldüngern. »Die neuen Sorten hatten ohne zusätzliche Mineraldüngung kaum einen höheren Ertrag […], aber sie waren in der Lage aufgrund ihrer besseren Standfestigkeit ein hohes Stickstoffangebot in eine Verdopplung des Ertrages umzusetzen« (Becker 2011:20).

Die mexikanischen Bauern, die in Bewässerungsanlagen, Düngemittel und andere agrarindustrielle Strukturen investieren konnten, stiegen mit Borlaugs neuen Weizensorten in ein lohnendes Geschäft ein: Im Jahr 1958 begann Mexiko – dessen Bevölkerung sich zum Großteil von Mais ernährte – Weizen zu exportieren (Kingsbury 2009:295f).

Borlaug wurde zu einer der Schlüsselfiguren der Grünen Revolution und seine mexikanischen Zwergweizensorten wuchsen einige Jahre später in verschiedensten Regionen der Erde (Christ 2010: 39). Ob Borlaug tatsächlich ›die Armen der Welt vor dem Hungertod rettete‹, wie oft behauptet und auch durch die Verleihung des Friedensnobelpreises 1970 bekräftigt wird, ist allerdings fraglich. Viele seiner Sorten erwiesen sich als anfällig für Krankheiten und Schädlinge. Und die ›idealen Anbaubedingungen‹, unter denen diese Sorten ihre hohen Erträge erbringen, sind auf den Feldern der ›Armen‹ selten zu finden.

Auf den Erfahrungen mit dem landwirtschaftlichen Entwicklungsprogramm in Mexiko aufbauend wurden ähnliche Programme in weiteren lateinamerikanischen Ländern initiiert – und bald auch an vielen anderen Orten der Welt: Die US-Regierung und die Rockefeller Stiftung gründeten in verschiedenen Ländern des globalen Südens zehn gemeinsam koordinierte ›Internationale Agrar-Forschungszentren‹[16] (IARCs) (Bertolami 1981:92).

Aus dem landwirtschaftlichen Entwicklungsprogramm in Mexiko ging beispielsweise das heute noch bestehende Weizen- und Maisverbesserungszentrum CIMMYT[17] hervor; auf den Philippinen wurde 1960 das Reisforschungszentrum IRRI[18] gegründet. Jedes dieser Zentren war zuständig für die Züchtung bestimmter Kulturpflanzenarten, wobei der Fokus jedoch auf Mais, Weizen und Reis lag (Mooney & Fowler 1991:143). Bei Mais stand als Züchtungsverfahren die Hybridzüchtung im Vordergrund, da Hybridmais schon damals ein lukratives Geschäft versprach (Kloppenburg 2004:157ff, S. 59). In der Weizenzüchtung sorgten zu dieser Zeit Borlaugs Zwergweizensorten für Aufsehen (S. 72) und das Prinzip der Kurzstrohigkeit wurde nun auch bei Reis angewendet.

**Mit den neuen Sorten, die die Züchter der landwirtschaftlichen Forschungsinstitute entwickelten, begann eine Spirale der Industrialisierung.**

Mit den neuen Sorten, die die Züchter der landwirtschaftlichen Forschungsinstitute entwickelten, begann eine Spirale der Industrialisierung. Der massive Einsatz von mineralischen Düngemitteln ließ nicht nur Kulturpflanzen, sondern auch Unkräuter wachsen, die wiederum mit Herbiziden bekämpft wurden. Die hohen Investitionen in Saatgut, Düngemittel und Herbizide machten diese Art der Landwirtschaft nur bei großflächig monokulturell bewirtschafteten Flächen rentabel; die Bearbeitung großer Flächen ist nur mit einer Maschinisierung der Landwirtschaft zu bewältigen. Schädlinge wiederum liebten die Größe und Gleichförmigkeit des neuartigen Anbaus, und wurden mit großen Mengen an Insektiziden und Fungiziden bekämpft (Mooney & Fowler 1991:77). Und da viele der neuen Sorten zum Teil dreimal mehr Wasser benötigen als lokale Sorten, mussten riesige Bewäs-

16 ›International Agricultural Research Centers‹.

17 ›Centro Internacional de Mejoramiento de Maíz y Trigo‹.

18 ›International Rice Research Institute‹.

serungsanlagen gebaut werden (Christ 2010:39). Der Bau dieser Anlagen sowie der Transport von Saatgut, Düngemitteln und Pestiziden machten Flugplätze und Straßen notwendig.

Und so dehnten die Länder des Nordens das industrielle Agrarmodell weltweit aus. Die IARCs fungierten als Türöffner für die Agrarindustrie und bahnten den Konzernen den Weg in die ländlichen Regionen, die bisher noch nicht in die Weltwirtschaft eingebunden waren. Mit den neuen HR-Sorten erschlossen sich die Agrarkonzerne weltweite Märkte für Saatgut und andere Produktionsmittel – und zudem profitable Tätigkeitsfelder wie Großhandel, Lebensmittelverarbeitung und die Produktion der dafür nötigen Energie. Welche Ausmaße diese Entwicklungen annehmen konnten, zeigt der nächste Streifzug.

Streifzug

## Ein Land auf den Kopf gestellt – Indonesien in der Grünen Revolution

Indonesien gehörte Anfang der 1960er Jahre zu den größten Reisimporteuren weltweit. Das 1965 durch einen blutigen Militärputsch an die Macht gekommene Suharto-Regime strebte eine Intensivierung des Reisanbaus an. Das philippinische Agrarforschungszentrum IRRI hatte in dieser Zeit schon die ersten kurzstrohigen HR-Reissorten gezüchtet, die nun auch in Indonesien eingesetzt werden sollten. Im Paket mit ausreichend Düngemitteln versprach beispielsweise die zwergwüchsige Sorte IR-8 wesentlich höhere Erträge und zudem kürzere Abreifezeiten.

Für die erfolgreiche Einführung der neuen Sorten und zugehörigen Agrarchemikalien startete die Regierung eine Kooperation mit dem Schweizer Chemiekonzern Ciba[19]. Zwischen 1968 und 1970 bekam Ciba 850.000 Hektar Reisanbaufläche für den Anbau der IRRI-Sorten zugesprochen. Um diese riesigen Flächen bewältigen zu können, mussten sie einheitlich zu bearbeiten sein. Die indonesischen Bäuerinnen wurden gezwungen, großflächig und zur gleichen Zeit die gleichen Sorten anzubauen. Zur Kontrolle der weitläufigen Monokulturen war die Etablierung einer riesigen technischen Infrastruktur notwendig und Ciba entwickelte die Schädlingsbekämpfung aus Flugzeugen. Der betriebene Aufwand war enorm, wie im firmeneigenen Magazin nachzulesen ist: »Es war eine richtige Feuertaufe, von der die damals Beteiligten noch heute mit Stolz berichten. Die Düngerverteilung bedeutete, dass man 160.000 Ton-

**19** Nach einigen Fusionen und Aufkäufen hat sich aus Ciba der heute weltweit drittgrößte Saatgutkonzern Syngenta entwickelt. Mehr zu Unternehmensaufkäufen und -zusammenschlüssen auf S. 85.

nen Mineraldünger per Schiff einführte und über Eisenbahn- oder Lastwagentransporte in 4.000 Dörfer spedierte. Auf dem Höhepunkt der Aktion operierten 12 Pilatus-Porter[20] von sechs Flugfeldern aus [...]. Am Boden waren 150 Motor- und 3.500 Rückenspritzgeräte unterwegs für kritische Stellen, ferner 100 Jeeps, 150 Motorräder und 1.300 Fahrräder, plus 15 mobile Radiostationen neben neun fixen für die Verbindungen. Das ganze Projektteam umschloss 57 eigene Spezialisten, unterstützt durch rund 400 Einheimische« (Bertolami 1981:98).

Cibas Mammutprojekt entmündigte und verschuldete unzählige Bäuerinnen und Bauern, viele verloren ihr Land und waren zur Flucht in die Städte gezwungen. Einige wenige Reissorten, die sogar zumeist dieselben Zwergwuchsgene in sich trugen, verdrängten 10.000 bäuerliche Reissorten aus dem Anbau (FAO 1997:31, LVC 2013:22). Die großflächig ausgebrachten Pestizide zerstörten die komplexen Ökosysteme und auch das biologische Gleichgewicht der Reisfelder: Ab dem Jahr 1971 eroberten bis dahin irrelevante Schädlinge und Pilze in immer neuen Wellen die Reisfelder Indonesiens und vernichteten große Teile der Ernte (Kingsbury 2009:303).

**20** Flugzeug des Schweizer Herstellers Pilatus Aircraft.

Wenn im Kontext der Grünen Revolution von der Züchtung neuer Sorten gesprochen wird, klingt das oft leichtfertig. Doch der Züchtungsaufwand war hoch und durchaus nicht immer von Erfolg gekrönt. Die Ergebnisse der Züchtung von HR-Reissorten beispielsweise ließen lange auf sich warten und bedurften eines enormen internationalen Aufwands. Und selbst Reissorten wie IR-8, die in Indonesien und ganz Südostasien auf riesigen Flächen angebaut wurden (S. 74), waren bei der Bevölkerung nicht sehr beliebt. Neben den schlechten Koch- und Geschmackseigenschaften wurde IR-8 zum Beispiel als ›im Hals kratzig‹ beschrieben (Kingsbury 2009:303). Zudem erwiesen sich viele der neuen Sorten als sehr anfällig gegenüber Krankheiten, Schädlingen oder Überflutungen. Die Suche nach neuen und besseren Sorten ging immer weiter und weiter.

Führt denn dieser enorme Aufwand zu weniger Hunger in der Welt? Tragen die ›Wundersorten der Grünen Revolution‹, wie sie manchmal bezeichnet werden, zu besseren Lebensumständen der Menschen bei?

Im Jahr 1983 waren über die Hälfte der Weizen- und Reisanbaufläche in den Ländern des globalen Südens mit HR-Sorten bebaut (Kingsbury 2009:285). Durch die neuen Sorten und den agrarindustriellen Anbau konnten die Erträge bei diesen Kulturpflanzen gesteigert werden; für manche Kulturpflanzen werden Ertragssteigerungen zwischen zehn und 130 Prozent angegeben (Christ 2010:39, Kingsbury 2009:285). Viele Länder begannen, Weizen, Reis oder Mais zu exportieren. Doch das mag schöner klingen, als es für die Kleinbäuerinnen in vielen Fällen war und noch heute ist.

**Die Menschen, für die die Entwicklungen der Grünen Revolution angeblich vorgesehen waren, hatten selten wirkliche Vorteile durch sie.**

Auf den Philippinen beispielsweise nahm in den 1970er Jahren die Ernte zwar um 70 Prozent zu, doch das Einkommen der Bauern sank aufgrund höherer Kosten der Anbaumethoden und fallender Weltmarktpreise um 60 Prozent (Christ 2010:41). Ein Jahrzehnt später war durch den intensiven Einsatz von Pestiziden in der philippinischen Landwirtschaft die Todesrate durch Vergiftungen um 250 Prozent gestiegen (Kingsbury 2009:303). Auch in Indonesien konnten die Reiserträge gesteigert werden, aber der großflächige Pestizideinsatz in den Nassreisfeldern vernichtete die Fischbestände, die die Bäuerinnen dort hielten. Die Fische dienten jedoch als wertvolle Proteinquelle, genauso wie andernorts Hülsenfrüchte, die ebenfalls durch den Anbau weniger Cash Crops verdrängt wurden (Bertolami 1981:99f). »Ein sehr reduzierter Blick auf die Kornerträge einzelner Anbaufrüchte und auf monetär meßbare, kurzfristige Produktivität hat sehr komplexe, vielfältig ertragreiche und langfristig produktive Landbausysteme verdrängt«, schreibt hierzu Clar (2002:47).

Trotz des riesigen Aufwands hat die Grüne Revolution die Lebensbedingungen der Bäuerinnen und ihrer Gemeinschaften nicht verbessert. Mit den HR-Sorten wurden sie abhängig von den Entwicklungen der Weltmarktpreise und von Agrarkonzernen, Krediten und Erdöl. Die Bauern und insbesondere die Bäuerinnen verloren immer mehr das Sagen über ihre Saat und ihre Landwirtschaft, da sich Entscheidungsprozesse immer mehr zu den Spezialisten und Managern aus den Industrieländern verlagerten.

Die Menschen, für die die Entwicklungen der Grünen Revolution angeblich vorgesehen waren, hatten selten wirkliche Vorteile durch sie. Meist steckten andere Interessen hinter den landwirtschaftlichen Entwicklungsprogrammen: »›Entwicklung‹ wird vielfach mit Inwertsetzung und (Welt-)Marktintegration gleichgesetzt«, schreibt Forster (2008:60). Nur allzu oft bedeutet landwirtschaftliche Entwicklung die Verdrängung kleinbäuerlicher Produktion und die Zerstörung der Lebenszusammenhänge der ländlichen Bevölkerung. In noch dunklerem Licht erscheint die Grüne Revolution, wenn man ein Auge auf die Aktivitäten wirft, die in den IARCs neben der Züchtung neuer Sorten stattfanden: Die Sammlung von Saatgut lokaler Sorten, dem wertvollen ›genetischen Material‹ für die Länder des Nordens. Hierum geht es im nächsten Kapitel.

# Sammelexpeditionen und Sammelsurien

»Die Industrie kann ihre ›verbesserten‹ Sorten nicht produzieren, ohne auf das Erbe der bäuerlichen Sorten zurückzugreifen. Aus diesem Grund hat sie die Staaten mobilisiert, Saatgut dieser Sorten zu sammeln und in Genbanken einzuschließen, die der Industrie zugänglich sind – während sie gleichzeitig darauf hinarbeitet, diese Sorten auf den Feldern zu verbieten.«

LVC 2013:2, Üs. AB

## Die Aneignung von Saatgut auf Sammelexpeditionen

Im Frühjahr 1970 machte sich der Pilz *Helminthosporium maydis* über die US-amerikanischen Maisfelder her. Dieser Erreger war den dortigen Bauern schon lange bekannt, hatte aber bisher noch nie große Schäden anrichten können. Nun erfreute er sich an dem einheitlichen Hybridmais, der landesweit angebaut wurde: Alle der damals in den USA angebauten Maishybriden hatten das selbe Zellplasma, das anfällig für diesen Pilz war! So vernichtete dieser in einigen Regionen 50 Prozent der Maisernte, landesweit waren es 15 Prozent (Becker 2011:97f).

Epidemien dieser Art gab es in dieser Zeit nicht nur in den USA. Beispielsweise führte die Intensivierung des Reisanbaus in Südostasien zu einer Ausbreitung des ›Tungro-Virus‹, der 1971 in den Philippinen 30 Prozent der Ernte vernichtete. Dieser griff insbesondere neue Reissorten wie den IR-8 an (S. 74). Auch auf dem afrikanischen Kontinent geschah Ähnliches: In Sambia beispielsweise wurden 1974 etwa 20 Prozent der Maisfelder von dem Schimmelpilz *Fusarium* befallen. Er war jedoch nur auf dem neu eingeführten Hybridmais zu finden, die Pflanzen lokaler Sorten blieben unbeschädigt (Bertolami 1981:46). Die bäuerlichen Anbaumethoden und Sorten waren bisher vielfältig genug gewesen, um die großflächige Ausbreitung solcher Epidemien zu verhindern. Zudem haben sich die lokalen Sorten seit langer Zeit gemeinsam mit ihrer Umgebung entwickelt und wirksame Abwehrmechanismen und Resistenzen gegen Schädlinge und Krankheiten ausgeprägt.

Doch die Grüne Revolution hat diese Vielfalt in vielen Regionen der Welt verdrängt und durch wenige, einheitliche Sorten ersetzt (FAO 1997:34f). Im Jahr 1969 bestellten US-amerikanische Bäuerinnen 96 Prozent ihrer Erbsenanbauflächen mit nur zwei verschiedenen Erbsensorten (Kloppenburg 2004:163). In der Schweiz wuchsen 1978 nur zwei Winterweizensorten auf 92 Prozent der Anbaufläche. Und in Deutschland brachten im Jahr 1979 die Bäuerinnen und Bauern auf 95 Prozent der Roggenanbaufläche drei Sorten aus (Bertolami 1981:30). In Griechenland war gesetzlich verfügt worden, nur noch Sorten des mexikanischen Weizen- und Maisverbesserungszentrums anzubauen, die in der Folgezeit die bäuerlichen Sorten nahezu vollständig verdrängten. In Nepal bauten die Bäuerinnen auf 80 Prozent der Ackerflächen HR-Weizensorten an. Auch in Südamerika, wo wenige Jahre zuvor noch unzählige Kartoffelsorten auf kleinstem Raum gefunden wurden, dominierten in vielen Regionen Anfang der 1970er Jahre nur noch wenige HR-Sorten (Mooney & Fowler 1991:83ff).

Wie die Epidemien nur allzu deutlich zeigten, geht mit dieser Standardisierung auf den Feldern ein großes Risiko einher. Den Akteuren der Grünen Revolution, die diese Vereinheitlichung aktiv vorangetrieben haben, sollte dieses Risiko nicht unbekannt gewesen sein. Denn schon die Plantagen der Kolonialzeit erwiesen sich durch ihre Uniformität als sehr anfällig gegenüber Schädlingen und Krankheiten. 1914 warnte der wissenschaftliche Pflanzenzüchter Erwin Baur, dass die Nutzung weniger Sorten durchaus ›Schattenseiten‹ mit sich bringe: »An Stelle der vielen alten Landsorten treten immer mehr einzelne wenige hochgezüchtete und zweifellos hochwertigere Rassen. [...] So sehr diese Verbesserung unserer Getreidesorten auch volkswirtschaftlich erwünscht ist [...] – so hat dieser Prozess doch auch seine Schattenseite. [W]enn das so weiter geht, [schneiden] wir uns selbst die Möglichkeit zu einer noch weiteren Verbesserung unserer Kulturpflanzen ab« (Flitner 1995:42).

**Die Ursache für den Verlust der Vielfalt liegt in der Standardisierung der Landwirtschaft und ihrer Sorten, doch an der Verbreitung dieses Agrarsystems wird nicht gerüttelt.**

Im Laufe des 20. Jahrhunderts warnten verschiedene Stimmen zunehmend vor dem Verlust der Kulturpflanzenvielfalt. Doch obwohl die Ursache für diesen Verlust in der Standardisierung der

Landwirtschaft und ihrer Sorten lag, wurde an der Verbreitung dieses Agrarsystems nicht gerüttelt. Stattdessen etablierte sich die Idee, Saatgut der lokalen Sorten zu sammeln und zu konservieren. Schon im Jahr 1914 formulierte Baur diese Strategie: »[W]ir müssen, solange das noch möglich ist, unsere alten Landsorten [...] sammeln und erhalten, und wir müssen auch die wilden Verwandten unserer Kulturpflanzen, die in Gefahr sind auszusterben, vor dieser Gefahr schützen« (Flitner 1995:43).

Baur hatte bei diesen Ausführungen nicht nur die lokalen Sorten Deutschlands oder Europas im Blick, sondern bezog sich auf weltweite Sammlungen. Bei diesen ging es nie um den Erhalt der Vielfalt um ihrer selbst willen. Die gesammelten Sorten sollten zur Verbesserung der hiesigen Kulturpflanzen genutzt werden: »[I]n manchen von ihnen [den alten Landsorten außerhalb Europas, Anm. AB] stecken sehr wertvolle Eigenschaften, welche durch rationelle Kreuzungen herausgeholt werden könnten. Eigenschaften, die *allen* unseren europäischen Sorten abgehen« (Baur 1914 in Flitner 1995:42).[21]

Trotz dieser frühzeitigen Warnungen und sauber dargelegten Strategien fanden Jahrzehnte lang nur sporadische Sammlungen statt (Bertolami 1981:127). Die großflächigen Epidemien erinnerten dann in den 1970er Jahren daran, dass in den bäuerlichen Sorten dringend benötigte Resistenzen gegen Krankheiten zu finden sind. Die während der Grünen Revolution etablierten Internationalen Agrar-Forschungszentren (IARCs) hatten sich neben der Neuzüchtung immer auch mit der Sammlung von Saatgut lokaler Sorten beschäftigt. Nun boten sie die perfekte Infrastruktur für eine global koordinierte, systematische Sammelstrategie.

Anfang der 1980er Jahre waren im Netzwerk der IARCs über 300 Sammelexpeditionen durchgeführt worden, während derer etwa 120.000 Saatgutproben aus 120 Arten und 80 Ländern eingetütet wurden (Mooney & Fowler 1991:167). Die Sammlungen beschränkten sich allerdings auf die Kulturpflanzen, die die Forscher der IARCs als wichtig erachteten. Verwandte Wildformen oder für die lokale Bevölkerung wichtige Arten wurden lange Zeit außer Acht gelassen (Bertolami 1981:127). Während die Sammlungen hauptsächlich im globalen Süden stattfanden, landeten die meisten Saatgutproben in den Händen der Züchter im globalen Norden.

Bezeichnend für das Verständnis dieser Sammlungen ist, dass das Saatgut im Süden als freies Gut gesammelt wird. Kulturpflanzen

**21** In diesem Zitat ist zu erkennen, dass sich in dieser Zeit die Betrachtungsweise der Pflanze änderte. Der Blick fiel zunehmend auf die einzelnen Merkmale der Pflanzen als verwertbare Ressourcen für die Pflanzenzüchtung (S.65).

werden als ›gemeinsames Erbe der Menschheit‹ angesehen, auf das jeder zugreifen kann. Sobald jedoch die Züchtungsindustrie des globalen Nordens das Saatgut verwendet, gilt es als ihr Eigentum und wird als Ware gehandelt. Die Neuzüchtungen stehen den Bäuerinnen des globalen Südens, von deren Feldern das Saatgut genommen wurde, nicht mehr zur Verfügung (Kloppenburg 2004:15). Viele dieser Sammelexpeditionen können daher als Biopiraterie angesehen werden (S. 105).

Unzählige Intrigen, Verflechtungen zwischen Industrie und Politik sowie geostrategische Interessen prägen die Strategien zur Sicherung der Kulturpflanzenvielfalt (Flitner 1995). Diese können hier nicht weiter ausgeführt werden, doch das Interessensgefälle zwischen Nord und Süd, zwischen Wissenschaft, Industrie und bäuerlicher Landwirtschaft macht klar: Diese groß angelegte ›Rettung der Vielfalt‹ wird nicht vorrangig für Bäuerinnen und Gärtner durchgeführt, und am allerwenigsten für die Bäuerinnen des globalen Südens.

Am deutlichsten wird dies vielleicht dadurch, dass die Koordination und Durchführung der globalen Sammelstrategie in den Händen der IARCs lag. Diese propagieren überzeugend ihre HR-Sorten, die dann wiederum die bäuerlichen Sorten aus dem Anbau verdrängen. Gleichzeitig sammeln die IARCs Saatgut der bäuerlichen Sorten, um diese als Ressourcen für zukünftige industrielle Züchtungen einzulagern, bevor sie gänzlich verschwunden sind. Eine alternative Strategie zur Erhaltung der Vielfalt wäre, Bäuerinnen und Bauern ihre Vielfalt anbauen zu lassen und die Verbreitung der industriellen Landwirtschaft und ihrer Sorten zu stoppen. Doch die Interessen von Politik, Wissenschaft und Industrie verfolgen eine andere Richtung. Und so wird weiter gesammelt...

## Für die professionelle Züchtung konserviert: Saatgut in Genbanken

Doch wohin mit all dem gesammelten Saatgut? Da es irgendwo eingelagert werden musste, unterstützten die IARCs ab den 1970ern maßgeblich den Aufbau von Genbanken; 1980 gab es etwa 60 Genbanken weltweit (Bertolami 1981:128). Über Jahrzehnte hinweg war jedoch völlig unklar, wie die Saatgutproben gelagert, sortiert und katalogisiert werden sollten, und unter welchen Bedingungen sie sich lange hielten. In den ersten Jahren der Sammelexpeditionen wurden so viele Saatgutproben zu den Genbanken gebracht, dass niemand mit dem Beschriften und Katalogisieren hinterherkam. Darüber hinaus waren die Lagerbedingungen in vielen Genbanken äußerst prekär, und Stromausfälle, Schädlingsbefall oder Feuchtigkeit vernichteten regelmäßig große Bestände.

Heute gibt es etwa 1.750 Genbanken in über 100 Ländern mit etwa 7,4 Millionen Saatgutproben (EvB & PSR 2014:7). Für viele Kulturpflanzen ist inzwischen bekannt, wie ihr Saatgut im Idealfall gelagert wird, um es keimfähig zu halten. Dennoch sind die Saatgutproben in Genbanken nicht grundsätzlich gut aufgehoben. Da in diesen Einrichtungen abertausende Saatgutproben unter einem Dach zentral lagern, kann jegliche Störung (wie Überschwemmungen, Kriege oder Brände) mit einem Schlag die komplette Sammlung vernichten.

Abgesehen von diesen logistischen Problemen stehen Genbanken als Strategie zur Erhaltung der Kulturpflanzenvielfalt auch generell in der Kritik. Die in den Genbanken gelagerten Saatgutproben sind nicht für den bäuerlichen Anbau vorgesehen. Vielmehr werden sie aufbewahrt, um sie für die industrielle Züchtung und Verwertung verfügbar zu machen. Die meisten Genbanken sind aus Forschungseinrichtungen hervorgegangen und waren von vornherein eher wissenschaftlich denn bäuerlich ausgerichtet. In den letzten Jahren führten Finanzierungsprobleme vermehrt dazu, dass Genbanken enge Kooperationen mit der Saatgutindustrie eingehen, wie das Beispiel der deutschen Genbank in Gatersleben zeigt (S. 157). Bedingt durch die Fokussierung der industriellen Züchtung auf biotechnologische Methoden hat sich die Distanz zum bäuerlichen Anbau weiter verstärkt.

Heute zielt daher die Art der Archivierung und Dokumentation in Genbanken darauf ab, der Saatgutindustrie weltweit den Zugriff auf gesuchte Merkmale auf molekularer Ebene zu ermöglichen. So steht auf der Internetseite der Genbank des Leibniz-Instituts für Pflanzengenetik und Kulturpflanzenforschung (IPK) in Gatersleben: »[Das Genbankinformationssystem des IPK] bietet die Möglichkeit, durch die Angabe wissenschaftlicher Suchkriterien Informationen über den Bestand der bundeszentralen Ex-situ-Sammlung[22] zu erhalten« (IPK 2015).

**22** Bei der Erhaltungsarbeit wird zwischen ›in situ‹ und ›ex situ‹ unterschieden. ›In situ‹ beschreibt die Erhaltung einer Sorte durch Anbau und Weiterentwicklung in ihrem naturräumlichen und kulturellen Umfeld – also z.B. durch eine Bäuerin auf dem Feld. ›Ex situ‹ bedeutet die Erhaltung einer Sorte außerhalb agrarökologischer Systeme und abseits des ursprünglichen Nutzungszusammenhangs. Beispiele hierfür sind Genbanken oder botanische Gärten.

Fernab der Gärten, Äcker und Hände der Bäuerinnen und Bauern werden die Saatgutproben in Genbanken getrocknet und eingefroren oder gekühlt. Unter diesen Bedingungen bleiben die Samen einige Jahre bis Jahrzehnte keimfähig und werden nur in entsprechend großen Abständen zur Verjüngung ausgesät. Das ist ein großer Unterschied zum bäuerlichen Samenbau, wo das Saatgut Jahr für Jahr ausgebracht wird und sich in andauernder Wechselwirkung mit der Umwelt befindet. Eine Saatgutprobe, die seit einigen Jahrzehnten in einer Genbank lagert, wird nicht weiter gepflegt und ist für den Anbau oft ungeeignet.

Auch fehlen in den Genbanken oft Informationen zu den Saatgutproben, die für eine bäuerliche Nutzung wichtig wären, wie mir Ursula Reinhard* vom ›Verein zur Erhaltung der Nutzpflanzenvielfalt‹ (S. 144) erzählt: »Die Sorten aus den Genbanken sind auf weltweiten Sammelreisen zusammengetragen oder von privaten Sammlern abgegeben und in den Genbanken eingelagert worden – teilweise ohne Namen, vor allem aber ohne beschreibende Informationen und ohne Angaben zu ihrer Züchtungsgeschichte, Verbreitung oder ihrer Bedeutung im Handel. Das Genbanksystem erfasst meist nur grob das Alter der Sorten und ihren Sammelort.« Auch Xènia Torras* vom katalanischen Projekt Esporus (S. 152) winkt lachend ab, als ich sie auf die drei staatlichen Genbanken in Spanien anspreche. Diese hätten zwar Saatgut tausender Sorten von Tomaten, Weizen und vielen anderen Arten. Doch lägen keine Informationen über die Sorten vor; mit Glück könne man erfahren, aus welcher Region die Sorte sei.

Doch da die Saatgutproben in Genbanken als Ausgangsmaterial für weitere Züchtungen angesehen werden, erscheinen jegliche Informationen zum bäuerlichen Anbau überflüssig. Für eine bäuerliche Nutzung der eingelagerten Saatgutproben müsste zudem die Gentechnikfreiheit der eingelagerten Saatgutproben garantiert sein. Allerdings wird diese Problematik in vielen Genbanken ignoriert. Daher entstehen immer wieder Situationen wie in Kalifornien, wo die Universität in Davis gentechnisch veränderte Tomatensamen verteilte, ohne es selbst zu wissen (BUKO et al. 2008:15), oder wie in Gatersleben, wo aktiv das Risiko der Verunreinigung von Weizensorten in Kauf genommen wurde (S. 157).

Die Zusammenarbeit zwischen Genbanken, Bäuerinnen und Gärtnern ist von Ort zu Ort unterschiedlich. Jedoch werden Bäuerinnen nur allzu oft ausgegrenzt, da Genbanken und Züchtungsindustrie häufig dieselben Interessen vertreten. Für Bäuerinnen und Gärtner im globalen Süden verschärft sich die Situation noch weiter. Stellen wir uns vor, eine Bäuerin aus einer ländlichen Region in Mali macht sich auf die Suche nach einer Hirsesorte, die in den letzten Jahrzehnten durch eine Hybridhirse der Saatgutindustrie verdrängt wurde. Die Bäuerin wird bei ihrer Suche vermutlich kein digitales Online-Genbankinformationssystem bedienen! In den Genbanken des globalen Nordens jedoch liegt Saatgut hunderter Hirsesorten, die vor nicht allzu vielen Jahren in Mali gesammelt wurden – und von der Saatgutindustrie genutzt werden, um beispielsweise neue Hybridhirse zu züchten, die sie dann patentieren und in Mali verkaufen kann. Werden daher Genbanken als globale Strategie zur Erhaltung der Kulturpflanzenvielfalt angesehen, ist dies widersinnig und unglaubwürdig.

Trotz all dieser Kritik bleibt festzuhalten, dass Genbanken heute über Saatgut einer großen Vielfalt an Arten und Sorten verfügen. Angesichts des rasanten Verlusts der weltweiten Kulturpflanzenvielfalt können die dort lagernden Proben wesentlich dazu beitragen, wieder mehr Vielfalt auf die Äcker zu bekommen. Hierfür muss jedoch gewährleistet sein, dass Bäuerinnen und Bauern problemlos auf das Saatgut in den Genbanken zugreifen und es auf ihre Felder zurückbringen können.

# Geballte Macht: Die Konzentration des Saatgutmarktes

»Wer das Saatgut kontrolliert, kontrolliert das Recht auf Nahrungsmittel, die Ernährungssouveränität und die politische Souveränität der Menschen.«

LVC 2013:1, Üs. AB

## Der Siegeszug der Giganten

Dem Saatgutsektor könnte der Zusammenschluss zweier mächtiger Unternehmen, eine sogenannte ›Elefantenhochzeit‹, bevorstehen. Im Mai 2015 ging die Meldung durch die Presse, Monsanto wolle Syngenta aufkaufen. Beide Konzerne gehören zu den weltweit größten Saatgut- und Agrarchemieunternehmen. Monsanto ist in Bezug auf Saatgut globaler Marktführer und bei Pestiziden auf Platz sechs auf der Liste der weltweit größten Anbieter. Syngenta ist auf dieser Liste inzwischen Nummer eins und liegt bei Saatgut entsprechend auf Platz drei (EvB & PSR 2014:20). Da würden sich wahrlich zwei Riesen zusammentun. Monsanto forciert den Zusammenschluss sehr ernsthaft: 40,5 Milliarden Euro bot der Konzern für den Kauf von Syngenta.

Diese Summe zeigt, dass das Geschäft mit dem Saatgut innerhalb weniger Jahrzehnte höchst lukrativ geworden ist! »Die Konzerne haben in den letzten Jahren erhebliche Prämien für Saatgutunternehmen bezahlt, manchmal das Dreifache des Jahresumsatzes. Obwohl die Gewinnraten in der Saatgutindustrie verglichen mit anderen Industrien schon sehr hoch sind, weisen diese Prämien auf die Erwartung hin, solche Investitionen in Zukunft mit noch höheren Gewinnraten wieder hereinzubekommen« (Howard 2009:1271, Üs. AB). Auch Jai Shroff, globaler Vorstandsvorsitzender des Agrarchemieunternehmens ›United Phospohorus Limited‹ bestätigte nach dem Kauf des multinationalen Saatgutunternehmens Advanta: »Wie sich herausstellte, ist [Saatgut] ein fabelhaftes Geschäft. Es kommt nicht oft vor, dass man solch große Gewinne macht« (Ragonnaud 2013:22, Üs. AB).

Diese lockenden Gewinne erzeugten in den letzten 40 Jahren eine Welle von Firmenexpansionen, -aufkäufen und -zusammenschlüssen. Während in den 1960ern noch viele kleine Familienunternehmen den Saatgutmarkt prägten, dominieren inzwischen einige wenige globale Konzerne, die sich zu wahren Giganten herausbilden. Die Unternehmenskonzentration im Saatgutsektor findet jedoch nicht nur horizontal – also zwischen Saatgutunternehmen – sondern auch zunehmend vertikal statt: Konzerne kaufen sich in verschiedene Bereiche entlang der Saatgut-Wertschöpfungskette ein. Insbesondere die Verquickung zwischen Chemie- und Saatgutkonzernen hat sich für diese als äußerst fruchtbar erwiesen: Fünf der sechs größten Pestizidhersteller gehören heute zugleich zu den zehn größten Saatgutkonzernen (EvB & PSR 2014:20).

Dabei schließen sich viele der immer größer werdenden Konzerne zusammen, um Gemeinschaftsbetriebe in Ländern rund um den Globus zu gründen. Das Netzwerk spannt sich immer weiter, und inzwischen haben die Giganten die Saatgutmärkte vieler Länder gezielt erschlossen. So halten sie global die Fäden in ihren Händen, von der Forschung und Entwicklung über die Züchtung und Saatgutproduktion bis zum Verkauf.

Das Familienunternehmen Vilmorin, von dem auf Seite 50 schon einmal die Rede war, wurde beispielsweise 1975 vom französischen Konzern Limagrain aufgekauft. Nach diesem Kauf tätigte Limagrain knapp 20 weitere Käufe von Saatgutunternehmen in Ländern wie Belgien, USA, Indien, Südafrika, Thailand und Simbabwe. Mindestens fünf dieser Käufe fanden zwischen 2012 und 2014 statt. Zudem gründete Limagrain seit 1975 diverse neue Saatgut- und Getreideprodukteunternehmen und Forschungsstationen (Limagrain 2015, 2015a). Diese Aktivitäten haben dem Konzern den vierten Platz auf der Liste der heute umsatzstärksten Saatgutkonzerne weltweit verschafft (Mammana 2014:14). Aber Limagrain ist nur ein Gigant unter mehreren. Der weltweit größte Saatgutkonzern Monsanto beispielsweise hat in nur zwölf Jahren (1996 bis 2008) mehr als 50 Firmen gekauft (EvB & PSR 2014:20).

Die Allianzen, Tochter- und Gemeinschaftsunternehmen der Giganten haben häufig eigenständige Namen, wodurch die Zusammenhänge zwischen den Unternehmen zunächst verdeckt bleiben. Allerdings schreiben manche Konzerne auf ihren Internetseiten stolz, wie viele und welche Unternehmen sie seit wann aufgekauft haben. Nicht so leicht herauszufinden sind Partnerschaften, die

**Limagrain:**
Schritte zum globalen Giganten
verändert nach Mammana (2014:14)

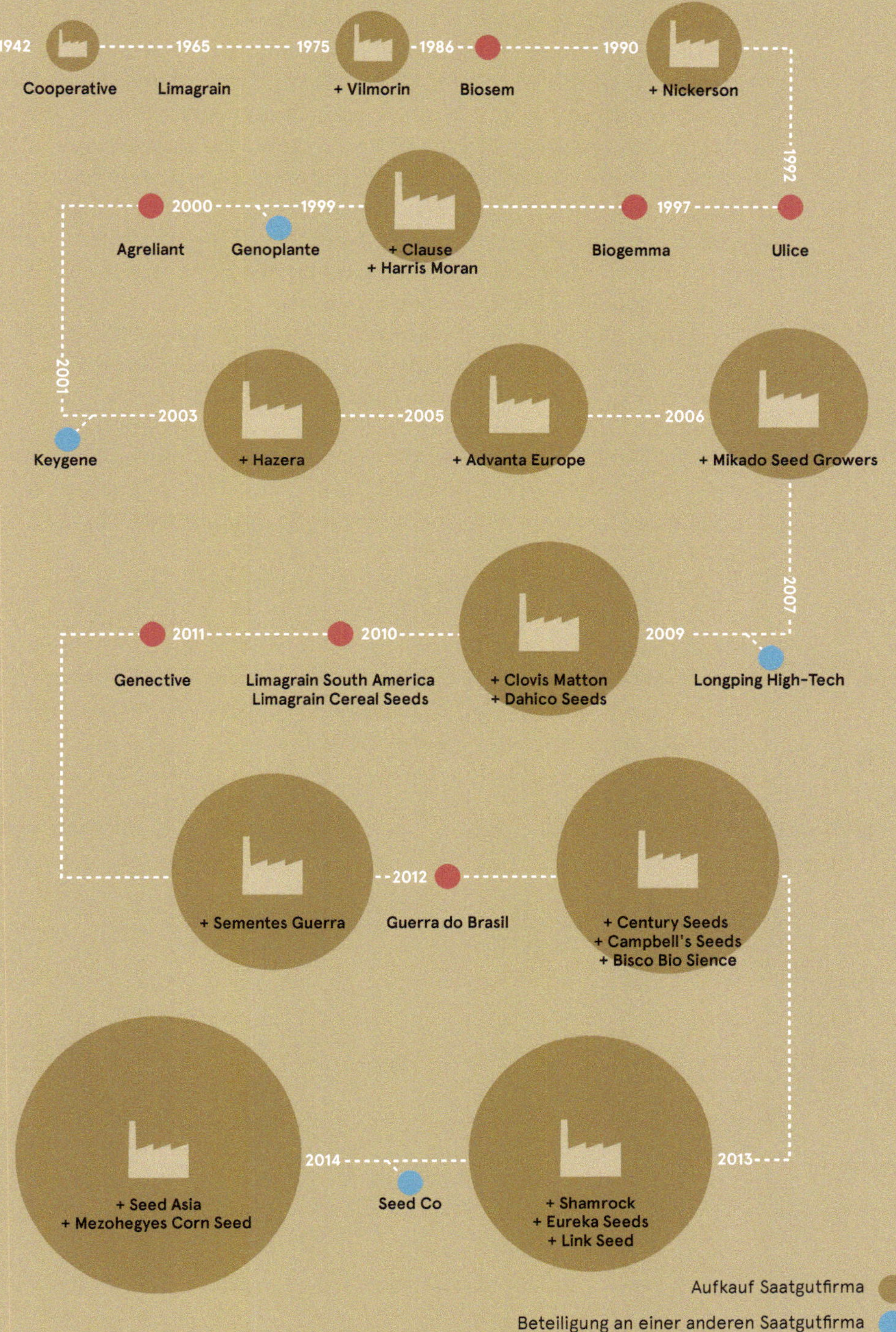

Unternehmen untereinander eingehen, ohne dass ein Aufkauf oder Zusammenschluss stattfindet.

Der in Deutschland sehr beliebte Gartenversandt Pötschke beispielsweise verkauft auch im Jahr 2015 wieder die Tomatensorte ›Amati‹. Amati wurde von Seminis gezüchtet, und Seminis ist seit 2005 eine Tochtergesellschaft von Monsanto. Auf Saatgutpackungen steht generell jedoch nicht, wer die Sorte gezüchtet hat. In Deutschland gilt Monsanto als schwarzes Schaf unter den Saatgutkonzernen; sehr viele Menschen möchten kein Monsanto-Saatgut säen. Doch nur mit ausführlichen Recherchen ist herauszufinden, wer hinter welcher Sorte tatsächlich steckt.

Für die Giganten ist der globale Saatgutmarkt ein lohnendes Geschäft: Zwischen 2005 und 2012 ist der Markt um 76 Prozent auf 44 Milliarden Dollar gewachsen (Ragonnaud 2013:9). Je nach Quelle kontrollieren inzwischen neun Giganten 61 bis 72 Prozent des globalen kommerziellen Saatgutmarktes. Dabei dominieren die größten drei Konzerne Monsanto, DuPont Pioneer und Syngenta mit einem Anteil von 44 bis 53 Prozent (Ragonnaud 2013:19, ETC 2013:6).

Es ist nicht sehr überraschend, dass Statistiken zum ›weltweiten‹ Saatgutmarkt von den Ländern des globalen Nordens geformt werden. Die USA, China und die EU stellen gemeinsam 69 Prozent des globalen Marktes. Alle afrikanischen, südostasiatischen und auch fast alle südamerikanischen Länder haben *zusammen* einen Anteil von neun Prozent (Ragonnaud 2013:23).

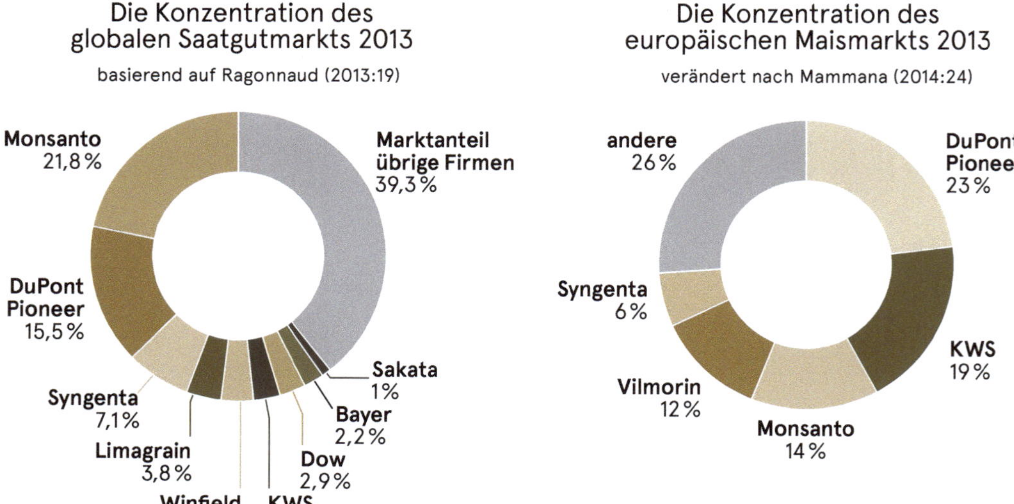

## Der europäische Saatgutmarkt



Obwohl beim Thema Saatgut viele Menschen nur an den US-amerikanischen Konzern Monsanto denken, kommen von den weltweit zehn größten Saatgutkonzernen fünf aus Europa (Ragonnaud 2013:18). Der Schweizer Agrarchemiekonzern Syngenta – der nun bald zu Monsanto gehören könnte – ist der drittgrößte Saatgutkonzern weltweit. Er hat wie die anderen Giganten eine lange und verwobene Geschichte von Unternehmensaufkäufen hinter sich. Syngenta ist aus dem Agrarindustriezweig des Pharmakonzerns Novartis hervorgegangen, der wiederum mit dem uns aus Indonesien schon bekannten Chemieunternehmen Ciba (S. 74) verbandelt ist. Als weiteres Beispiel ist die KWS Saat mit Sitz im südlichen Niedersachsen inzwischen der sechstgrößte Saatgutkonzern weltweit mit über 60 Beteiligungsgesellschaften und Tochterunternehmen.

Also floriert auch in Europa das Geschäft mit dem Saatgut! Der EU-Saatgutmarkt ist zwischen 2005 und 2012 um satte 45 Prozent gewachsen und hat sich zum weltweit drittgrößten Saatgutmarkt entwickelt (Ragonnaud 2013:9). Innerhalb der Mitgliedsstaaten sind die Bedingungen jedoch sehr unterschiedlich. Während Frankreich und Deutschland die großen Marktführer sind, haben die meisten EU-Länder einen Anteil von drei Prozent oder weniger. Also ist auch der ›europäische‹ Markt nicht europäisch, sondern dominiert von wenigen Ländern. Und innerhalb der wenigen Länder sind es eine Handvoll multinationaler Konzerne, die das Sagen haben. Beispielsweise kontrollieren in der EU acht Konzerne 99 Prozent des Marktes für Zuckerrübensaatgut, und jeweils fünf Unternehmen haben rund 75 Prozent des Maismarktes beziehungsweise 95 Prozent des Gemüsemarktes in der Hand (Mammana 2014:18, 24).

## Globale Kontrolle?

Was bedeutet es, wenn wenige Konzerne das Sagen haben? Die Konzerne beherrschen ja nicht irgendeinen abstrakten Markt. Sie kontrollieren die Menschen, die in der Landwirtschaft arbeiten; die Sorten, die angebaut werden; die Methoden, mit denen angebaut wird; die Prozesse der Lebensmittelverarbeitung und die Politik und Gesetzgebung, die den landwirtschaftlichen Anbau regeln.

## Wer gehört zum wem?
Die Struktur der Saatgutindustrie 1996–2013

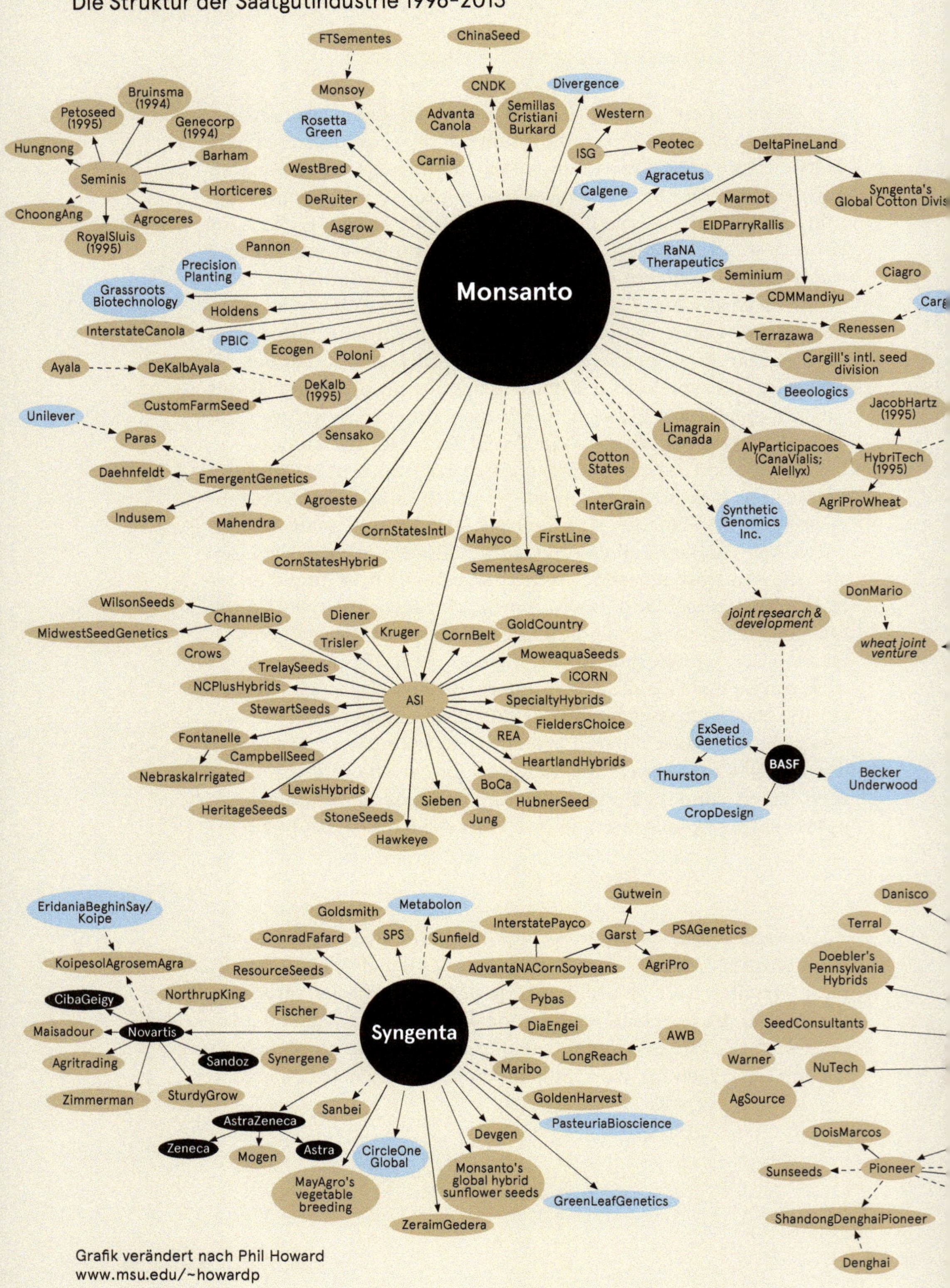


Grafik verändert nach Phil Howard
www.msu.edu/~howardp

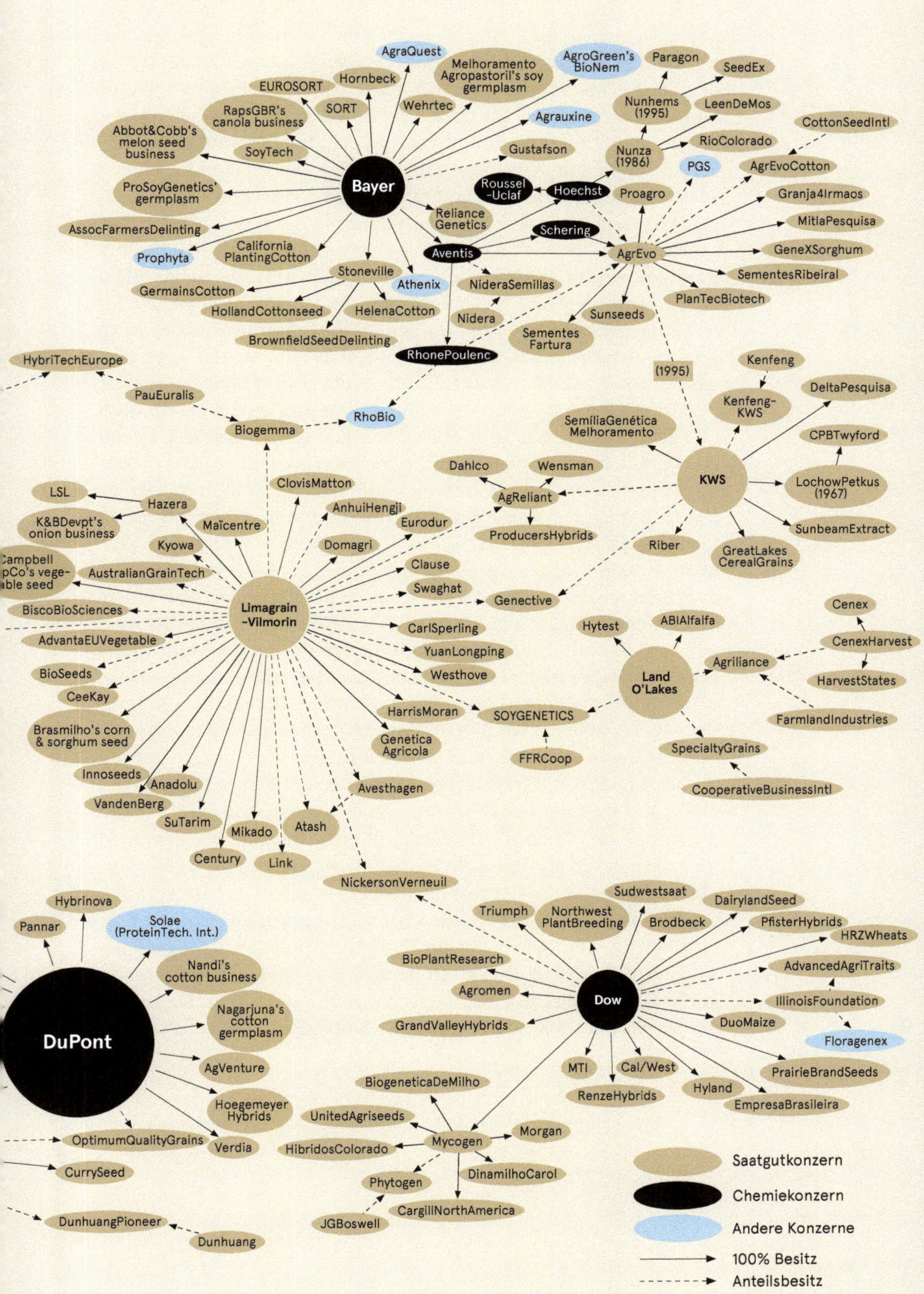

AgraQuest
Melhoramento Agropastoril's soy germplasm
AgroGreen's BioNem
Paragon
SeedEx
EUROSORT
Hornbeck
Nunhems (1995)
LeenDeMos
SORT
Wehrtec
Agrauxine
RapsGBR's canola business
CottonSeedIntl
Abbot&Cobb's melon seed business
SoyTech
Gustafson
Nunza (1986)
RioColorado
PGS
AgrEvoCotton
Bayer
Roussel -Uclaf
Hoechst
Proagro
Granja4Irmaos
ProSoyGenetics' germplasm
Reliance Genetics
MitlaPesquisa
AssocFarmersDelinting
Schering
California PlantingCotton
Aventis
AgrEvo
GeneXSorghum
Prophyta
Stoneville
SementesRibeiral
GermainsCotton
Athenix
NideraSemillas
PlanTecBiotech
HollandCottonseed
HelenaCotton
Nidera
Sunseeds
Sementes Fartura
BrownfieldSeedDelinting
RhonePoulenc
HybriTechEurope
(1995)
Kenfeng
PauEuralis
DeltaPesquisa
Kenfeng-KWS
RhoBio
Biogemma
SemíliaGenética Melhoramento
CPBTwyford
Dahlco
Wensman
KWS
LochowPetkus (1967)
ClovisMatton
LSL
AgReliant
Hazera
AnhuiHengji
Eurodur
SunbeamExtract
K&BDevpt's onion business
Maïcentre
ProducersHybrids
Riber
Kyowa
Domagri
GreatLakes CerealGrains
Campbell SoupCo's vegetable seed
Clause
AustralianGrainTech
Swaghat
Limagrain -Vilmorin
Genective
Cenex
BiscoBioSciences
ABIAlfalfa
Hytest
CarlSperling
CenexHarvest
AdvantaEUVegetable
YuanLongping
Agriliance
Land O'Lakes
BioSeeds
Westhove
HarvestStates
CeeKay
HarrisMoran
SOYGENETICS
FarmlandIndustries
Brasmilho's corn & sorghum seed
Genetica Agricola
FFRCoop
SpecialtyGrains
Innoseeds
Anadolu
Avesthagen
CooperativeBusinessIntl
VandenBerg
SuTarim
Atash
Mikado
Century
Link
NickersonVerneuil
Sudwestsaat
Hybrinova
Triumph
Northwest PlantBreeding
DairylandSeed
Pannar
Solae (ProteinTech. Int.)
Brodbeck
PfisterHybrids
HRZWheats
BioPlantResearch
Nandi's cotton business
AdvancedAgriTraits
Agromen
Dow
IllinoisFoundation
Nagarjuna's cotton germplasm
DuPont
GrandValleyHybrids
DuoMaize
Floragenex
AgVenture
MTI
Cal/West
PrairieBrandSeeds
BiogeneticaDeMilho
Hyland
RenzeHybrids
EmpresaBrasileira
Hoegemeyer Hybrids
UnitedAgriseeds
Morgan
OptimumQualityGrains
Verdia
Mycogen
HibridosColorado
Saatgutkonzern
DinamilhoCarol
CurrySeed
Phytogen
Chemiekonzern
CargillNorthAmerica
DunhuangPioneer
JGBoswell
Andere Konzerne
Dunhuang
100% Besitz
Anteilsbesitz

Gibt es nur wenige marktbeherrschende Konzerne, dann können diese etwa die Preise von Saatgut und anderen Produktionsmitteln diktieren. In der EU haben sich die Saatgutpreise allein zwischen 2000 und 2008 um 30 Prozent erhöht (Mammana 2014:5). Aber die Macht der Giganten geht weit über das Preisdiktat hinaus. Dies verdeutlicht ein Blick auf den Konzern Monsanto. Beim Kauf von Monsantos Saatgut müssen Bäuerinnen einen Vertrag unterzeichnen, der dem Konzern die nahezu vollständige Macht über ihren Anbau gibt. Die Bäuerinnen dürfen keinen Nachbau betreiben und müssen die von Monsanto vorgegebenen technischen Leitlinien befolgen. Sie müssen zustimmen, dass Monsanto sich Zugriff zu jeglichen Informationen über ihren Anbau verschaffen kann und dabei auch ihre Felder inspiziert und Proben ihrer Pflanzen nimmt.

Um sicherzugehen, dass die Bäuerinnen all diesen Bestimmungen Folge leisten, hat Monsanto eine eigene Detektivabteilung mit einem jährlichen Budget in Millionenhöhe geschaffen. Der milliardenschwere Konzern hat sich im Laufe der Jahre einen Namen gemacht mit aggressiven Ermittlungsmethoden und Gerichtsverfahren, die unzählige Bauern in den Bankrott treiben. »Wir haben dich in der Hand – wir haben jeden in der Hand, der unsere Roundup-Ready Produkte kauft«, soll ein Monsanto-Mitarbeiter gegenüber einem Bauern gesagt haben (CFS 2005:42, Üs. AB). Monsanto hat Bäuerinnen und Bauern in der Hand, weil der Konzern ihr Saatgut in der Hand hat. »[D]er Bauer kauft oder besitzt [Monsantos] Saatgut nicht, er bekommt nur eine *Nutzungslizenz*« schreibt Kloppenburg (2013:7, Üs. AB). Inzwischen werden 80 Prozent der Maisfelder in den USA mit Monsantos patentiertem Maissaatgut bebaut (Then 2015:126).

Was bedeutet diese Machtposition der globalen Saatgutkonzerne für die Vielfalt? Die Giganten konzentrieren sich natürlich auf die Arten, mit denen sie die größten Profite machen können. Weltweit werden die meisten Umsätze mit dem Saatgut der drei Kulturpflanzenarten Mais (40 Prozent), Soja (13 Prozent) und Reis (10 Prozent) gemacht (EvB & PSR 2014:20). Kulturpflanzen, die nicht als profitabel gelten oder nicht für den industriellen Anbau geeignet sind, werden vernachlässigt. In Deutschland gibt es beispielsweise große Zuchtprogramme für Weizen (S. 62), während an Hafer, Körnererbsen oder Ackerbohnen kaum weitergezüchtet wird (Becker 2011:17).

Doch so riesig der Einfluss der Konzerne auch sein mag – noch haben sie keine globale Kontrolle über das Saatgut! Bei all den Zahlen geht es um den offiziellen Markt. Global gesehen wird nur 20 bis 25 Prozent des Saatgutes offiziell gehandelt (Kaiser 2012:68). In vielen Ländern der Erde gibt es noch einen lebendigen informellen Saatgutmarkt, über den die Bäuerinnen bis zu 90 Prozent ihres Saatgutes durch Gaben, Tausch oder Kauf beziehen (ETC 2013:6, LVC 2013:1). Diese informellen Handlungen tauchen in den Statistiken über ›den Saatgutmarkt‹ nicht auf.

Streifzug

## Saatgut wird um die Welt geschifft

Das globale Geschäft mit dem Saatgut lässt dieses durch die Welt reisen, bevor es in der Erde landet. Sorten, die an Ort und Stelle gezüchtet und angebaut werden, sind in der professionellen Züchtung selten geworden: »Es ist zweifellos ein globalisierter Markt, in dem globale Konzerne ihre Arme in weltweiten Netzwerken ausstrecken, um an ihr Saatgut zu gelangen, zu züchten, zu vermehren und zu verteilen: Beispielsweise mag das Ausgangsmaterial aus Italien kommen, Züchtung und Pestizidtests mögen in Deutschland stattfinden, Vermehrung in Mexiko, Verpackung in den USA, und letztendlich wird es in der EU verkauft« (Mammana 2014:5, Üs. AB).

Das können wir uns ungefähr so vorstellen: Ich will ein Päckchen Tomatensamen im Gartenfachgeschäft kaufen. Das ›Ausgangsmaterial‹ für diese Tomatensorte haben Forscherinnen von einer Sammelexpedition aus Mittelamerika mitgebracht. Am Agrarinstitut einer französischen Universität werden die 20.000 Tomatenproben aus Mittelamerika auf verschiedene Eigenschaften untersucht. Vielversprechende Proben werden vermehrt und mit einer bewährten französischen Sorte gekreuzt. Danach werden die Zuchtlinien einem französischen Saatgutkonzern zur Verfügung gestellt, mit dem das Agrarinstitut eng zusammenarbeitet und der auch Drittmittelgeber für dieses Institut ist. Dieser Konzern beauftragt ein auf Gemüsesaatgut spezialisiertes Tochterunternehmen in Deutschland mit der Züchtung der neuen Sorte. Da in Deutschland die Witterungsbedingungen für Tomaten nicht günstig sind und diese nicht sicher genug abreifen, gibt das deutsche Unternehmen das Saatgut weiter an ein Partnerunternehmen in Tansania. Dort wird die neue Sorte gezüchtet. Da es eine Hybride werden soll, bei der aufwändige Handbestäubung mit Pinzette nötig ist (S. 55), kommen dem Unternehmen die niedrigen Lohnkosten in Tansania sehr entgegen. Nach einigen Jahren Züchtungsarbeit ist die Sorte fertig. Nun wird eine große Menge Saatgut dieser Sorte produziert und von einem Partnerbetrieb gereinigt. Von Tansania aus wird das Tomatensaatgut nach Holland verschifft, wo es geprüft, gebeizt, pilliert[23] und für den Groß- und Einzelhandel in große und kleine Packungen gepackt wird.

Der französische Konzern hat die Eigentumsrechte an dieser Sorte angemeldet. Er kann nun das Saatgut mit Lizenzen an die Groß- und Einzelhändler geben und über konzerneigene Strukturen vermarkten und verkaufen. Durch das weit gespannte Netz von Saatguthändlern und Wiederverkäuferinnen taucht diese neue ›französische‹ Tomatensorte in Gartenkatalogen in den USA und in Japan auf. Auch in Deutschland kann ich sie in nahezu jedem Gartenfachhandel oder Baumarkt erwerben.

Oft sind es klimatische Bedingungen, die die Züchtung und Vermehrung von Saatgut in wärmeren und trockenen Ländern attraktiv machen; auch ist in manchen Ländern der Schädlingsdruck geringer. Doch häufig verlagern die Konzerne Züchtung und Vermehrung aufgrund der niedrigen Lohnkosten in andere Länder. Die Europäische Kommission schreibt hierzu: »Gemüsesaatgut wird hauptsächlich außerhalb der EU in einer Vielzahl von Ländern vermehrt, in denen die Lohnkosten niedriger sind« (Mammana 2014:18, Üs. AB). Ähnliches berichteten vor 25 Jahren schon Mooney & Fowler (1991:130): »Billiges Land und billige Arbeitskräfte, ein günstiges Klima und ein geringes Krankheitsvorkommen wirken zusammen, um Arusha [in Tansania] zu einem der größten Züchtungszentren für Gemüsesamen und zur zweiten Heimat für ein Dutzend internationale Saatgutunternehmen zu machen.«

Obwohl unser französischer Konzern für die Produktion der Tomatensamen alle Möglichkeiten ausnutzt, um die Kosten niedrig zu halten, kann ein Kilo Hybridtomatensaatgut teurer sein als ein Kilo Gold (Becker 2011:281). Dennoch ist es nicht immer einfach, die Kosten für Züchtung und Vermehrung des Saatgutes zu refinanzieren. Aber zum Glück hat der französische Konzern neben der Züchtung auch noch eine Agrarchemiebranche, über die die Züchtung querfinanziert werden kann.

**23** Pilliertes Saatgut oder auch Mantelsaatgut ist von einer Masse (z.B. Kalk oder Ton) ummantelt, die jedes Saatkorn auf gleiche Größe und Form bringt. Dies erleichtert besonders die maschinelle Aussaat von kleinen und inhomogenen Körnern. Für den industriellen Gebrauch werden der Mantelmasse meist Dünger und Pestizide beigefügt.

# Gentechnik und andere biotechnologische Verfahren

»Die Gentechnik ist eine neue Variante und Steigerung im immerwährenden Kampf um Patente, Kontrolle des Saatgutes und Manipulationen, die den Nachbau von Saat einschränken und Kombinationen mit dem lukrativen Verkauf von Agrochemikalien ermöglichen bis erzwingen sollen.«

Bergstedt 2011:133

## Klassische Gentechnik

Gentechnik rettet die Welt, bekämpft den Hunger und schont die Umwelt. Das zumindest wollen uns Agrarkonzerne und oft auch Wissenschaftler weismachen. Und doch kämpfen Menschen weltweit gegen den Einsatz von gentechnisch veränderten Pflanzen. Was ist das Problem an Gentechnik? Darauf gibt es viele verschiedene Antworten, die hier nicht alle ausgeführt werden können. Die Kritik, gentechnisch veränderte Pflanzen seien unnatürlich, greift jedoch zu kurz. Zwei ganz grundsätzliche Kritikpunkte an dem Einsatz gentechnisch veränderter Pflanzen möchte ich hier kurz anreißen.

Erstens kann eine Auskreuzung von gentechnisch veränderten Pflanzen auf die Pflanzen anderer Felder und auf Wildpflanzen nicht sicher ausgeschlossen werden. Insekten, Vögel, der Wind und der Zufall kennen keine Grundstücksgrenzen und keine Mindestabstände. Das bedeutet, dass Gärtnerinnen und Bauern nicht mehr selbst entscheiden können, ob sie gentechnisch veränderte Pflanzen anbauen wollen oder nicht.

Zweitens ist Gentechnik eine Technologie der Mächtigen. Der US-amerikanische Züchter Stephen Jones bringt es auf den Punkt: »Bei Biotechnologie geht es um Eigentum. Die Diskussion geht nicht genügend in diese Richtung, sie bleibt bei Umweltaspekten und Nahrungsmittelsicherheit. Aber es geht um Eigentum und nichts als Eigentum« (Jones 2006:14, Üs. AB). Die Entwicklung gentechnisch veränderter Pflanzen war der wesentliche Anreiz dafür, Pflanzen erstmalig patentierbar zu machen. Viele der heute großen

Agrarkonzerne sind erst in den Saatgutmarkt eingestiegen, als dieser durch Patente kontrollierbar wurde (S. 104); ab 1990 hat die Vermarktung von patentierten, gentechnisch veränderten Pflanzen die Konzentration des Agrarchemie- und Saatgutmarktes extrem verstärkt und beschleunigt (S. 85). Allerspätestens seit der Entwicklung des sogenannten ›Terminator-Saatgutes‹ – also Saatgut, das gentechnisch sterilisiert wird und demnach nicht nachgebaut werden kann – ist die Zukunftsvision der Agrarkonzerne offensichtlich.

Dass gentechnisch verändertes Saatgut ein Werkzeug zur Machtkonzentration ist, soll an einem kleinen Beispiel verdeutlicht werden: Nach Aussage der Industrie sind gentechnisch veränderte Pflanzen gesünder, nahrhafter und ertragreicher. Allerdings besteht bei 82 Prozent aller weltweit eingesetzten gentechnisch veränderten Pflanzen die Veränderung in *nichts anderem* als einer Herbizidtoleranz[24] (ISAAA 2007). Das hat mit Nahrungsqualität oder Gesundheit nichts zu tun! Stattdessen können die Konzerne ihr gentechnisch verändertes Saatgut gleich im Paket mit den passenden Herbiziden verkaufen. Hierbei führen sie als weiteren Vorteil an, der Anbau der gentechnisch veränderten Pflanzen würde den Herbizideinsatz verringern. Doch es gibt viele Zahlen, die gegen dieses Argument sprechen.

In Argentinien beispielsweise ist der Glyphosat-Einsatz[25] auf Feldern mit gentechnisch verändertem Soja zwischen 1999 und 2003 um 145 Prozent gestiegen. Gleichzeitig entwickeln immer mehr Unkräuter Resistenzen gegenüber den Herbiziden. 2012 bekundete die Hälfte der nordamerikanischen Bauern, sie hätten glyphosatresistente Unkräuter auf ihren Äckern. Die Bekämpfung dieser sogenannten Superunkräuter benötigt mehr, neue und noch stärkere Herbizide. Wo Glyphosat nicht mehr hilft, wird inzwischen 2,4-D eingesetzt – ein Bestandteil des Entlaubungsmittels ›Agent Orange‹, das im Vietnamkrieg eingesetzt wurde (Fagan et al. 2014: 236f). Für die Saatgut- und Agrarchemiekonzerne ist das ein glänzendes Geschäft.

Solange diese beiden grundlegenden Kritikpunkte bestehen – also die Auskreuzung von gentechnisch veränderten Pflanzen und Gentechnik als weiteres Werkzeug der Macht über Bäuerinnen und Bauern – , bleibt die gentechnische Veränderung von Pflanzen indiskutabel.

**24** Herbizidtolerante Pflanzen überleben den Einsatz von gewissen Herbiziden, während alle anderen pflanzlichen Organismen – die ›Unkräuter‹ – vernichtet werden.

**25** Glyphosat ist das beim Anbau von gentechnisch veränderten Pflanzen am häufigsten eingesetzte Pflanzengift. Es steht aufgrund seiner Umwelt- und Gesundheitsrisiken seit Jahren in schärfster Kritik.

»Die Möglichkeiten, eine Pflanze durch gentechnische Veränderungen zu verbessern, sind gering.« Dieses Zitat widerspricht den Aussagen der Agrarindustrie. Dennoch stammt es nicht von einer Gentechnikkritikerin, sondern aus einem Patentantrag von Gentechnikvorreiter Monsanto selbst. Dort wird weiter ausgeführt: »So lassen sich die Effekte eines spezifischen Gens auf das Wachstum der Pflanze, deren Entwicklung und Reaktionen auf die Umwelt nicht genau vorhersagen. Dazu kommt die geringe Erfolgsrate bei der gentechnischen Manipulation, der Mangel an präziser Kontrolle über das Gen [...] und andere ungewollte Effekte, die mit dem Geschehen bei der Gentransformation und dem Verfahren der Zellkultur zusammenhängen« (Then & Tippe 2009:15). Der Konzern macht hier sehr deutlich, dass es auch nach dreißig Jahren Gentechnikforschung noch nicht gelingt, Pflanzen durch gentechnische Methoden kontrolliert zu verbessern. Die Effekte des gentechnischen Eingriffs auf Pflanze und Umwelt lassen sich nicht vorhersagen.

Seit einigen Jahren wird daher in der Biotechnologie an Manipulationsmethoden gearbeitet, die die Probleme der Gentechnik zu lösen versprechen. Gentechnik gilt plötzlich als ›von vorgestern‹, die neuen biotechnologischen Methoden sind – angeblich – viel präziser und die Ergebnisse genau vorhersagbar, ohne negative Auswirkungen auf Umwelt und Gesundheit. Um die neuen Technologien anzupreisen, scheut sich die Industrie nicht, Probleme der Gentechnik aufzuzählen, die sie bisher immer verleugnet hat.

**Die europäische Industrie hat ein großes Interesse daran, die neuen Verfahren nicht als Gentechnik deklarieren zu lassen.**

Den meisten dieser neuen Verfahren ist gemein, dass zwar im Prozess der Manipulation gentechnisch veränderte Organismen eingesetzt werden, diese aber im Endprodukt nicht mehr nachweisbar sind. Daher argumentieren die Agrarkonzerne, diese Methoden seien nicht als Gentechnik anzusehen, sondern als ganz ›normale‹ Züchtungsmethoden (Gelinsky 2013:9ff).

Die europäische Industrie hat ein sehr großes Interesse daran, die neuen Verfahren nicht als Gentechnik deklarieren zu lassen. Die Zulassungsverfahren für gentechnisch veränderte Pflanzen sind langwierig und teuer, und Gentechnik ist bei einem Großteil der europäischen Bevölkerung sehr unbeliebt. In Deutschland haben viele Konzerne ihre Gentechnikforschungen inzwischen eingestellt oder in Labore und Gewächshäuser verlagert, da viele Menschen sich aktiv gegen Gentechnik auf den Feldern gewehrt haben.

Nachdem die europäische Biotech-Industrie auf diese Art vom Fortschritt ›abgehängt‹ wurde und einen potenziell großen Markt verloren hat, sieht sie in den neuen Methoden die große Chance, endlich wieder mitmachen zu dürfen. Während über die Einstufung dieser Methoden als Gentechnik oder Nicht-Gentechnik noch debattiert wird, versuchen Saatgutkonzerne, auch in Europa erste Pflanzen auf den Acker zu bringen und damit Fakten zu schaffen.

Die zentralen Fragen gegenüber dieser neuen Manipulationsmethoden sind dieselben wie gegenüber der Gentechnik. Wem verleihen die Technologien Macht? Welche Landwirtschaft und welche schon bestehenden Entwicklungspfade werden durch diese Methoden verstärkt, welche geschwächt? Eva Gelinsky*, wissenschaftliche Mitarbeiterin von ProSpecieRara in der Schweiz und Koordinatorin der Interessensgemeinschaft für gentechnikfreie Saatgutarbeit, erklärt mir: »Die Biotechnologisierung der Züchtung ist durch die Gentechnik in Fahrt gekommen und wird durch die neuen Techniken weiter angeheizt. Sie wird zu einem weiteren Verlust an Wissen, Handlungsfähigkeit und Unabhängigkeit bei denen führen, die auf diesen Zug nicht aufspringen wollen.« Das Sagen über diese Methoden, die entstehenden Sorten und Saaten haben wiederum die Konzerne.

Streifzug

## Grauzonen – Gentechnik in Biolebensmitteln?

Im Sommer 2013 ging ein Aufschrei durch den Naturkosthandel: Gentechnik in Bioware, sogar in Biobabynahrung? Die Medien berichteten über vielfache Nachweise von CMS-Gemüse in Biolebensmitteln. CMS ist die Abkürzung für cytoplasmatische männliche Sterilität – das hört sich wild an. Was bedeutet diese Sterilität? Und was macht sie im Biobrokkoli?

Optische Ansprüche an Biogemüse sind oft genauso hoch sind wie an Nicht-Biogemüse. Ein Brokkoli im Biogemüseregal eines Supermarktes soll genauso groß und kompakt sein wie der Nicht-Biokohl im Nachbarregal. Das ist problematisch, denn eine samenfeste Brokkolisorte tendiert dazu, kleinere Köpfe und losere Blüten zu erzeugen. Daher wird im Bioanbau immer häufiger Hybridsaatgut eingesetzt.

Der heute am häufigsten verwendete Mechanismus zur Vermeidung aufwändiger Handkreuzungen bei der Hybridzüchtung ist die CMS-Technik (S. 56). Hierbei wird die Mutterpflanze in einem biotechnologischen Verfahren männlich steril gemacht, sodass sie sich nicht selbst befruchten kann. Bei diesem Verfahren handelt es sich um einen gentechnischen oder gentechnikähnlichen Eingriff. Allerdings wurde hierfür in der EU-Gentechnikrichtlinie eine Ausnahme geschaffen, und auch die EU-Biorichtlinie erlaubt die Verwendung von CMS-Saatgut. Die deutschen Bioverbände wiederum haben zwar CMS-Saatgut verboten, doch wurde auch bei ihnen CMS-Gemüse nachgewiesen. Viele Bäuerinnen würden durchaus auf CMS-Saatgut verzichten. Da dieses jedoch nicht gekennzeichnet werden muss, ist inzwischen völlig unübersichtlich, welches Saatgut mit CMS-Technik produziert wurde. Auch Naturkostladnerinnen haben mangels Kennzeichnungspflicht Schwierigkeiten, den An- und Verkauf von CMS-Ware zu überblicken.

Bei einigen Kulturpflanzen ist das CMS-Verfahren schon so weit fortgeschritten, dass es nur noch wenig ›traditionelles‹ Hybridsaatgut gibt. Bei der Hybridzüchtung von Gerste, Roggen, Zuckerrübe, Sonnenblume, Raps und vielen Gemüsearten ist das CMS-Verfahren inzwischen der am meisten genutzte Mechanismus. Problematisch ist bei der weiten Verbreitung der CMS-Technik auch, dass bei nahezu alle CMS-Hybriden das selbe Zellplasma verwendet wird. Hierdurch sind diese sehr anfällig für Schädlinge und andere Stressfaktoren (Becker 2011:284,297).

Während die CMS-Technik in den letzten Jahren auf dem Vormarsch ist, wurden die samenfesten Alternativen über Jahrzehnte vernachlässigt. Und so gerät die Züchtung immer weiter in eine ›Sackgasse‹ hinein, aus der die Auswege eng und spärlich sind. Wie ernst diese Situation ist, beschreibt Andreas Backfisch* von der Biogärtnerei Rote Rübe: »Bei Brokkoli zum Beispiel spitzt sich die Situation gerade zu. Wenn alle großen Züchter weiterhin nur noch CMS-Brokkolihybriden produzieren, bleibt uns bald kaum mehr eine Alternative.« CMS-Saatgut kann nicht einmal zur Weiterzüchtung verwendet werden, da es – wie gewollt – steril ist.

# Kontrollieren, registrieren, kriminalisieren: Saatgutgesetze in aller Welt

»[D]iese Gesetze [...] geben die Kontrolle über Saatgut [...] an Saatgutkonzerne, die dann die Freiheit haben, Bauern auszubeuten, indem sie allmählich traditionelle Sorten durch eine begrenzte Anzahl uniformer kommerzieller Produkte ersetzen, die nicht nachgebaut oder gehandelt werden können.«

Mkindi 2015:3, Üs. AB

Seit etwa hundert Jahren versucht die Agrarindustrie, die Kontrolle über Saatgut auf immer neuen Wegen zu gewinnen, auszuweiten und abzusichern. Zu ihren beliebtesten Strategien gehörte in den vergangenen Jahrzehnten, erheblichen Einfluss auf die Saatgutgesetze einzelner Länder zu nehmen.

Fast jedes Land der Erde verfügt inzwischen über gesetzliche Regelungen bezüglich Handel, Nutzung und Vermehrung von Saatgut. Das Ziel dieser Gesetze ist überdeutlich: Sie sollen Bäuerinnen und Gärtner weltweit daran hindern, selbst zu züchten, Saatgut zu produzieren und weiterzugeben. Mit unterschiedlichsten Maßnahmen und Regelungen werden Bäuerinnen gedrängt, kommerzielles Saatgut zu nutzen, das als sicherer, leistungsstärker und überhaupt als das einzig zukunftsfähige Saatgut dargestellt wird. Den Konzernen versprechen solche Gesetze einen riesigen Markt: In Afrika wird noch etwa 80 bis 90 Prozent des Saatgutes von Bäuerinnen produziert, in Asien sind es etwa 70 bis 80 Prozent (GRAIN & LVC 2015:8). Auch in einigen Ländern Europas, wie beispielsweise Rumänien oder Portugal, ist die Nutzung bäuerlichen Saatgutes eine Selbstverständlichkeit. Selbst in Deutschland, wo industrielles Saatgut in vielen Bereichen zur Normalität geworden ist, gewinnen Bäuerinnen immerhin noch über 50 Prozent ihres Getreidesaatgutes aus der eigenen Ernte.

Trotz großer landestypischer Unterschiede werden die Saatgutgesetze seit Jahren weltweit immer einheitlicher und zugleich aggressiver und restriktiver. Nahezu überall verstößt die Schärfe dieser

Gesetze gegen Menschenrechte und die Folgen bei Nichtbeachtung sind völlig unverhältnismäßig. Saatgut wird konfisziert und zerstört, Bäuerinnen werden überwacht, Häuser durchsucht, es drohen Zahlungen horrender Summen oder gar mehrjährige Gefängnisstrafen (GRAIN & LVC 2015:4ff). Der Entwurf zur Überarbeitung des *Seed Act* in Tansania gibt ein Beispiel für das Ausmaß der vorgesehenen Strafen: »Bauern, die nicht-zertifiziertes Saatgut verkaufen, werden zu einer Geldstrafe zwischen [...] 50.000 und 250.000 Euro oder zu einer Gefängnisstrafe zwischen 5 und 12 Jahren verurteilt« (Mkindi 2015:3, Üs. AB).

Auch wenn es immer und überall behauptet wird – diese Gesetze werden nicht für die Bäuerinnen und Bauern gemacht, die den Großteil der Weltbevölkerung ernähren! »Für zirka 80 Prozent der Bauern auf der Welt, vor allem in den nichtindustrialisierten Ländern, die (noch) mit bäuerlichen Sorten und bäuerlicher Landwirtschaft das Rückgrat der weltweiten Nahrungsmittelversorgung bilden, sind diese Gesetze eine Katastrophe«, schreibt Schweigler (2014:6). Die meisten Gärtnerinnen und Bauern dieser Erde lehnen diese Gesetze ab und viele erachten sie als absurd und erniedrigend. Bäuerinnen, die Saatgut selbst produzieren und in ihrer Gemeinschaft weitergeben, brauchen für ihr Handeln keine regulierenden Gesetze. Sie vertrauen dem Saatgut, das sie selbst produzieren oder von ihren Nachbarn bekommen. In den meisten intakten bäuerlichen Gemeinschaften gibt es etablierte und respektierte kollektive Rechte, wie das Saatgut der Gemeinschaft genutzt wird (GRAIN & LVC 2015:4ff).

Wenn Saatgut jedoch in großem Stil kommerzialisiert und als Ware weltweit gehandelt wird, wenn die Orte der Züchtung global verstreut und die Züchtungsmethoden intransparent sind, dann werden Gesetze nötig. Die Gesetze, die anfangs (vielleicht) dazu dienten, Bäuerinnen vor qualitativ minderwertigem Saatgut zu schützen, verhelfen inzwischen den großen Saatgutkonzernen zu immer mehr Macht. Denn Saatgutgesetze entfalten insbesondere dann ihre Wirkung, wenn sie sicherstellen sollen, dass Gärtnerinnen und Bauern Saatgut kaufen, anstatt es eigenmächtig zu vermehren.

Die weltweit in immer mehr Ländern eingeführten Gesetze können unterschieden werden in solche, die Eigentumsrechte auf Sorten ermöglichen (S. 103), und andere, die bestimmen, von welchen Sorten Saatgut auf den Markt gelangen darf (S. 109).

## Wem gehört die Saat?
## Geistige Eigentumsrechte auf Sorten



Sollte die Züchtung einer Pflanzensorte als Erfindung gelten, auf die geistige Eigentumsrechte beansprucht werden können? Geistige Eigentumsrechte auf eine Sorte bedeuten, dass einer Person, Institution oder einem Unternehmen exklusive Eigentumsrechte bezüglich einer Sorte gewährt werden; die Sorte ›gehört‹ dann jemandem. Je nach Art des Eigentumsrechts kann das bedeuten, dass niemand anderes das Saatgut dieser Sorte ohne Erlaubnis des ›Inhabers‹ nutzen, vermehren oder verkaufen darf.

In Anbetracht der vielen Hände, die seit Jahrtausenden zur Entstehung der Sorten beitragen, ist die Idee des Rechts auf Eigentum an einer Sorte fraglich. Wie würde die heutige Welt wohl aussehen, hätten Bäuerinnen vor vielen Tausend Jahren entschieden, ab nun geistiges Eigentum auf ihre Züchtung zu beanspruchen?

Doch wenn Saatgut als Ware angesehen wird, ist der Anspruch auf Eigentum an einer Sorte nur logische Konsequenz; die Kommerzialisierung von Saatgut ist eng mit Eigentumsansprüchen auf die jeweilige Sorte verknüpft (S. 62): »Als Ware betrachtet ist Saatgut Privateigentum. [...] Als Ware kommt Saatgut auf den kapitalistischen Warenmarkt. Das bestimmende Merkmal des kapitalistischen Markts ist nicht die Gegenseitigkeit, sondern die Konkurrenz. Man muss das bessere oder billigere Saatgut anbieten können, um auf dem freien Markt bestehen zu können; man muss gleichzeitig ein Schutzsystem für die auf den Markt gebrachte Saatgutware implementieren« (Heistinger 2001:52).

Legitimiert werden solche Schutzsysteme in Form von geistigen Eigentumsrechten durch den Anreiz zu Innovationen in der Züchtung, den sie angeblich bewirken. Es soll sich lohnen, innovativ zu sein und Saatgut einer neuen Sorte auf den Markt zu bringen. Dies aber ist nur der Fall, wenn niemand diese Innovation ›klauen‹ kann, das züchtende Unternehmen also die Monopolrechte an der Sorte innehat und über Nachbaugebühren und Lizenzen an dem Saatgut verdienen kann.

Eigentumsrechte wirken jedoch nicht immer innovationsfördernd. Das zeigt der Saatgutsektor der USA, in dem nahezu alle kommerziellen Sorten patentiert sind und nur fünf Unternehmen 84 Prozent der Patente auf Sorten innehaben (Kloppenburg 2013:6). In dieser Situation ist es für öffentliche und kleine private Forschungsinsitute aufwändig und teuer herauszufinden, ob eine Sorte, ein Gen oder ein Teilabschnitt eines Gens patentiert und damit bestimmten Einschränkungen in der Verwendung unterworfen ist. Die Züchterinnen arbeiten oft seit Jahren mit dem selben Zuchtmaterial, wissen dabei jedoch nicht, ob dieses inzwischen durch Patente geschützt ist. Damit gehen sie permanent das Risiko der Patentverletzung ein (Kloppenburg 2013:8f). Mit der Zunahme von Patenten ist auch der Austausch von Zuchtlinien zwischen den Universitäten kompliziert geworden. Früher sei das kostenlose Weitergeben von Züchtungen zwischen öffentlichen Forschungsinstituten ganz normal gewesen, schreibt US-Pflanzenzüchter Tom Michaels (1999:1). Inzwischen stelle er eine »besitzergreifende Denkweise« auch bei den öffentlichen Züchtern fest. So wirken geistige Eigentumsrechte auf Sorten für öffentliche Forschungsinsitute und kleine Saatgutunternehmen in den USA innovationshemmend: Sie verlangsamen, erschweren oder verhindern gar völlig den Prozess der Züchtung (Kloppenburg 2010:372, 2013:9).

Gleichzeitig verdeutlicht die Konzentration der Patente in den Händen weniger Unternehmen, dass geistige Eigentumsrechte die Machtstellung einzelner Konzerne ermöglichen und sichern. Auch in der EU melden nur fünf Unternehmen 91 Prozent der geistigen Eigentumsrechte auf Sorten an (Mammana 2014:22). Das hat nichts mehr mit der Gegenseitigkeit zu tun, die für viele Bäuerinnen und Bauern weltweit selbstverständlich ist! So schreibt auch Kloppenburg (2010:374, Üs. AB): »Wie sollen [geistige Eigentumsrechte] etwas anderes als feindselig sein gegenüber sozialen Vereinbarungen, die kooperative, kollektive, commons-basierte Formen der Wissensproduktion umfassen?« Geistige Eigentumsrechte erschweren einen gemeinschaftlichen Prozess des Züchtens.

## Patente

Ein Patent verleiht dem Patentinhaber das Recht, andere Personen von der Nutzung der patentierten Erfindung auszuschließen. Doch können Lebewesen wie Pflanzen eine Erfindung der Menschen sein? Aufgrund dieses Einwands war die Patentierung von Leben lange Zeit ausgeschlossen. Mit den Entwicklungen in der Gentechnik wurden jedoch die Forderungen nach der Patenten auf Lebewesen immer lauter und im Jahr 1985 entschied das US-Patentamt erstmals für die Patentierung einer geschlechtlich vermehrbaren Pflanze (CFS 2005:12). Patente auf Pflanzen bedeuten, dass niemand ohne die Autorisierung des Patentinhabers die Sorte nutzen und weiterzüchten oder Saatgut dieser Sorte vermehren, tauschen oder verkaufen darf.

Heute ist die Patentierung von Pflanzensorten in den USA gängige Praxis. Oft erstreckt sich dabei ein Patent von der Sorte über die Ernteprodukte bis hin zu den daraus hergestellten Lebensmitteln (Then 2015:11). Damit wird sowohl der Saatgut- als auch der Lebensmittelmarkt noch stärker kontrollierbar. In Europa sind Patente auf Leben nach wie vor ausgeschlossen, doch die Patentierung von bestimmten Züchtungsmethoden, von Genen und von Genabschnitten ist möglich. Bis zum Jahr 2014 waren in Europa etwa 2.400 Patente auf Pflanzen und Tiere erteilt worden, wobei es sich zumeist um gentechnisch veränderte Organismen handelt (Then & Tippe 2014:6). Allerdings werden auch immer mehr Patente auf konventionell gezüchtete, also nicht gentechnisch veränderte Pflanzen angemeldet. Hier ist die europäische Rechtslage kompliziert und die aktuell praktizierte Erteilung von Patenten äußerst widersprüchlich (Then & Tippe 2014:13ff). So hat das Europäische Patentamt im März 2015 einem jahrelang umstrittenen Patentantrag auf eine nicht gentechnisch veränderte Tomate stattgegeben und damit eine Grundsatzentscheidung getroffen, die gegen das Europäische Patentrecht verstößt (NPOS 2015).

Dies hat weitreichende Folgen, sieht man sich die Logik hinter den Patenten an: »Patente [dienen] als strategisches Instrument zur Absicherung von Märkten und zur Verdrängung der Konkurrenz«, schreiben Kotschi & Kaiser (2012:8). Bei der Absicherung der Märkte haben die Konzerne keinerlei Skrupel – das zeigen unzählige Beispiele der sogenannten Biopiraterie, in denen sich Unternehmen exklusive Eigentumsrechte an Nutz- und Heilpflanzen weltweit sichern. Diese private Aneignung von Pflanzen hat verheerende Folgen für die Menschen, die diese Pflanzen seit Generationen nutzen und damit nun plötzlich die Eigentumsrechte der Konzerne verletzen (BUKO 2005, Mgbeoji 2006, S. 107).

Die Praxis der Biopiraterie veranschaulicht überdeutlich, wie die Gegenseitigkeit der bäuerlichen Saatgutsysteme durchbrochen und missbraucht wird: Bäuerinnen (meist aus dem globalen Süden) geben Saatgut ihrer Sorten an Pflanzensammler und Züchtungsunternehmen (meist aus dem globalen Norden), die dieses für ihre Neuzüchtungen verwenden (S. 78). Auf die Neuzüchtungen melden die Unternehmen jedoch geistige Eigentumsrechte an, bieten diese ausschließlich käuflich an und verbieten jeglichen Nachbau.

Dass diese Konflikte durch Geldzahlungen oder Technologietransfer gelöst werden können, ist fraglich.[26] Womöglich wollen Bäuerinnen und Bauern ihre Sorten nicht auf diese Weise in Wert setzen. »Wollen sie das Prinzip der Gegenseitigkeit durch das Prinzip der Einseitigkeit ersetzen?« fragt Heistinger (2001:55). Viele Bäuerinnen verstehen Saatgut gar nicht als etwas, das man besitzen oder gar verkaufen kann. Die grundlegende Frage ist also nicht, wie Bäuerinnen des Südens entschädigt werden können, sondern ob Saatgut als Gemeingut oder als Privateigentum gelten sollte.

## Die Globalisierung des Patentrechts

Seit der Gründung der Welthandelsorganisation im Jahre 1994 regelt das TRIPS[27]-Abkommen, dass jedes Land, das der Welthandelsorganisation beitritt, Patente auf Erfindungen jeglicher Art gewährleisten muss. Während zu dieser Zeit schon viele Länder über ein Patentrecht verfügten, war für die meisten neu, dass dieses nun auch Pflanzensorten betreffen soll (Prall 1998:52). In den Verhandlungen zum TRIPS-Abkommen wurde allerdings anerkannt, dass eine Patentierung von Leben als unangemessen angesehen werden kann. TRIPS bietet daher die Möglichkeit, Pflanzensorten, Pflanzen und bestimmten Züchtungsverfahren vom Patentschutz auszuschließen, sofern ein anderes wirksames Schutzsystem besteht (ein sogenanntes ›sui generis‹ System). Innerhalb des TRIPS-Abkommens müssen geistige Eigentumsrechte auf Pflanzen daher keine Patente sein, sondern können auch als ähnliches System ausgestaltet sein. Ein Beispiel für ein solches sui generis System ist der Sortenschutz nach UPOV, den ich auf Seite 108 beschreibe.

Inzwischen sind nahezu alle Ländern der Erde der Welthandelsorganisation beigetreten und müssen somit geistige Eigentumsrechte auf Sorten gewähren; viele unterzeichneten das UPOV-Abkommen. Allerdings ist der Sortenschutz nach UPOV nur *eine* Möglichkeit eines sui generis Systems, das zudem viel strenger ist, als vom TRIPS-Abkommen gefordert. Dass sich dennoch so viele Länder für den Sortenschutz nach UPOV entscheiden, liegt wiederum an den Interessen der Industrie.

**26** Ein solcher ›Vorteilsausgleich‹ zwischen den Ländern des globalen Nordens und den Ländern, in denen die Vielfaltszentren der Kulturpflanzen liegen, ist im Nagoya-Protokoll vorgesehen. Dies ist ein 2010 beschlossenes, internationales Umweltabkommen der UN-Konvention über Biologische Vielfalt (BfN 2015).

**27** ›Trade-Related Aspects of Intellectual Property Rights‹.

Streifzug

## Biopiraterie – Die gelbe Bohne aus Mexiko

Der Legende nach spazierte Larry Proctor im Jahre 1994 über einen Markt im mexikanischen Montrose und bewunderte die verschiedenen Farben, Formen und Größen der angebotenen Bohnen. Letztendlich entschied er sich für eine Tüte mit gemischten Trockenbohnen. Zurück in den USA las er die gelben Bohnen aus der bunten Mischung heraus, säte sie und selektierte sie ihrer Färbung entsprechend.

Proctor ist jedoch nicht einfach ein interessierter Gärtner mit Vorliebe für gelbe Bohnen, sondern Geschäftsführer des US-amerikanischen Saatgutunternehmens Pod-Ners. Nachdem er die Bohne zwei Jahre vermehrt hatte, nannte er sie ›Enola‹ und beantragte ein Patent. Hierbei machte er rechtlich gesehen alles ›richtig‹ – weder verschleierte er die ursprüngliche Herkunft der Bohne noch den Prozess der Selektion. So schrieb er in dem Patentantrag: »Die gelbe Bohne der Sorte ›Enola‹ ist höchstwahrscheinlich eine Landrasse des Typs Azufrado« (RAFI 2000, Üs. AB). Azufrado-Bohnen gehören in Mexiko in manchen Regionen zu den beliebtesten Bohnen. Im Nordwesten beispielsweise isst etwa 98 Prozent der Bevölkerung Bohnen dieses Typs (RAFI 2000). Das US-amerikanische Patentamt schien dennoch überzeugt von Proctors ›Erfindung‹ und gewährte Pod-Ners ein Patent auf Enola. Ab nun war es in den USA illegal, Bohnen dieser Art anzubauen, zu verkaufen, zu nutzen oder sie zu importieren.

Pod-Ners zögerte bei Verletzungen dieses Patents nicht vor Anzeigen und Abmahnungen. Unternehmen, die schon seit Jahren die gelbe Bohne aus Mexiko importierten und in den USA verkauften, mussten ab jetzt Lizenzgebühren an Pod-Ners bezahlen. Tausende mexikanische Bäuerinnen und Bauern, die sich ein Standbein mit dem Export dieser Bohnen aufgebaut hatten, waren davon betroffen. Damit löste das Patent eine Welle entschiedenen Protests aus, der sich zehn Jahre nach der Erteilung des Patents endlich als erfolgreich erwies: Seit 2009 ist das Patent auf die gelbe Bohne ungültig! Zum Verzweifeln ist allerdings, dass dieser Fall von Biopiraterie absolut keine Ausnahme ist und Geschichten wie diese viele Seiten füllen können.

## Wen schützt der Sortenschutz?

Schon lange vor den Verhandlungen der Welthandelsorganisation wurde 1961 der ›Internationale Verband zum Schutz von Pflanzenzüchtungen‹[28] (UPOV) gegründet. Die UPOV etablierte ein wirksames Sortenschutzsystem, das jeder Mitgliedsstaat umsetzen muss. Bei diesem Sortenschutz wird natürlich nicht die Sorte geschützt, sondern die Interessen der Züchterinnen und Züchter der Sorte.

Zunächst war der Sortenschutz nach UPOV wesentlich weniger strikt als ein Patent. Die wichtigsten Unterschiede waren der Züchtervorbehalt und das Landwirteprivileg: Der Züchtervorbehalt ermöglicht, dass Züchterinnen alle geschützten Sorten zur Weiterzüchtung verwenden können. Das Landwirteprivileg erlaubt Bäuerinnen die Wiederaussaat von Saatgut geschützter Sorten. In einer Überarbeitung des UPOV-Abkommens 1991 wurde der Sortenschutz jedoch so weit verschärft, dass der Unterschied zu Patenten heute relativ gering ist. Seitdem darf ausschließlich der Züchter die Sorte vermehren und Saatgut dieser Sorte aufbereiten und verkaufen. Geschützte Sorten dürfen nach UPOV 91 gar nicht oder nur noch gegen Gebühren nachgebaut werden, und auch die Weiterzüchtung mit geschützten Sorten ist erheblich eingeschränkt (Prall 2010:208).

Eine Sorte wird im UPOV-System nur dann als schutzfähig anerkannt, wenn sie in einem aufwändigen Prüfverfahren den sogenannten DUS-Kriterien entspricht. DUS steht für ›Distinctness, Uniformity, Stability‹ – also Unterscheidbarkeit, Einheitlichkeit, Beständigkeit (Prall 2010:206ff).

*Unterscheidbarkeit* heißt, dass eine Sorte eindeutig von anderen unterscheidbar sein muss. Anderenfalls könnte eine Züchterin auf eine Sorte mehrfach Sortenschutz beantragen, oder es gäbe Streitigkeiten zwischen verschiedenen Sortenschutzinhabern.

Zudem muss die Sorte ein *einheitliches* Sortenbild ergeben, die einzelnen Pflanzen der Sorte müssen einander also sehr ähnlich sein. Dieses Kriterium der Einheitlichkeit ergibt sich sinnvoll aus dem Vorherigen: Wäre eine Sorte sehr variabel, wäre sie schwerer von einer ähnlichen Sorte abzugrenzen. Außerdem könnte der Sortenschutzinhaber mit dem Schutz einer Sorte eine große Bandbreite an Merkmalen schützen, innerhalb derer keine andere Sorte zum Schutz angemeldet werden könnte.

**28** ›Union internationale pour la protection des obtentions végétales‹.

*Beständigkeit* bedeutet, dass die Sorte unabhängig vom Ort und vom Jahr der Saatgutproduktion dieselben Merkmale aufzeigt. Beständigkeit bedeutet *nicht*, dass die Sorte bei Wiederaussaat ihre Eigenschaften erhalten muss – gerade bei Hybriden wäre dies ja nicht der Fall (S. 54). Doch da der Sortenschutz für 25 bis 30 Jahre gilt, muss die Sorte während dieser Zeit eindeutig erkennbar sein. In dieser Zeit hat die Sortenschutzinhaberin die Pflicht, die Sorte merkmalsgetreu zu erhalten; dies führt zu einer statischen Erhaltungszüchtung anstatt zur dynamischen Weiterentwicklung von Sorten.

## Saatgutgesetze zur Vermarktung von Saatgut

Geistige Eigentumsrechte regeln, wem eine Sorte ›gehört‹. Saatgutgesetze zur Vermarktung von Saatgut hingegen regeln, welches Saatgut auf den Markt gebracht werden darf. Sie bestimmen, welche Kriterien eine Sorte erfüllen muss, damit das Saatgut dieser Sorte vermarktet werden kann; auch regeln sie die Qualität des Saatgutes, wie beispielsweise Keimfähigkeit, Gesundheit und Reinheit. Beim weltweiten Handel mit Saatgut sollen zudem Gesetze zur ›Biosicherheit‹ einen Schutz vor Pflanzenkrankheiten bieten. Diese Saatgutgesetze schützen Bäuerinnen und Gärtner angeblich vor ›minderwertigen‹ Sorten und vor ›schlechtem‹ Saatgut.

So weit, so gut. Es hört sich sinnvoll an, den Saatgutverkehr zum Schutz der Bäuerinnen und Gärtner zu regulieren. Doch wollen diese überhaupt auf diese Art geschützt werden? Und wer definiert die Kriterien für Sorten und Saatgutqualität, auf welches Modell der Landwirtschaft sind sie zugeschnitten? Aktuell orientieren sich die Gesetze recht weitgehend an den Wünschen und Vorstellungen der Industrie. Damit werden Eigenschaften von Saatgut und Sorten fokussiert, die in der industriellen Landwirtschaft und Lebensmittelverarbeitung wichtig sind.

Ein sehr problematischer Aspekt von Saatgutgesetzen ist, dass sie für bäuerliches Saatgut dieselben Auflagen und Kriterien verwenden wie für industrielles und global gehandeltes Saatgut. Nur allzu oft darf mit Inkrafttreten der Gesetze bäuerliches Saatgut plötzlich nicht mehr verkauft werden – da die bäuerlichen Sorten nicht einheitlich genug sind, das Saatgut nicht genügend keimt oder nicht auf Krankheiten geprüft ist. Bäuerliches Saatgut steht dann plötzlich als unsichere und riskante Variante dem zertifizierten, geprüften und angeblich sicheren industriellen Saatgut gegenüber. Hinzu kommt, dass in manchen Ländern die Gesetze so verschärft wurden, dass nicht einmal mehr der Tausch von bäuerlichem Saatgut erlaubt ist. Die Regulierungen gelten dann für den Tausch einer Handvoll Samen auf gleiche Weise wie für den Verkauf von 200.000 Tonnen auf dem Weltmarkt. Eine praktikable Alternative für die derzeitige Situation wäre demgegenüber eine Gesetzgebung, die einen geregelten und einen ungeregelten Saatgutmarkt parallel bestehen lässt (S. 118).

### Das EU-Saatgutverkehrsrecht und der gemeinsame Sortenkatalog

In der EU schreibt das Saatgutverkehrsrecht vor, dass nur Saatgut registrierter Sorten verkauft werden darf. Zudem muss jegliches kommerziell gehandeltes Saatgut gewissen Mindestqualitätsanforderungen wie Keimfähigkeit und Reinheit entsprechen.

Die Registrierung der Sorten – also die Prüfung der Sorten für die Zulassung des Saatgutes zum Verkauf – besteht aus demselben Verfahren wie die Prüfung zum Sortenschutz (S. 108): Nur Sorten, die den DUS-Kriterien entsprechen, werden zugelassen. Diese Registerprüfung soll sicherstellen, dass Bäuerinnen mit Saatgut von geprüften Sorten versorgt werden: »[Die Zulassung] gewährleistet Landwirtschaft, Wein- und Gartenbau und schließlich auch dem Verbraucher die Versorgung mit hochwertigen Saat- und Pflanzgut«, steht auf der Internetseite des Bundessortenamts, das in Deutschland für die Register- und Wertprüfungen von Sorten zuständig ist (BSA 2015).

Wenn die Prüfung ›hochwertiges Saatgut für die Landwirtschaft‹ gewährleistet, welche Landwirtschaft ist damit gemeint? Da nur Sorten zugelassen werden, die den DUS-Kriterien entsprechen, entsteht ein starkes Gefälle zugunsten einheitlicher, eng gezüchteter Sorten –

#### Was heißt das für meinen Hausgarten?

Wer auf einem schönen Pflanzmarkt oder einer Saatgut-Tauschbörse ein Päckchen Samen kauft und Angst hat, sich strafbar zu machen, kann aufatmen: Das Saatgutgesetz regelt den Verkauf von Saatgut, nicht aber den Kauf. Und so weit das europäische Saatgutgesetz auch reichen mag – noch ist es nicht in die Hausgärten vorgedrungen! Ob eine Sorte zugelassen ist oder nicht, sie darf im Hausgarten angebaut werden. Auch das Vermehren von Saatgut zur Nutzung im eigenen Garten und zum Verschenken ist nicht verboten.

die sich viel besser für den industriellen Anbau eignen als vielfältigere Sorten. Die Sorten landwirtschaftlicher Arten (wie Getreide, Kartoffeln oder Zuckerrüben) werden zudem auf ihren sogenannten ›landeskulturellen Wert‹ geprüft; hier zählen zum Beispiel Resistenzen und Ertrag. »Nicht berücksichtigt werden dabei ökologisch sinnvolle Eigenschaften wie zum Beispiel die berühmte Beikraut-(Unkraut-)Toleranz oder eben auch die Breite der genetischen Basis«, schreibt die Juristin Ursula Prall (2010:211). Weitere Kriterien, die bei der Zulassung von Gemüsesorten und von landwirtschaftlichen Sorten gerade *keine* Rolle spielen, sind Geschmack oder Nahrhaftigkeit.

Was bedeutet das Saatgutverkehrsrecht für die landwirtschaftliche Vielfalt? Nach einer ausführlichen Analyse kommt Prall (2010:212) zu folgendem Schluss: »[Das Saatgutverkehrsrecht] lässt nur solche Sorten in den Anbau gelangen, die die Ursache der Verdrängung der Landsorten darstellen. [E]s statuiert ein ausdrückliches Verbot der Vermarktung von Saatgut solcher Sorten, die die Voraussetzungen der Sortenzulassung nicht erfüllen, ohne dass es hierfür einen plausiblen Grund gäbe.« Sie folgert, dass das Saatgutverkehrsrecht maßgeblich zum Rückgang der Kulturpflanzenvielfalt beiträgt.

Ein weiterer problematischer Aspekt des Saatgutverkehrsrechts besteht darin, dass die Kriterien der Registerprüfung mit denen der Prüfung für den Sortenschutz identisch sind. Juristisch gesehen sind Sortenschutz

## Amateur- und Erhaltungssorten

Das Saatgutrecht ist zur Erhaltung der Kulturpflanzenvielfalt ungeeignet: Zu viele bäuerliche Sorten entsprechen nicht den DUS-Kriterien. Das hat auch die EU-Kommission erkannt und für den ›Erhalt der biologischen Vielfalt‹ die Ausnahmeregelungen der sogenannten Erhaltungs- und Amateursorten geschaffen. Als Erhaltungssorten können landwirtschaftliche Sorten und Gemüsesorten angemeldet werden; allerdings muss hierfür eine Ursprungsregion definiert werden, und nur in dieser Region darf diese Sorte erhalten und ihr Saatgut verkauft werden. Zudem darf der Verkauf des Saatgutes eine genau definierte Höchstmenge nicht überschreiten. Amateursorten sind Sorten, die für den ›Anbau unter bestimmten Bedingungen‹ gezüchtet werden, aber keinen Wert für den Erwerbsanbau haben; Saatgut dieser Sorten unterliegt beim Verkauf maximalen Packungsgrößen. Durch diese rechtlichen Auflagen entsteht für die Bäuerinnen ein hoher bürokratischer Aufwand. Weder die Regelung der Erhaltungs- noch die der Amateursorten trägt zu Erhalt und Mehrung von Vielfalt bei, sondern versucht, diese in eine Nische zu drängen (Saatgutkampagne 2012).

und Saatgutverkehrsgesetz zwei grundsätzlich verschiedene Dinge. Doch durch die Prüfungen, in denen dieselben DUS-Kriterien verwendet werden, sind die beiden Gesetze ineinander ›verknäuelt‹. Und was in der Logik des Sortenschutzes Sinn machen mag, macht keinen Sinn für die Zulassung von Sorten für den Saatgutverkehr. Während beispielsweise für den Sortenschutz essenziell wichtig ist, dass eine Sorte von allen anderen klar unterscheidbar ist, ist dieses Kriterium zunächst unwichtig für die Versorgung von Landwirtinnen mit geeigneten Sorten und hochwertigem Saatgut. Doch die Saatgutindustrie hat an dieser Überschneidung der Prüfkriterien ihren Gefallen gefunden, da sie hierdurch die aufwändigen Prüfungen zum Sortenschutz rechtfertigen und ihre Monopolstellung noch leichter behaupten kann. Von weiteren Verflechtungen zwischen Industrie und Politik und weiteren Geschichten rund um das EU-Saatgutrecht erzählen die nächsten Streifzüge und Interviews.

Streifzug

## Saatgutwechsel auch auf dem kleinsten Hof – Saatgut im Nationalsozialismus

Nachdem Mitte des 19. Jahrhunderts vermehrt Züchtungsunternehmen gegründet wurden, weitete sich auch der kommerzielle Samenhandel stark aus. Das Angebot an Gemüsesorten war ›vielfältig‹, Anfang der 1930er waren beispielsweise 212 Salatsorten im Handel (Lissek-Wolf et al. 2012:4).[28] Der Nachteil dieser ›Vielfalt‹ auf dem Markt war, dass keine Qualitätskontrollen stattfanden, und die Sorten »nicht [hielten], was Reklamen versprachen« (Rümker 1918 in Lissek-Wolf et al. 2012:3).

Die Forderungen nach Qualitätskontrollen ließen nicht lange auf sich warten, und 1929 gab es ein erstes Saat- und Pflanzgutgesetz. Darauf aufbauend verabschiedete das nationalsozialistische Regime 1934 die ›Verordnung über Saatgut‹, die den sogenannten Reichsnährstand ermächtigte, eine Sortenbereinigung durchzuführen: Alle für die ›Landeskultur‹ wertlosen Sorten sollten beseitigt werden, um den ›deutschen Bauernstand‹ vor minderwertigem Saatgut zu schützen (Flitner 1995:81). Als wertvoll galten nur Sorten, deren Anbauwürdigkeit und Sortenechtheit in mehrjährigen Prüfungen festgestellt werden konnte. Die Kriterien hierfür ähneln den heute immer noch geltenden DUS-Kriterien. Im Sortenangebot wurde damit der Fokus auf die ›Hochzuchtsorten‹ gelegt, die sich für den großflächigen Anbau eigneten (Lissek-Wolf et al. 2012:3f). Etwa 90 Prozent der vor 1933 kommerziell gehandelten Sorten wurden durch die Sortenbereinigung vernichtet (Flitner 1995:82). Von den 212 Salatsorten gab es 1938 noch 30; von 577 Kartoffelsorten blieben 64 im Handel (Lissek-Wolf et al. 2012:4, Flitner 1995:82).

Mit dieser Sortenbereinigung war das oft beklagte ›Sortenwirrwarr‹ zunächst beseitigt. Allerdings hatten Bäuerinnen Anfang der 1930er Jahre über die Deutsche Landwirtschaftsgesellschaft sowieso schon einen sicheren Zugang zu anerkanntem Saatgut. Hierfür wäre eine Sortenbereinigung nicht nötig gewesen! Bleibt die Frage, für wen das ›Sortenwirrwarr‹ vor der Sortenbereinigung besonders schlimm war? Flitner (1995:83) schreibt hierzu, »es [ging] mit dem Schlagwort Sortenwirrwarr wohl weniger um den Verbraucherschutz als um die […] Züchter, denen die Vielfalt der Benennungen, vor allem aber die verbreiteten Absaaten[29] (teils unter anderem Namen) die Umsätze begrenzten«. Was bedeutet das?

In den 1930ern gab es noch keinen Sortenschutz; Züchter hatten also keinerlei rechtlichen Anspruch auf ihre Sorten. Das Saatgut ›ihrer‹ Sorten konnte einfach weitervermehrt und -verkauft werden – und dies geschah auch, häufig noch zudem unter Angabe falscher Sortennamen! Durch die Sortenbereinigung waren nun alle ›falschen‹ (und alle ›minderwertigen‹) Sorten beseitigt worden. Und die Verordnung über Saatgut erlaubte ausschließlich Züchtern und ihren Vermehrern, Saatgut (von den registrierten Sorten) zu produzieren und zu handeln. Damit war ein indirekter Sortenschutz geschaffen!

Diese Regelung verhinderte erfolgreich den Nachbau der auf diese Weise ›geschützten‹ Sorten. Das erklärt auch, warum sich zu dieser Zeit die Hybriden in Deutschland nicht so erfolgreich durchsetzten wie in den USA (S. 60), obwohl die Methoden der Hybridzüchtung durchaus bekannt waren: »Die private Saatgutwirtschaft der dreißiger Jahre brauchte keine Hybride, denn die Verordnung über Saatgut bot ihr hinreichende Absatzgarantie« (Flitner 1995:129).[30]

Die Verordnung über Saatgut ist also aus einer Kollaboration zwischen Privatwirtschaft und dem nationalsozialistischen Regime hervorgegangen. Der Leitsatz »[u]nser Ziel: Saatgutwechsel[31] auch auf dem kleinsten Hof« (Frontispitz 1937 in Flitner 1995:81) dürfte dabei sowohl dem nationalsozialistischen Reinheitswahn als auch den Züchtern entgegengekommen sein.

**28** 212 Salatsorten sind natürlich nicht viel im Verlgeich zu tausenden Sorten in den Händen der Bäuerinnen. Diese ›Vielfalt‹ bezieht sich rein auf die zunehmende Anzahl der in dieser Zeit kommerziell gehandelten Sorten.

**29** Unter ›Absaat‹ wird vermehrtes Saatgut einer Sorte verstanden.

**30** Erst Mitte der 1950er Jahre wurden die ersten kommerziellen Maishybriden in Deutschland vertrieben (Flitner 1995:131).

**31** Unter ›Saatgutwechsel‹ wird das Auswechseln von Saatgut verstanden, in diesem Fall das Auswechseln von selbstgewonnenem durch gekauftes Saatgut.

Streifzug

## Mächtige Gesetze, Gesetze der Mächtigen – Industrielobbyismus und die Überarbeitung des EU-Saatgutrechts

Die Geschichte der Saatgutgesetze in Deutschland ist lang – einige wenige Eckdaten sind im Zeitstrahl auf S. 124 zu finden. Seit 2007 läuft nun der Prozess der kompletten Überarbeitung des EU-Saatgutverkehrsrechts. Die ›Generaldirektion Gesundheit und Lebensmittelsicherheit‹ der EU-Kommission hat fünf Jahre an einem neuen Entwurf gefeilt. Dieser sieht beispielsweise vor, dass die bisher zwölf Richtlinien zu einer einzigen Verordnung zusammengefasst und vereinheitlicht werden sollen, damit in allen EU-Ländern das gleiche Gesetz gilt. Der Spielraum für nationale Umsetzungen wird zunichte gemacht, der Umgang mit Saatgut ›harmonisiert‹.

Dies ist natürlich eine einmalige Chance für die Industrie, ihre Interessen in großem Maßstab einzubringen. Sie hat viel zu gewinnen, da die Saatgutmärkte der meisten EU-Länder noch nicht wirklich erschlossen sind (S. 89). Rumänien, Griechenland, Bulgarien, Portugal und Slowenien beispielsweise haben zusammen einen Marktanteil von nur fünf Prozent am EU-Saatgutmarkt (Ragonnaud 2013:24). Eine neue EU-weit einheitliche Gesetzgebung würde die Märkte in diesen Ländern leichter erschließbar machen. Und auch in Ländern mit schon etablierten Märkten wie Deutschland lässt sich noch etwas holen: Im Entwurf der EU-Kommission war sogar das Verbot des unentgeltlichen Tauschens von Saatgut vorgesehen.

Von Anfang an haben Agrar- und Saatgutindustrie den Überarbeitungsprozess der EU-Saatgutgesetzgebung ›begleitet‹. Im Jahr 2011 beispielsweise entsandte die französische Regierung eine nationale Saatgutexpertin nach Brüssel, die die Aufgabe hatte, am Entwurf des neuen Saatgutrechts mitzuarbeiten. Zuvor hatte sie allerdings jahrelang als Direktorin der französischen Vertretung der Saatgutindustrie gearbeitet (CEO 2013). Interessenskonflikte dieser Art sind zwar explizit verboten, aber kein Einzelfall. Und als die EU-Kommission im Mai 2013 ihren Vorschlag zur neuen Gesetzgebung präsentierte, waren weder Ökobauern oder -züchterinnen noch Kleinbäuerinnen oder Samengärtnerinnen eingeladen. Die Agrarindustrie jedoch war anwesend, unter anderem mit Vertretern der Kartoffel-, Lebensmittel- und der Saatgutindustrie (CEO 2013a).

Aggressive Interessensvertretung wie diese geschieht weltweit und zeigt: Diese mächtigen Gesetze sind die Gesetze der Mächtigen! »Der Prozess [der Konzentration der Agrarindustrie] kann von der Regierungspolitik unterstützt werden, insbesondere dann, wenn sich wirtschaftliche Macht in politische Macht überträgt: Größere Unternehmen sind erfolgreicher darin, staatliche Handlungen zu beeinflussen, […] zum Vorteil der Großen« (Howard

2009:1270, Üs. AB). Im Fall der Überarbeitung des EU-Saatgutrechts hat die Industrie jedoch den Kürzeren gezogen. Verschiedenste Organisationen aus ganz Europa, die sich für bäuerliche Sorten, ökologische Züchtung und Kulturpflanzenvielfalt einsetzen, vernetzten sich und protestieren mit gemeinsamen Stellungnahmen, Änderungsvorschlägen und Unterschriftenaktionen (Saatgutkampagne 2014:17ff). Hunderttausende Menschen unterschrieben gegen den Gesetzesentwurf und tausende schickten Tütchen mit selbstgewonnenem Saatgut an die zuständigen EU-Abgeordneten (Arche Noah 2014). Die Kritik war so groß, dass die Abgeordneten kurz vor der EU-Wahl nicht wagten, die ungeliebten Änderungen durchzuwinken.

Streifzug

## Wer braucht die Zulassung von Sorten?

Mit einer Gruppe Gärtnerinnen und Gärtner stehe ich inmitten eines Erbsenfeldes der Prüfstelle Rethmar des Bundessortenamts. Eine Mitarbeiterin erklärt uns anschaulich, was die zwei hier nebeneinander wachsenden Erbsensorten voneinander unterscheidet: Die Hülsen der einen Sorte sind gering gekrümmt, während die der anderen mittel gekrümmt sind, die Blätter der einen sind grün, die der anderen gelbgrün.

Ich staune. Um mich herum stehen hunderte Sorten im Prüfanbau, die alle auf die winzigsten Kriterien und Merkmale hin untersucht werden. Der Standort in Rethmar ist eine der Prüfstellen des Bundessortenamts, an denen die neu gezüchteten Sorten in Deutschland auf Zulassung in den EU-Sortenkatalog geprüft werden. Für die Zulassung müssen die Sorten beständig, einheitlich und unterscheidbar sein (S. 110). Aber wie prüft man eigentlich, ob sich eine Sorte von einer anderen unterscheidet?

In dem Prüfungsantrag müssen die Züchterinnen angeben, welche Sorten der zu prüfenden Sorte ähnlich sind. Die sogenannte ›Kandidatensorte‹ wird dann mit den ›Referenzsorten‹ nebeneinander angebaut und im Verlauf des Jahres miteinander verglichen und beurteilt. Die Kandidatensorte muss sich von den Referenzsorten (und von allen anderen im

EU-Sortenkatalog vorhandenen Sorten) unterscheiden, um zugelassen zu werden.

Für diese Registerprüfung werden EU-weit gültige Richtlinien ausgearbeitet, die die Grundprinzipien und Standards festlegen, um die Prüfungen in allen Mitgliedsstaaten einheitlich und vergleichbar zu gestalten: Wie muss der Prüfanbau ablaufen, wann wird ausgesät, wann wird welches Merkmal wie erfasst? Neben allgemein einführenden Dokumenten wurden für über 300 Kulturarten spezifische Richtlinien erarbeitet (UPOV 2002, 2015). Die Richtlinie für Gartenkürbis und Zucchini beispielsweise umfasst auf 42 Seiten 81 zu beschreibende Merkmale, wie Wuchsform und Verzweigung der Pflanze, Triebfarbe und -marmorierung, Länge des Blattstiels, Vorhandensein des Rings im Inneren der Krone der männlichen Blüte, Furchung und Punktung der Frucht, etc.

Ich blättere ungläubig durch hunderte Seiten Merkmalsbeschreibungen und Prüfkriterien. Das klingt alles extrem aufwändig! Für solche Prüfungen werden Bundessortenämter gegründet, Prüfstellen mit hektargroßen Prüfflächen aufgebaut, Prüferinnen ausgebildet und eingestellt, europaweit geltende Prüfkriterienkataloge erstellt, Referenzsorten erhalten und verbindliche, hunderte Seiten umfassende Richtlinien und beschreibende Sortenlisten in verschiedenen Sprachen ausgearbeitet?!

Wozu dieser riesige Aufwand? Ich habe einen Satz der Juristin Ursula Prall im Kopf, die nach umfangreicher Analyse des EU-Saatgutrechts zu dem Schluss kommt: »Die derzeitigen Regelungen sind nicht erforderlich und schon deshalb verfassungsrechtlich problematisch« (Prall 2010:212). Aber es gibt die Prüfungen! Warum? Über diese Frage habe ich mit einigen Menschen gesprochen.

Züchterin Ulrike Behrendt* beschreibt mir ihre Sicht: »Das Zulassungsverfahren ist meiner Meinung nach eher von Interessen größerer Züchterhäuser bedingt als eine Notwendigkeit. Nach dem Krieg ging es um Ernährungssicherheit, das war vielleicht verständlich. Aber ohne diese Notsituation brauchen wir das eigentlich nicht. Zudem findet im Registerverfahren eine immer strenger werdende Prüfung der Einheitlichkeit statt: Wenn die Kelchblätter bei fünf Tomaten anders sind als bei den anderen Tomaten derselben Sorte, dann fällt diese Sorte schon durch. Doch das ist kontraproduktiv, denn je einheitlicher eine Sorte ist, desto weniger kann sie auf Krankheiten reagieren. Die Sicherung der Ernährung ist ja das einzige Argument für die Prüfung. Aber umgekehrt wird ein Schuh draus, bald haben wir eine totale genetische Verarmung, die die Sicherheit unserer Ernährung gefährdet! Ich meine, man könnte auf das gesamte Verfahren verzichten.«

Auch Andreas Riekeberg*, Mitbegründer der Saatgutkampagne, stellt die gegenwärtige Saatgutgesetzgebung in Frage: »Bevor Saatgut einer Sorte verkauft wer-

Salat im Prüfanbau des Bundessortenamts

den kann, muss die Sorte zugelassen werden. Aber es ist eigentlich überhaupt nicht einzusehen, dass Saatgut als so gefährlich eingestuft wird wie etwa neue Medikamente oder neue Chemikalien. Klar, mögliche Giftstoffe brauchen eine Zulassungsprüfung! Aber Saatgut ist doch kein Gift, sondern vermittelt Leben und Wachstum. Warum sollte es also eine spezielle Zulassung brauchen? Eine normale Produkthaftung des Herstellers würde völlig ausreichen.«

Eva Gelinsky* meint zur Register- und Wertprüfung und zur Qualitätssicherung von Saatgut: »Der Ursprung des Zulassungsverfahrens waren Probleme, die durch die zunehmende Arbeitsteilung zwischen Züchtung und Anbau entstanden sind, auch die Ernährungssicherung spielte eine Rolle. Bevor es dieses Verfahren gab, wurde auch viel Schindluder betrieben: Was auf der Packung stand war nicht drin, das Saatgut war nicht mehr keimfähig; eine gewisse Form der Kontrolle ist für die Qualitätssicherung sinnvoll. Aber für lokale Sorten braucht es nicht unbedingt eine Zulassung! Es ist ein immer wiederkehrendes Argument der Industrie, dass schlechtes Saatgut auf den Markt gebracht wird, aber das stimmt einfach nicht. Es gibt einen dokumentierten Fall bei Tomaten, da haben die großen Firmen sogar selbst eine Krankheit verbreitet. Viele der heutigen Vorschriften im Saatgutverkehrsgesetz orientieren sich am Industriestandard und behindern dadurch die Erhaltung und Förderung der Vielfalt. Ein vernünftiger Umbau des Saatgutrechts, der sowohl lokalen, als auch ökologisch gezüchteten Sorten gerecht wird, wäre enorm wichtig, wenn sich in der Landwirtschaft insgesamt etwas ändern soll.« Wie könnte ein solcher Umbau des Saatgutrechts aussehen?

Auch Züchterinnen und Gärtner von Dreschflegel (S. 200) haben sich überlegt, wie die Registerprüfung im Hier und Jetzt umgestaltet werden könnte und eine eigene Dreschflegel-Version des Saatgutrechts ausgearbeitet (Dreschflegel 2015:128ff). Stefi Clar* von Dreschflegel erklärt mir diese Version: »Die Sortenzulassung muss freiwillig werden. Eine Saatgutanbieterin kann dann entscheiden, die staatliche Zulassung zu beantragen, dann steht bei Erfolg ›zugelassene Sorte‹ auf dem Sack. Und die Bäuerinnen können entscheiden, ob sie dieses Saatgut kaufen wollen. Entweder sie möchten Saatgut einer zugelassenen Sorte, oder sie verlassen sich auf die Angaben der Anbieterin und kaufen Saatgut einer Sorte, die nicht zugelassen ist. In unserer Version des Saatgutrechts gäbe es also einen geregelten und einen ungeregelten Markt. Hierbei ist ganz wichtig: Über den ungeregelten Markt dürften keine Sorten mit Sortenschutz oder gar Patenten verkauft werden und auch keine Sorten, die mit biotechnologischen Züchtungsmethoden oder mit Gentechnik gezüchtet wurden! Diese müssten sortenrechtlich staatlich geprüft – und letztere am besten gentechnikrechtlich verboten – werden. Letztendlich gilt: Alle nicht zugelassenen Sorten auf dem ungeregelten Markt müssten nachbaubar sein. Zudem gilt bei unserer Version der Saatgutgesetzgebung, dass Saatgut auf dem geregelten Markt gekennzeichnet sein müsste: Mit welchen Methoden wurde die Sorte gezüchtet? Welche geistigen Eigentumsrechte liegen auf der Sorte, dem Saatgut oder den daraus erwachsenden Pflanzen?«

Ein solches Saatgutrecht ließe viel Spielraum für all die, die Vielfalt anbauen und Saatgut als Gemeingut verstehen und so behandeln wollen. Und für die, die mit den Sorten und dem Saatgut von ihnen bekannten Züchterinnen und Saatguthändlern zufrieden sind und gut auf eine aufwändige Prüfung verzichten können. So wie jedoch das Saatgutrecht heute gestaltet ist, führt es zu einer drastischen Reduktion der Kulturpflanzenvielfalt. Und es dient den großen Unternehmen, die Saatgut für die industrielle Landwirtschaft züchten und die sich den bürokratischen Aufwand und die Kosten der Zulassung leisten können.

Interview

## Serafina – Die Zucchini auf dem holprigen Weg zur Zulassung

### GESPRÄCH MIT KORNELIA BECKER*

Das DUS-Kriterium ›Einheitlichkeit‹ ist bei Hybriden selten ein Problem – sind sie doch genau auf diese Einheitlichkeit hin gezüchtet (S. 54). Wie aber sieht es mit samenfesten Sorten aus? Diese werden nie so gleichförmig wie Hybriden sein. Das wissen auch die Prüferinnen beim Bundessortenamt und daher werden samenfeste Sorten bei der Prüfung möglichst nicht mit Hybriden verglichen. Was aber, wenn alle zur Verfügung stehenden Vergleichssorten Hybriden sind, da es kaum mehr samenfeste Alternativen gibt? Wie gehen die Prüferinnen mit samenfesten Sorten um, wenn sie aus ihrem Alltag nur sehr einheitliche Hybriden gewöhnt sind?

Mit genau diesen Fragen hat im Jahr 2013 eine ökologisch gezüchtete Zucchinisorte für Unruhe bei Züchterinnen, Gärtnern und Zulassungsämtern gesorgt. Sie trägt den schönen Namen Serafina, ist samenfest und war angeblich nicht einheitlich genug für eine Zulassung: Die Größe der Punkte auf ihrer Frucht und ihre Fruchtlänge waren zu unterschiedlich. In vielen Gärtnereien war ein Versuchsanbau von Serafina durchgeführt worden. Dort hatte sie gut abgeschnitten, und ein Gärtner war sichtlich erbost über die Schwierigkeiten bei der Zulassung: »Serafina ist sehr gut! Wir haben noch keine Ertragszahlen, aber bisher erscheint sie super. Dass ihre Punkte als Kriterium bemängelt worden sind, ist haarsträubend. Ich vermute, dass Serafina auch angebaut würde, wenn sie keine Zulassung bekäme. Man muss sich ja nicht alles gefallen lassen, soll doch jemand kommen und sie verbieten!« Ich habe mit der Serafina-Züchterin Kornelia Becker* gesprochen, um herauszufinden, was hinter all dem steckt.

**Kornelia, wann hast du mit der Züchtung von Serafina begonnen und was war hierbei dein Fokus?**

Ich habe die Zucchinipopulation[32], aus der nun Serafina hervorgegangen ist, 2008 von Thomas Heinze übernommen. Schon 1996 und 2000 sind zwei Zucchinipopulationen von Kultursaat (S. 221) wegen zu geringer Einheitlichkeit bei der Prüfung durchgefallen. Deswegen habe ich in der Züchtungsarbeit großen Wert auf Einheitlichkeit gelegt und – bei gleichzeitiger Berücksichtigung eventuell auftretender Inzuchteffekte – eine für einen Fremdbefruchter vergleichsweise starke genetische Einengung vorgenommen (Kasten S. 52). Ich habe die Züchtungsarbeit wie eine Gratwanderung nach dem Motto ›genetisch so weit wie möglich und so eng wie nötig‹ empfunden.

32 K. Becker spricht hier nicht von Sorten, sondern von Populationen. Dieser Begriff verdeutlicht, dass die genetische Basis breiter ist als im heute üblichen Sortenverständnis nach den DUS-Kriterien.

**Dennoch wurde Serafina im ersten Prüfjahr zu wenig Einheitlichkeit bescheinigt?**

Ja. Und nachdem das jetzt mit unserer dritten Zucchinipopulation so ging, kamen einige Fragen auf: Welche Merkmale werden wie erhoben? Zum Beispiel ist die Fruchtlänge abhängig von Klima, Erntetag und -regelmäßigkeit. Zucchiniprüfungen werden inzwischen nicht mehr in Deutschland, sondern in Frankreich durchgeführt, obwohl die Zulassung über das Bundessortenamt läuft. Da bestand dann schon die Sorge, dass sich Serafina in Südfrankreich vielleicht ganz anders verhält. Wir haben uns auch gefragt: Mit welchen Sorten wurde Serafina verglichen? Und: Ist eigentlich jemals eine samenfeste Sorte durch die Prüfung gekommen? Während meiner Recherchen habe ich festgestellt, dass seit den 1980ern keine samenfeste Zucchini mehr zugelassen wurde. Da war dann schon klar, dass irgendwo ein Haken sein musste.

**Wie habt ihr den Haken gefunden?**

Wir haben uns die Zucchinirichtlinie angeschaut, in der festgeschrieben ist, wie die Einheitlichkeit geprüft wird. Generell ist es bei Fremdbefruchtern wie der Zucchini schwieriger zu sagen, was ein ›Abweichler‹ von der Einheit ist und was innerhalb der normalen Variationsbreite liegt. Daher gilt in der Prüfung von Fremdbefruchtern, dass diese nicht weniger homogen sein dürfen als vergleichbare und schon zugelassene Sorten. Aber dieses übliche Verfahren wurde in der Zucchinirichtlinie nicht berücksichtigt. Hier galt: Gibt es mehr als eine absolut festgesetzte Zahl von Abweichlern, ist die Sorte nicht homogen genug. Für Serafina bedeutet das, dass sie die ganze Zeit wie eine Hybride geprüft wurde. Da hatte sie natürlich, wie vermutlich jede andere samenfeste Zucchini auch, keine Chance. Als wir das Gespräch hierüber sowohl mit dem Bundessortenamt als auch mit den französischen Prüfern gesucht haben, haben diese das Problem sehr schnell eingesehen und die Richtlinie wurde geändert.

**Dass die Prüfung in Südfrankreich stattgefunden hat, war dann kein Problem mehr?**

Ich hatte befürchtet, dass der Standort einen großen Unterschied macht. Aber wir sind nach Frankreich gefahren und haben uns Serafina im Prüfanbau angeschaut. Die Sorte war gut erkennbar und es konnte ein sehr guter, gar freundschaftlicher Kontakt zu den Prüfern entstehen, was uns sehr gefreut hat. Problematisch ist eher, dass in Frankreich eigentlich nur noch Hybriden angemeldet werden und die Prüfer nichts anderes mehr kennen. Kompliziert sind auch die Sprachbarrieren, die Absprachen mit dem Bundessortenamt und dem französischen Amt… und natürlich die weite Distanz nach Südfrankreich, die eine Besichtigung des Prüfanbaus unglaublich aufwändig und teuer macht.

**Und Serafina kann jetzt zugelassen werden?**

Ja, der Zulassung steht nun wohl nichts mehr im Wege.[33]

»Wir gehen nicht in Länder, wo es keinen Sortenschutz gibt« sagt Willi Wicki, Geschäftsführer des Schweizer Saatgutunternehmens Delley Seeds and Plants in einem Videointerview (UPOV 2011). Und macht damit ganz klar: Sein Unternehmen investiert nur in den Saatgutmarkt von Ländern, die Sortenschutz gewähren. Diese eindeutige Haltung der Saatgutindustrie beeinflusst erheblich die Ausgestaltung der Freihandelsabkommen, die außerhalb der Welthandelsorganisation (S. 106) verhandelt werden.

Das Nordamerikanische Freihandelsabkommen NAFTA[34] zwischen den USA, Kanada und Mexiko war 1994 eines der ersten, bei dem ein strenges Sortenschutzsystem beschlossen wurde. Mexiko musste für dieses Abkommen der UPOV beitreten, womit die Rechte der mexikanischen Kleinbäuerinnen erheblich beschnitten wurden. Seitdem sind Freihandelsabkommen ein beliebtes Werkzeug der Länder des globalen Nordens, sich den Zugang zu Saatgutmärkten und die Verbreitung ›ihrer‹ Sorten in Ländern des Südens zu sichern (GRAIN 2014).

In vielen Industrieländern ist die Privatisierung von Saatgut und die Monopolisierung des Saatgutmarktes in den letzten Jahrzehnten gelungen (S. 85). Über Freihandelsabkommen wiederum lassen sich die entsprechenden gesetzlichen Vorgaben gut in andere Länder exportieren: »Seit 50 Jahren ist Europa ein Labor für Saatgutgesetze, die es anschließend durch Freihandelsabkommen dem ganzen Planet aufzwingt« (LVCE 2012:2, Üs. AB).

Handelsabkommen sind dafür gemacht, den internationalen Handel zu vereinfachen. Doch die Vorteile entstehen nur für die, die mitspielen können. Das sind hauptsächlich die Konzerne aus den Ländern des Nordens, die auf neue Märkte und große Profite im Süden hoffen. Auch in den Ländern des Südens bringen die neuen Abkommen einigen wenigen Menschen viel Geld – und zerstören dabei lokale Märkte und verändern radikal den bäuerlichen Alltag des Großteils der Bevölkerung. Vielfältige kleinbäuerliche Strukturen stehen dem profitgesteuerten Welthandel entgegen und werden als ineffizient abgewertet. Auf dem Weltmarkt zählen standardisierte, übersichtliche Strukturen, in denen Kleinbäuerinnen und -bauern keinen Platz haben.

**33** Ich habe das Gespräch mit Kornelia im August 2014 geführt, im Jahr 2015 erhielt Serafina tatsächlich die Zulassung. Sie ist die erste Zucchinipopulationssorte, die seit den 1980er Jahren das europäische Prüfverfahren überstanden hat.

**34** ›North American Free Trade Agreement‹.

Der nächste Streifzug handelt von einem aktuellen Versuch der Industrienationen, die Saatgutmärkte Afrikas zu erschließen. Der darauffolgende Streifzug über Saatgutgesetze im Irak zeigt, was das Sprichwort »Wer die Saat hat, hat das Sagen« in Kriegszeiten bedeuten kann.

Streifzug

## Mit aller Macht in den Süden – Die G7 in Afrika

Die Gruppe der sieben großen Industrienationen[35] (G7) hat mal wieder einen Plan zur Welternährung beschlossen. 2012 verabschiedeten die G7 die ›Neue Allianz für Ernährungssicherung‹. Diese soll das Entwicklungspotenzial der Landwirtschaft nutzen, um das Wirtschaftswachstum zu fördern. Als Ziel wird angegeben, mit dieser Allianz 50 Millionen Menschen bis 2022 aus der Armut zu holen.

Zentrales Element der Neuen Allianz ist ein Kooperationsabkommen mit zehn afrikanischen Ländern[36], in dem diese sich verpflichten, die Bedingungen für private Investitionen im Agrarsektor zu verbessern. Das bedeutet beispielsweise, dass die afrikanischen Länder zehntausende Hektar Land für Großinvestoren bereitstellen, um die industrielle Nahrungsmittelproduktion zu fördern. Zudem stehen tiefgreifende Veränderungen in den Saatgutgesetzgebungen der afrikanischen Länder an. Die neuen Gesetze sollen mit dem Abbau von Handelschranken, einheitlichen Zulassungskriterien und geistigen Eigentumsrechten die Verbreitung von industriellem Saatgut zu fördern (Forum UE 2015:9)

Es ist nicht schwer, sich vorzustellen, wem diese Allianz nutzen wird. In öffentlich-privaten Partnerschaften arbeiten die G7-Staaten mit den Großkonzernen der Agrarindustrie zusammen, um ihre Idee der Landwirtschaft effizient durchzusetzen. Diese Landwirtschaft kennt keine Kleinbäuerinnen mehr und verdrängt diese als Tagelöhnerinnen in Agrarfabriken und Plantagenwirtschaften – oder in die Slums der Großstädte. Für die G7 und die Industrie hingegen gibt es viel zu gewinnen: Neun der zehn weltweit größten Saatgutkonzerne sind in den G7-Ländern ansässig; von den sechs Unternehmen, die 75 Prozent des Agrarchemie-Weltmarktes kontrollieren, stammen fünf aus den G7-Staaten. Die Macht dieser Konzerne ist jedoch in den afrikanischen Ländern bisher sehr beschränkt. Afrikanische Bäuerinnen und Bauern produzieren zwischen 80 und 90 Prozent ihres Saatgutes selbst und nutzen nur zwei bis fünf Prozent der weltweit eingesetzten Pestizide (Forum UE 2015:10f). Da lockt ein riesiger Markt, bei dessen Erschließung die im Rahmen der neuen Allianz diskutierten Saatgutgesetze helfen sollen.

Die Verhandlungen zu diesen Saatgutgesetzen werden von verschiedenen afrikanischen Handelsunionen geführt. Da in diesen Unionen jeweils bis zu zwanzig afrikanische Länder zusammengeschlossen sind, haben die neuen Saatgutgesetze nicht ›nur‹ Einfluss auf die zehn Kooperationspartner der G7, sondern auf nahezu den gesamten afrikanischen Kontinent. Beispielsweise vereint die Freihandelszone COMESA[37] 20 ost- und südafrikanische Länder. Der 2013 entworfene Saatgutvertrag der COMESA verlangt die Vereinheitlichung der verschiedenen Saatgutregulierungen in den Mitgliedsstaaten. In allen COMESA-Ländern sollen Sortenschutzsysteme und Sortenregistrierungen nach den DUS-Kriterien eingeführt werden (AFSA & GRAIN 2015:16f).

Diese Regulierungen sind einzig und allein für die Saatgutindustrie gemacht, die durch vereinheitlichte Saatgutgesetze ihre Kosten senken kann, wesentlich einfachere Konditionen für den Handel vorfindet und sich über Eigentumsrechte ihre Monopolstellung sichern kann. Die Regulierungen sind hingegen blind gegenüber der Realität von Kleinbäuerinnen und deren Sorten und Saatgutsystemen. Mit der Neuen Allianz für Ernährungssicherheit versuchen die G7 mit aller Macht, die afrikanischen Märkte zu erobern und nach ihren Interessen zu gestalten. Tatsächlich geben nur drei Prozent der Investoren der Neuen Allianz an, sie wollten Nahrung für den lokalen Markt produzieren.

**35** Deutschland, Frankreich, Italien, Japan, Kanada, Großbritannien, USA.

**36** Äthiopien, Benin, Burkina Faso, Elfenbeinküste, Ghana, Malawi, Mosambik, Nigeria, Senegal, Tansania.

**37** ›Common Market for Eastern and Southern Africa‹.

Streifzug

## Im Alleingang – Die ›Order 81‹ im Irak

Der Irak gilt als die Wiege der Landwirtschaft. Die meisten der 200.000 heute bekannten Weizensorten haben ihren Ursprung in dieser Region. Ein Bruchteil dieser Vielfalt wurde seit 1970 in der irakischen Genbank in Abu Ghraib eingelagert. Noch im Jahr 2002 ließ ein unregulierter und informeller Saatgutmarkt den irakischen Bäuerinnen und Bauern die Freiheit, ihr Saatgut selbst zu vermehren, zu tauschen und zu verkaufen. 97 Prozent der Weizenbäuerinnen machten von diesem Recht Gebrauch. Sie bauten ihr Saatgut entweder nach oder kauften und tauschten es auf lokalen Märkten (Ray 2012:34).

Mit der Invasion der US-Truppen 2003 sollte sich diese Situation drastisch ändern. Die Irakkriege führten zur Zerstörung der landwirtschaftlichen Infrastruktur, zu Wasserknappheit und zur Versalzung der Böden. Für den Wiederaufbau der irakischen Landwirtschaft hinterließ die US-Regierung der irakischen Übergangsregierung im Jahr 2004 die rechtlich bindende ›Order 81‹.

Diese Anordnung ermöglicht geistige Eigentumsrechte auf Sorten, die den DUS-Kriterien entsprechen. Gleichzeitig verbietet sie (unter Gefängnisstrafe) den Nachbau geschützter Sorten – und aller Sorten, die den geschützten Sorten ähnlich sind! Den Anbau lokaler Sorten verbietet die Order 81 nicht, doch können

Konzerne eine bäuerliche Sorte weiterzüchten und eigentumsrechtlich schützen lassen. Ähnelt die neue Sorte dann der bäuerlichen Ursprungssorte, wird ihre Nutzung für die Bäuerinnen illegal (GRAIN 2004).

Im Irak wiederholt sich, was seit Anfang der Grünen Revolution (S. 69) und in Freihandelsabkommen weltweit geschieht: Die Mächtigen sorgen sorgfältig dafür, dass ihr Saatgut überall auf den Feldern der Bäuerinnen und Bauern landet. Im Irak haben internationale Saatgutkonzerne die bis dahin staatlichen Saatgutunternehmen aufgekauft; verschiedenste ›Entwicklungshilfe‹-Gruppierungen verteilten große Mengen patentierten und auch gentechnisch veränderten Saatgutes kostenlos an irakische Bäuerinnen; in groß angelegten Trainingsprogrammen wurde den Bäuerinnen beigebracht, wie sie mit dem neuen ›Hochleistungssaatgut‹ umzugehen hätten. Da hierbei große Biotechnologieunternehmen beteiligt waren, bleiben wenig Zweifel über die Verwendung von firmeneigenen Pestiziden und Düngemitteln.

Diese Strategien sind nicht neu, und der Irak ist bei weitem nicht das einzige Land, in dem sie durchgesetzt werden. Doch das Besondere im Irak ist, dass die

## Wer hat das Sagen?
### Ein grober Überblick über die vergangenen 150 Jahre

| | | 1850 | 1900 |
|---|---|---|---|
| Pflanzenzüchtung | seit 10.000 Jahren bäuerliche Pflanzenzüchtung | **ab 1850** Beginn der professionellen Züchtung<br>**1866** Veröffentlichung von Mendels Vererbungsregeln | **ab 1908** In den USA Hybridzüchtung aus Inzuchtlinien<br>**ab 1930** Gezielte Mutationszüchtung |
| Kommerzialisierung Saatgut | | | **ab 1920** Warnungen über Verlust der Vielfalt und sporadische Sammlungen von Pflanzenmustern<br>**1935** Hybridmaissaatgut kommt in großem Stil auf US-amerikanischen Markt und wird zum >Lebensblut< der Saatgutindustrie |
| Gesetze | | | **1929** Erstes Saat- und Pflanzgutgesetz<br>**1934** Verordnung über Saatgut |

Order 81 nicht einmal das Ergebnis von Verhandlungen zwischen den Regierungen zweier Länder sind. Die USA haben im Alleingang entschieden, auf welche Weise die irakische Landwirtschaft wieder aufgebaut werden soll – und dabei die eigenen Interessen nicht vergessen. Heute ist der Irak zum Großteil von Saatgutimporten abhängig. Nur noch vier Prozent des Bedarfs an Saatgut kann aus irakischen Beständen gedeckt werden (Christ 2010: 256). Auch von der irakischen Weizenvielfalt ist nicht viel übrig. HR-Sorten und Hybriden haben die bäuerlichen Sorten zum Großteil verdrängt, und es wird vermutet, dass bei der Besetzung von Abu Ghraib auch die Genbank zerstört wurde. Die stille Retterin einiger bäuerlichen Sorten ist Sanaa Abdul Wahab Al-Sheikh, Mitarbeiterin dieser Genbank (Ray 2012:34). Sie hat etwa 1.000 Pflanzenmuster aus der Genbank genommen und über all die Jahre des Krieges in einem Keller und in ihrem Kühlschrank versteckt.

1950

**ab 1960** Gewebekultur-Züchtung

**ab 1970** Gentechnik

2000

**ab 2000** Genomforschung und sogenannte >Präzisionszüchtung<

**ab 1960** Grüne Revolution, weltweite Verbreitung von HR-Sorten, Hybriden und des industriellen Agrarsystems

**ab 1970** Einstieg von Chemiekonzernen in den Saatgutsektor

**ab 1970** Rasante Konzentration des Saatgutmarktes

**ab 1970** Global koordinierte Sammelstrategie und Aufbau von Genbanken

**2013** 5 Konzerne haben einen Anteil von 74% am europäischen Maissaatgutmarkt

**2013** Nur 9 Konzerne kontrollieren 61% des kommerziellen Saatgutmarkts weltweit

**2015** Nahezu 100% des kommerziell angebauten Mais in Deutschland ist Hybridmais

**1953** Gesetz über Sortenschutz und Saatgut

**1961** UPOV 61

**1968** Trennung von Sortenschutz und Saatgutverkehrsrecht; weitere Überarbeitungen der Gesetze in den nächsten Jahrzehnten

**ab 1985** In den USA Gewährung von Patenten auf Pflanzen, die sich geschlechtlich fortpflanzen

**1991** UPOV 91

**1994** Gründung der Welthandelsorganisation mit TRIPS-Abkommen

**ab 2007** Überarbeitung des EU-Saatgutverkehrsrechts

**ab 2012** Im Rahmen der >Neuen Allianz< sollen neue Saatgutgesetze in vielen afrikanischen Ländern die bäuerlichen Saatgutsysteme verdrängen

**2013** In Kolumbien soll die Richtlinie 970 den Verkauf von Saatgut nicht-zertifizierter Sorten verbieten

# Wer hat das Sagen?

»Trotz der Dominanz der Industrie und ihrer kontinuierlichen Anstrengungen, die kleinbäuerliche Landwirtschaft [...] zu marginalisieren und sogar zu kriminalisieren, entdecken wir, dass unsere Samen tiefere Wurzeln haben.«

LVC 2013:0, Üs. AB

Die Menschen und ihr Saatgut haben lange und komplexe Geschichten, die ich in diesem Buch nur ansatzweise erzählen kann. Verschiedenste, ineinander verschlungene Entwicklungen führen zum Verlust von Vielfalt und bäuerlichen Saatgutsystemen und machen Saatgut zu einer knappen und umkämpften Ware. Das mag dazu verleiten, das Bild zu vereinfachen, um es besser greifen zu können.

Beispielsweise ist es naheliegend zu behaupten, der immer und überall genannte Konzern Monsanto sei für alles verantwortlich (S. 89). Aber vereinfachte Erklärungen führen zu vereinfachten Lösungen, die letztendlich meist wieder nicht denen helfen, für die sie gedacht waren. In der heutigen Situation sind Vielfalt, Saatgut und ›genetische Ressoucen‹ zu einem Gut geworden, das alle schützen und retten wollen, wenn auch aus unterschiedlichen Motiven. Selbst Gentechnikkonzerne bieten inzwischen Ökosaatgut an, mit dem sie ihr Angebot attraktiver machen wollen.

Daher gilt, die Motive zum Erhalt der Vielfalt genauer anzuschauen, »hellhörig« zu sein und »auf die Zwischentöne [zu] achten«, wie Clar (2002:41f) schreibt: »Wer will aus welchen Gründen welche Art von Erhalt? Wer soll die Vielfalt retten? Inwiefern spielen Projektionen und Zuschreibungen eine Rolle, die wiederum nicht unbedingt mit den Wünschen derjenigen, auf die projiziert wird, übereinstimmen?«

Für Mooney & Fowler (1991:237) hängt die Frage, »[w]elche landwirtschaftliche Vielfalt erhalten wird [...] davon ab, wen man konsultiert. Wieviel gerettet wird hängt davon ab, wie viele Menschen daran beteiligt sind.« Im industriellen Agrarsystem sind immer weniger Menschen daran beteiligt, Vielfalt zu fördern und zu erhalten. Jack Harlan, Botaniker, Agrarwissenschaftler und Verfechter der Kulturpflanzenvielfalt, hat einmal gesagt, Vielfalt würde letztendlich von Amateuren erhalten werden. Damit hat er sicherlich recht, denn im Gegensatz zu den professionellen Züchterinnen und Samengärtnern sind die Amateurinnen und Amateure viele. Und abseits der marktorientierten, formellen Strukturen können sie mit Begeisterung, Lust und in Freiheit gärtnern. Doch lässt das formelle System immer weniger Freiraum für die Amateure. Ein namensgebendes Beispiel sind die Amateursorten, die zwar offiziell registriert werden müssen, jedoch nur in bestimmten Packungsgrößen verkauft werden dürfen (S. 111) – bei Paprika sind dies beispielsweise maximal fünf Gramm pro Saatgutpackung.

Die Entwicklungen der letzten 150 Jahre mögen entmutigend wirken. Doch gibt es Menschen, die sich wehren, und der Widerstand lohnt sich! So sehr es sich die Akteure der Agrarindustrie wünschen mögen: Bäuerliche Saatgutsysteme und Sorten gehören nicht der Vergangenheit an! Sie leben auf der ganzen Erde weiter und sind widerspenstig, eigenmächtig und zäh. Rund um die Erde gibt es unzählige Gruppen mutiger und kreativer Menschen, die sich für selbstbestimmte Saatgutsysteme einsetzen und selbst Saatgut gewinnen (LVC 2013, Navdanya 2012, Schweigler 2014).

Da Saatgut eine Grundlagen des Lebens ist, lassen die Menschen es sich nicht einfach so nehmen. Nach dem Motto ›was zu viel ist, ist zu viel‹ formieren sie weltweit entschlossenen Widerstand gegen Saatgutgesetze und das Treiben der großen Konzerne. Dabei geht es selten um Saatgut allein, sondern meist um das gesamte Agrarsystem und um umfassende gesellschaftliche Fragen. Nikolai Fuchs sieht beispielsweise die Gentechnik als »Stolperstein [...], der uns veranlasst, die Selbstverständlichkeit [des gesamten gesellschaftlichen Systems] infrage zu stellen und seine Mechanismen bloßzulegen« (Fuchs 2010:99).

In diesem Sinne beschreibt auch der Agrarsoziologe Jack Kloppenburg* das Potenzial des Saatgutthemas, grundlegende Fragen über unser Agrarsystem an die Oberfläche zu bringen: »[Saatgut] stellt den kritischen Knotenpunkt dar, an dem gegenwärtige Kämpfe über technische, soziale und ökologische Produktionsbedingungen zusammenlaufen und greifbar werden«. Oder, noch umfassender: »Saatgut ist zu einem Schlüsselglied geworden im Bewusstsein für und im Widerstand gegen das neoliberale Projekt, die soziale und natürliche Welt nach der engen Logik des Marktes zu strukturieren« (Kloppenburg 2010:368, 2013:12, Üs. AB).

Viele der Menschen, die sich wehren, schaffen sich angesichts der immer enger werdenden Rahmenbedingungen informelle Strukturen und Freiräume, in denen Züchtung nicht profitorientiert und Saatgut nicht warenförmig ist. Um diese Freiräume nutzen und gestalten zu können und selbst Alternativen aufzubauen, benötigen wir Ideen, Saatgutwissen und Mut. Von Menschen mit viel Wissen, guten Ideen und Mut handelt der nächste Teil. Da ich diese Menschen ganz bewusst für sich selbst sprechen lassen möchte, besteht dieser Teil hauptsächlich aus Interviews und Streifzügen.

## Zum Weiterlesen und -schauen...

**Arvay, C. G. (2014):**
**Hilfe, unser Essen wird normiert!**
Wie uns EU-Bürokraten und Industrie vorschreiben, was wir anbauen und essen sollen. München: Redline.
*Guter Überblick zu Saatgutpolitik, Biotechnologie und Agrarindustrie in Europa.*

**BUKO-Kampagne gegen Biopiraterie (Hrsg.) (2005): Grüne Beute.**
Biopiraterie und Widerstand.
Grafenau/ Frankfurt a.M.: Trotzdem Verlagsgenossenschaft.
*Tolles Buch zu Biopiraterie, geistigen Eigentumsrechten und Widerstand!*

**Gelinsky, E. (2012):**
**Biopatente und Agrarmodernisierung.**
Patente auf Pflanzen und ihre möglichen Auswirkungen auf die gentechnikfreie Saatgutarbeit von Erhaltungs- und ökologischen Züchtungsorganisationen.
Göttingen.
*Sehr gut recherchierte Studie zu den Themen geistige Eigentumsrechte, Saatgut und Industrialisierung der Landwirtschaft.*

**Haide, E. v. d. (2010):**
**Zukunft säen – Vielfalt ernten.**
Saatgut bleibt Gemeingut.
Ein Film für die Erhaltung der Nutzpflanzenvielfalt und für Ernährungssouveränität.
*Saatgut soll Gemeingut bleiben!*
*Viele Menschen, die sich mit Saatgut beschäftigen, machen das in diesem Dokumentarfilm deutlich.*

**Ray, J. (2012): The seed underground.**
A growing revolution to save food.
White River Junction: Chelsea Green Publishing.
*Ein liebevoll verfasstes Buch, mit Fokus auf die Saatgutsituation in den USA.*

**Springbrett, D. (2008):**
**Hijacked Future – Geraubte Zukunft.**
Wer das Saatgut kontrolliert, kontrolliert die Ernährung.
*Dieser Film stellt die zwei sehr verschiedenen Saatgutsysteme Kanadas und Äthiopiens gegenüber und fragt: Wie können wir die Kontrolle über unsere Nahrung zurückerlangen?*

Teil III

# Reclaim the Seeds! Das Sagen über unsere Saat zurückerobern

Schwarzes Emmer

# Graswurzeln gegen den Strom: Eine andere Landwirtschaft!

»Die Verbindung zwischen Saatgutsouveränität und Ernährungssouveränität heißt Agrarökologie.«

Aus dem Publikum der ›Saat macht Satt‹-Konferenz in Berlin, Mai 2015

Streifzug

## Den Stängelbohrer genial in die Irre geführt

Ostafrikanischen Maisbäuerinnen wird die Ernte im wahrsten Sinne des Wortes madig gemacht. Die Maden des Stängelbohrers bohren sich, ihrem Namen treu, in die Stängel der Maispflanzen. Auf diese Art verlieren Bäuerinnen und Bauern regelmäßig zwischen 15 und 80 Prozent ihrer Ernte. Und damit nicht genug. Ein weiteres kleines Biest, das wunderschön lila blühende Strigakraut, heftet sich parasitär an die Wurzeln der Maispflanzen und vernichtet so zwischen 30 und 100 Prozent der Ernte. Da Mais zu den wichtigsten Grundnahrungsmitteln in Ostafrika zählt, sind die Ernteverluste direkt verknüpft mit Hunger und Unterernährung (ICIPE 2015).

Das Problem ist weit verbreitet, doch Lösungen sind rar. Herbizide gegen das Strigakraut würden auch den Mais vernichten, und Insektizide gegen den Stängelbohrer müssen zeitlich genau abgepasst eingesetzt werden, was gar nicht einfach ist. Da trumpft die Agrarindustrie mit gentechnisch veränderten Maispflanzen auf, die ein Gift gegen die Stängelbohrer produzieren. Doch die Bäuerinnen haben oft nicht genügend finanzielle Mittel für das teure Saatgut. Und auch die Schädlinge schlafen nicht und haben längst Resistenzen gegen das Gift der gentechnisch veränderten Pflanzen entwickelt.

Und nun wird's genial. Forscher des Internationalen Zentrums für Insektenphysiologie und Ökologie[38] haben eine Methode entdeckt, die den Mais unaufwändig vor Schädlingen schützt, ohne Nebenwirkungen und nahezu kostenlos ist und dazu noch weitere positive Effekte mitbringt! Die Methode heißt ›Push-Pull‹, also ›Abstoßen-Anlocken‹: Die Schädlinge werden von einer Pflanze abgestoßen und von einer anderen angelockt.

Dieses System funktioniert eigentlich ganz einfach: Die Bäuerinnen pflanzen Desmodium (*D. uncinatum*) zwischen den Mais, und diese Pflanze hat Wirkstoffe sowohl gegen das Strigakraut als auch gegen den Stängelbohrer parat! Die Wurzeln von Desmodium scheiden einen Stoff aus, der die Keimung des Strigakrauts anregt – und einen weiteren Stoff, der die Keimlinge sofort wieder absterben lässt. Damit hat sich das Problem des Strigakrauts gelöst.

**38** ›International Centre of Insect Physiology and Ecology‹.

Zudem duftet Desmodium auf eine für die Stängelbohrermotten ganz und gar unattraktive Weise und macht ihnen den Aufenthalt im Maisfeld unangenehm. Damit die Motten ganz sicher wissen, dass sie sich besser außerhalb des Maisfeldes aufhalten sollten, pflanzen die Bäuerinnen um das Feld herum das sogenannte Elefantengras *(Pennisetum purpureum)*. Im Gegensatz zum Desmodium lieben die Stängelbohrermotten den Geruch des Elefantengrases! Durch den Duft angelockt, legen sie mit Vorliebe dort ihre Eier ab. Doch sobald sich die geschlüpften Stängelbohrerlarven in das Elefantengras bohren wollen, produziert dieses einen Schleim, der die Eindringlinge abtötet.

Als wäre all dies nicht schon genial genug, hat das Push-Pull-System noch Weiteres zu bieten. Desmodium kann nämlich Stickstoff aus der Luft speichern und im Boden verfügbar machen – und zwar in etwa so viel, wie der Mais tatsächlich braucht. Diese Tatsache kann die Maiserträge erheblich steigern, denn viele Bäuerinnen haben kein Geld für Düngemittel, und die Böden sind durch die kontinuierliche Bewirtschaftung ausgelaugt. Hinzu kommt, dass sowohl Desmodium als auch das Elefantengras mehrjährig und sehr wüchsig sind. Beide Pflanzen dienen damit als Erosionsschutz, erhalten die Bodenfeuchtigkeit und wirken humusaufbauend. Durch das Push-Pull-System können die Maisernten mit minimalem Aufwand und ohne viel Input um das 3,5-fache erhöht werden. Inzwischen wird das System von über 110.000 Kleinbäuerinnen und -bauern in Ostafrika angewendet (ICIPE 2015). Wie viele solch einfacher Lösungen wären wohl möglich, wenn sie anstatt der aufwändigen agrarindustriellen Lösungen intensiver erforscht würden?

# Agrarökologie: Widerstandsfähig und produktiv

Geniale und zugleich einfache Systeme, die wie das Push-Pull-System (S. 130) die Wirkweisen natürlicher Prozesse nutzen, sind typisch für die Agrarökologie. Agrarökologische Systeme sind so gestaltet, dass sie ohne viel Input robust, widerständig und produktiv sind. In der Agrarökologie wird davon ausgegangen, dass dies am besten funktioniert, wenn die Prozesse der natürlichen Ökosysteme nachgeahmt und verstärkt werden. Dadurch sind agrarökologische Systeme – im Gegensatz zu industriellen Agrarsystemen – wahrlich effizient, da sie die überall im Überfluss vorhandenen Potenziale geschickt nutzen. Beispielsweise kann die Nährstoffversorgung über die Einbringung organischer Masse und die Nutzung von stickstoffspeichernden Pflanzen erreicht werden; die Bewässerung in trockenen Regionen wird über effektive Wasserspeichersysteme und bodenbedeckende Pflanzungen gesichert; einem starken Schädlingsbefall wird über vielfältige Sorten, Mischkulturen und, wie beim Push-Pull-System, mit dem Einsatz bestimmter Pflanzen vorgebeugt. In der agrarökologischen Praxis spielen sowohl ein in jeder Hinsicht vielfältiger Anbau als auch der Boden als lebendiger Organismus eine zentrale Rolle.

Für all diese Techniken sind wenige oder keine externen Inputs und keine aufwändigen Technologien nötig, sie können von Bäuerinnen und Gärtnern in aller Welt praktiziert werden. Tatsächlich sind agrarökologische Anbauweisen auf marginalem Agrarland und unter widrigen Umständen am wirksamsten (Altieri & Nicholls 2005: 99ff). Allerdings sind die agrarökologischen Praktiken wissensintensiv: »Das Zusammenwirken der verschiedenen Pflanzenarten, [...] die beim jeweiligen Boden in der jeweiligen Hangneigung ideale Form des Erosionsschutzes, das Entwickeln eines Haufens von Blättern, Schalen, Zweigen und Ziegenkot zu einem feinen, fruchtbaren Kompost – das bedarf Fähigkeiten, die erheblich schwerer zu erwerben sind als die bloße Umsetzung der Gebrauchsanleitung auf dem Düngersack oder dem Spritzmittelkanister« (Löwenstein 2011:184). In der Agrarökologie versuchen Bauern und Wissenschaftlerinnen gemeinsam, die komplexen Funktionsweisen des lokalen Ökosystems zu verstehen und optimale Lösungen mit den vor Ort zur Verfügung stehenden Mitteln zu finden (ZSL 2013:28).

Ursprünglich wurde Agrarökologie als die Anwendung ökologischer Prinzipien auf die Landwirtschaft definiert (Altieri 1983). Inzwischen geht das Konzept der Agrarökologie über rein landwirtschaftliche Techniken hinaus und schließt die sozioökonomischen Aspekte der Landwirtschaft mit ein. Damit überschneidet sich das Konzept der Agrarökologie zum Teil recht weit mit dem der Ernährungssouveränität.

## Ernährungssouveränität

Ernährungssouveränität ist zugegebenermaßen ein sperriger Begriff. Er kann leichter zugänglich gemacht werden, wenn er mit dem Begriff der Ernährungssicherheit verglichen wird. Ernährungssicherheit definiert das Recht aller Menschen auf ausreichende, sichere und nahrhafte Ernährung. Dabei bleibt dieses Konzept jedoch blind gegenüber den sozialen und ökologischen Bedingungen der Nahrungsmittelproduktion, -verarbeitung und -verteilung. So kann etwa als ›ernährungssicher‹ gelten, wenn ein Kind in Mosambik satt wird, da sein Vater es mit Milchpulver aus Deutschland füttert. Dabei wird unter anderem außer Acht gelassen, dass die subventionierte Milch aus Deutschland niedrigpreisiger ist als die lokale Milch und damit die Existenzgrundlage der Milchbäuerinnen in Mosambik zerstört.

Hochrangige Vertreter aus aller Welt haben das Konzept der Ernährungssicherheit 1996 auf dem Welternährungsgipfel der Welternährungsorganisation[39] in Rom als eine Art passiven Versorgungszustand definiert. Menschen weltweit sollen dieser Logik nach darauf angewiesen sein, sich vom industriellen Agrarsystem sicher versorgen zu lassen. Eng an diese Idee gekoppelt ist die Einbindung der Kleinbäuerinnen und -bauern in den globalen Agrarmarkt.

Im Kontrast zu dieser Ernährungssicherheit ›von oben‹ waren es Landlose, Kleinbäuerinnen und Landarbeiter der Bewegung La Via Campesina[40], die auf demselben Welternährungsgipfel 1996 das Konzept der Ernährungssouveränität erstmals vorstellten. La Via Campesina vereint seit 1992 etwa 160 Kleinbäuerinnen-, Landarbeiter-, Landlosen- und Indigenenbewegungen aus 73 Ländern Afrikas, Europas, Asiens und Amerikas. Die Bewegung steht für eine kleinstrukturierte Landwirtschaft und widersetzt sich vehement der industriellen Profitorientierung und der Fremdbestimmung aller

39 ›Food and Agricultural Organization of the United Nations‹.

40 www.viacampesina.org

Menschen im Nahrungsmittelsystem. Seit dem Welternährungsgipfel in Rom ist Ernährungssouveränität ein zentrales Ziel von La Via Campesina.

Somit wenden sich die Kleinbauern und Landarbeiterinnen explizit den Fragen zu, die von dem Konzept der Ernährungssicherheit ignoriert werden: Von wem, wo und wie wird was und für wen produziert? »[Ernährungssouveränität] gewährleistet, dass die Rechte über Landnutzung und -management, Wasser, Saatgut [...] und Biodiversität in den Händen derer liegen, die die Nahrungsmittel produzieren, und nicht in denen des Unternehmenssektors« (LVC 2011, Üs. AB). Damit steht die Ernährung der Menschen bedingungslos vor Futtermittelproduktion, Agrosprit und Profiten. Das bedeutet auch, dass Lebensmittel keine Ware wie jede andere sein können. Mit Ernährungssouveränität fordern Kleinbäuerinnen und Landarbeiter ein Agrarsystem, das die Bedürfnisse der Menschen in den Mittelpunkt rückt. »Ernährungssouveränität stellt die Menschen, die Lebensmittel erzeugen, verteilen und konsumieren, ins Zentrum der Nahrungsmittelsysteme, nicht die Interessen der Märkte und der transnationalen Konzerne« (Nyéléni 2007).

Ernährungssouveränität steht für das Recht aller Menschen, die Art und Weise der Lebensmittelproduktion, -verarbeitung, -verteilung und -konsumption lokal und kollektiv auszuhandeln und selbst zu bestimmen. Dabei sollen hochwertige, lokale und saisonale Lebensmittel für alle Menschen verfügbar sein – nicht nur für die, die sich teure, biologisch produzierte Lebensmittel leisten können.

In letzter Konsequenz bedeutet die Umsetzung von Ernährungssouveränität nicht weniger als die komplette Umwälzung des industriellen Agrarsystems. Dies beinhaltet tiefgreifende Veränderungen des Gesellschafts- und Wirtschaftssystems, bei denen der Fokus auf der Frage liegt, was zu einem wirklich ›guten Leben‹ benötigt wird (S. 24).

Trotz oder gerade aufgrund der globalen Diskussion um Ernährungssouveränität gibt es keine klare Definition dazu, wie diese genau aussehen soll. Elisabeth Mpofu, Bäuerin und globale Koordinatorin von La Via Campesina, erklärt dies wie folgt: »Wir versuchen nicht, eine perfekte Definition für ein Wörterbuch oder ein Geschichtsbuch zu kreieren. Wir versuchen, eine Bewegung aufzubauen, die das Nahrungsmittelsystem und die Welt ändert« (LVC 2014:4, Üs. AB). Ernährungssouveränität ist damit kein fertiges Konzept, sondern ein Prozess, der von den Menschen vor Ort definiert und gestaltet wird.

Streifzug

## Ernährungssouveränität und Saatgutpolitik von ganz rechts oben

Die Befürwortung kleinbäuerlicher Landwirtschaft, regionaler Kreisläufe, lokaler oder ›traditioneller‹ Sorten und die Ablehnung restriktiver EU-Gesetze erlauben auch nationalistische und rassistische Interpretationen. Auch der schonende Umgang mit natürlichen Ressourcen wird von der extremen Rechten gefordert – allerdings immer mit dem Zusatz, Naturschutz sei ›Heimatschutz‹.

Die Redaktion der rechtsextremen Zeitschrift *Umwelt & Aktiv* formuliert in ihren Grundsätzen, sie würde »nicht länger jenen Menschen das Thema Umweltschutz und Naturschutz überlassen, denen gar nichts an der Heimat liegt« (U&A 2015). Ziel sind nicht gemeinsame Entscheidungen über einen zukunftsfähigen Umgang mit den Lebensgrundlagen, sondern der Erhalt des ›Volkes‹: »Ohne eine ökologisch verantwortliche Politik ist jedes Volk in seinem Bestande bedroht«, heißt es im NPD-Programm von 2003. Auf der Internetseite der NPD liest sich zudem: »Naturschutz und nachhaltige Landwirtschaft sind nicht voneinander zu trennen« (NPD 2015).

Die Ausgestaltung dieser Landwirtschaft soll möglichst bäuerlich und traditionell sein, was sich unter anderem in der Blut-und-Boden-Ideologie völkischer Bewegungen begründet. Nach dieser Ideologie ist das Leben durch die zwei ›Ur-Elemente‹ Blut und Boden bestimmt. Das Blut steht für die rassistisch hergeleitete ›Abstammungsgemeinschaft‹, also das in dieser Weise definierte ›Volk‹. Das ›Schicksal des deutschen Volkes‹ hängt dieser Ansicht nach davon ab, inwieweit sich Blut und Boden verbinden können. Somit gelten Bauern durch ihre Arbeit mit dem Boden als ›Seele und Urquell der Deutschen‹. Die Ausweitung des ›deutschen Bauernstands‹ durch viele kleine und möglichst händisch arbeitende Familienbetriebe ist daher oberstes Ziel in der Landwirtschaftsdebatte der extremen Rechten (Franke 2012:25ff). Mit dieser Argumentation geht auch der Gedanke der nationalen Autarkie einher: »Die deutsche Landwirtschaft muß wieder den Stellenwert eines zentralen Wirtschaftszweigs bekommen. Dabei gilt es, mit landwirtschaftlichen Produkten weitestgehend nationale Selbstversorgung anzustreben« (NPD 2010:15).

Zu diesen landwirtschaftlichen Produkten gehört auch das Saatgut. Das nationalsozialistische Regime setzte schon 1934 die ›Verordnung über Saatgut‹ durch, und umfangreiche Sortenbereinigungen folgten (S.112). Auch heute noch haben die Rechtsextremen zum Themenbereich Saatgut etwas zu sagen: »In Deutschland [...] muß jeglicher Gentechnikanbau unterbleiben. Als Kulturnation lehnen wir aus ethischen Gründen die Erteilung von Patenten auf [...] pflanzliches Erbgut ab. [...]

Aufgrund der großen Bedrohung der Nutzpflanzenvielfalt durch Saatgutkonzerne und Gentechnikfirmen fordert die NPD die Möglichkeit ungehinderten Anbaus und Vermarktung heimischer Kulturpflanzen und deren Saatgutes« (NPD 2010:15).

Um dies durchzusetzen, zeigt die NPD durchaus Engagement: Der Initiative Gentechnikfreie Region Nebel/Krakow am See stand zwischen 2005 und 2007 – zunächst unbemerkt – das NPD-Mitglied Helmut Ernst vor. In dieser Zeit gab er in einem Interview mit der NPD-Zeitschrift *Deutsche Stimme* seine Position zu Gentechnik wieder: »Sechs Konzerne beherrschen derweil den Markt für gentechnisch verändertes Saatgut. [...] Die Ernährungssouveränität der Völker soll schlichtweg gebrochen werden; im Sinne der Globalisierer kommt es zu einer Versklavung der Bauern weltweit. Vor diesem Hintergrund ähnelt Gentechnik durchaus einer Massenvernichtungswaffe« (DS 2006).

Wollen auch die tiefbraunen Ökologen Ernährungssouveränität erreichen? Bei ihnen ist dieser Begriff im Kontext von nationaler Autarkie als Abgrenzung nach ›außen‹ zu verstehen. Diese Art der Ernährungssouveränität soll durch einen starken Nationalstaat erreicht werden. Beispielsweise hatte im nationalsozialistischen Regime der sogenannte Reichsnährstand die Aufgabe, die bäuerliche Produktion von oben herab zu kontrollieren: »Der Reichsnährstand ist nicht nur dazu berufen, dem Bauer helfend und beratend zur Seite zu stehen, sondern seine Aufgabe ist in erster Linie auch, die ständische Zucht zu wahren und dem Willen der Führung bis in den kleinsten Hof Geltung zu verschaffen« (Visser o.D.:2).

Manche Forderungen der Rechtsextremen ähneln denen emanzipatorischer Bewegungen. Als Reaktion darauf versuchen viele Initiativen, NPD-Mitglieder und Menschen rechtsextremer Gesinnung per Satzung oder mit ähnlichen Mitteln auszuschließen. Doch wirksamer ist eine klare und saubere Argumentation, die inhaltliche Überschneidungen gar nicht erst zulässt.

Nationalstaatlich durchgesetzte Autarkie und Ausschluss anderer Menschen, eine völkisch-traditionalistische Begründung der bäuerlichen Landwirtschaft und der Anbau ›heimischer‹ Kulturpflanzen: Auf den zweiten Blick lassen sich rassistische und nationalistische Ideologien leicht enttarnen! Eine emanzipatorische Ernährungssouveränität hingegen wendet sich nicht grundsätzlich gegen Handelsvereinbarungen, sondern gegen Praktiken, die von oben herab gegen den Willen der Menschen durchgesetzt werden. Eine Ernährungssouveränität ›von unten‹ basiert auf der Selbstermächtigung aller Menschen rund um die Erde, die kollektiv in ihren Gemeinschaften entscheiden, was Ernährungssouveränität für sie bedeutet.

Dies verdeutlicht Elisabeth Mpofu, Bäuerin und globale Koordinatorin des Netzwerks La Via Campesina in einer Rede im Januar 2014 in Den Haag: »Während es wahr ist, dass das Konzept der Ernährungssouveränität von La Via Campesina kommt, haben wir kein Patent darauf. Vielmehr laden wir alle Sektoren der Gesellschaft [weltweit] ein, daran mitzuwirken. Mit unserem […] gemeinschaftlichen Sinn des Teilens und der Großzügigkeit freuen wir uns über all eure Beiträge.« Etwas später in der Rede ergänzt sie: »Das ist es, wie wir Ernährungssouveränität von unten aufbauen« (LVC 2014:1f, Üs. AB). Eine solche Argumentation lässt keinen Platz für rechtsextremes ›Gedankenungut‹.

Saatgut ist als landwirtschaftliches Produktionsmittel zentral für Ernährungssouveränität. »Saatgut hat einen speziellen Platz in dem Kampf um Ernährungssouveränität. Diese kleinen Körner sind die Basis für die Zukunft. In jedem Lebenszyklus formen sie die Art der Nahrungsmittel der Menschen, wie diese angebaut werden und wer sie anbaut« (LVC 2013:0). Daher gilt: Ohne Saatgutsouveränität keine Ernährungssouveränität!

Nun ist Saatgutsouveränität jedoch ein fast noch sperrigerer Begriff als Ernährungssouveränität, und auch dieses Konzept entzieht sich einer klaren Definition. Anstatt die Bedeutung von Saatgutsouveränität theoretisch herzuleiten, wagen wir einfach einige Blicke in die nächsten Kapitel. In diesen berichte ich in vielen Interviews und Streifzügen rund um die Erde von Menschen aus verschiedensten Initiativen, Projekten und Bewegungen, die mutige Schritte in Richtung Saatgutsouveränität gehen. Auf Seite 240 komme ich nochmals zusammenfassend auf die Frage zurück: Was ist eigentlich Saatgutsouveränität?

# Gewusst, wie? Saatgutwissen wiedergewinnen und weiterentwickeln

»Das Wissen über unsere Kulturpflanzen und über deren Erhaltung und Nutzung schwindet genauso schnell wie oder sogar schneller als diese selbst.«

Beate Koller*

Wie sehen eigentlich die Samen von Möhren, Kohl oder von Roter Beete aus? Wie werden diese Pflanzen vermehrt? Viele Menschen haben die kleinen Körnchen noch nie in den eigenen Händen gehabt oder sich noch nie Gedanken über Saatgut gemacht. Und am Gemüseregal im Supermarkt sehen wir nicht, dass es nicht nur eine orange Möhre, sondern hunderte Möhrensorten verschiedenster Farben und Größen gibt.

Selbst ausgebildete Gärtner und Bäuerinnen lernen in den gängigen Ausbildungen die Techniken des Samenbaus nicht mehr. Wozu auch? Die allermeisten Betriebe stehen unter hohem Zeit- und Produktionsdruck und haben sich spezialisiert (S. 198). Daher arbeiten sie fast ausschließlich mit Hybriden, mit denen kein Samenbau betrieben werden kann. Sie werden jedes Jahr neu hinzugekauft und Samenbauwissen wird nicht benötigt[41]. Viele Gärtnereien ziehen ihre Jungpflanzen nicht mehr selbst, sondern geben die Anzucht bei einem spezialisierten Betrieb in Auftrag. Die meisten Gärtnerinnen kommen also kaum in den Kontakt mit Saatgut. Vermehrung und Anzucht erscheinen als komplizierte Tätigkeiten, die nur von Spezialisten ausgeführt werden können. Und so verschwindet das Saatgutwissen selbst aus den Gärtnereien.

»Eigentlich müsste eine staatliche Ausbildung für Samenbau aufgebaut werden.[42] Aber es gibt ja schon für die ökologische Züchtung selbst kaum Geld, woher soll es dann für eine Ausbildung kommen?«, fragt Eva Gelinsky*. Vermutlich wird die nötige Finanzierung für eine gute Samenbau-Ausbildungsstruktur nicht so bald kommen. Die Agrarindustrie profitiert zu sehr davon, dass kaum mehr eine Gärtnerei selbst Samenbau betreibt.

**41** Das trifft insbesondere auf Gemüse zu. Bei Getreide werden häufig noch samenfeste Sorten verwendet. Hier entspricht das Ernteprodukt (z.B. Roggen) dem Saatgut (Roggensaat), daher kann ein Teil der Ernte als Saatgut aufbewahrt werden. Etwas über 50 Prozent der Getreidesaat in Deutschland wird durch Nachbau gewonnen.

**42** Der Verein Kultursaat bietet seit einigen Jahren eine berufsbegleitende Ausbildung zur ökologischen Gemüsezüchtung an: www.kultursaat.org.

Auch an den Universitäten werden keine bäuerlichen Methoden des Samenbaus und der Pflanzenzüchtung gelehrt. Stattdessen haben längst gentechnische Verfahren und andere molekulare und biotechnologische Züchtungsmethoden Einzug gehalten, erklärt Eva Gelinsky*: »Das fehlende Wissen ist ein Riesenproblem, auch für die großen Züchtungsbetriebe: Sie finden kaum Nachwuchs, der dann auch weiß, wie er ganz praktisch einen Zuchtgarten anlegt. Die Studenten lernen im Wesentlichen nur Labormethoden, das praktische Wissen wird ihnen kaum vermittelt. Auch das Akquirieren von Forschungsgeldern für die Pflanzenzüchtung ist inzwischen sehr schwierig, wenn man keine biotechnologischen Methoden anwenden will. Gelder sind nur zu bekommen, wenn die im Forschungsantrag aufgeführten Methoden dem neuesten Stand der Technik entsprechen. Jeglichen anderen Forschungsvorhaben fehlt dann das Geld.«

Ein weiterer Aspekt der fehlenden Wissensvermittlung ist, dass ohne Wissen auch keine Begeisterung weitergegeben werden kann. Wer kaum mit Samenbau in Kontakt kommt oder nur eine sehr abstrakte Vorstellung von diesem hat, kann auch keine Leidenschaft dafür entwickeln. Aber genau diese Leidenschaft brauchen Bäuerinnen und Gärtner, um die durchaus auch mühsame Saatgutgärtnerei in den Alltag integrieren zu wollen. Die nächsten Streifzüge und Gespräche erzählen von Menschen, die sich dafür einsetzen, Saatgutwissen und Leidenschaft zu entwickeln und weiterzugeben.

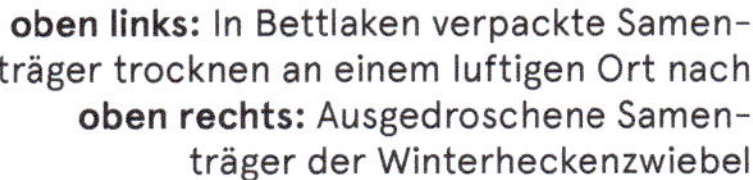

**oben links:** In Bettlaken verpackte Samenträger trocknen an einem luftigen Ort nach
**oben rechts:** Ausgedroschene Samenträger der Winterheckenzwiebel

**unten:** Die Samen der Winterheckenzwiebel werden mit einem Sieb von Blättchen und Stielen getrennt

Streifzug

## Interkulturelles Saatgutwissen

»Wir haben den Garten gegründet, um traumatisierten Frauen aus Bosnien und Herzegowina ein Stück Land geben zu können, um Zusammenhalt zu schaffen. Die Frauen haben von Anfang an Saatgut aus Bosnien mitgebracht. Oft waren das Bohnen, Kürbisse, Tomaten, Paprika, Okraschoten und Rosen«, erzählt mir Begzada Alatović*. Sie und ihre Mitgärtnerinnen probieren im Interkulturellen Rosenduftgarten in Berlin aus, welche von den zu Hause bekannten Pflanzen im hiesigen Boden und Klima wachsen. Als ich Begzada frage, ob die Pflanzen aus Bosnien in Berlin gut gedeihen, meint sie: »Ja, meistens schon. Manchmal sind die Pflanzen kleiner als in Bosnien, aber wir bekommen trotzdem Saatgut. Wenn es viel regnet, brauchen die Pflanzen mehr Aufmerksamkeit als in Bosnien. Letztes Jahr konnte ich wegen des Regens von den Okraschoten kein Saatgut selber gewinnen, dann habe ich wieder welche aus Bosnien mitgebracht.«

Auch die Gärtnerinnen und Gärtner der Internationalen Gärten in Göttingen säen Saatgut vieler Sorten aus ihren Herkunftsländern, wie mir Najeha Abid* erklärt: »Eine unserer Mitgärtnerinnen hat in Japan ihre Familie besucht und allen hier im Garten Sojabohnen mitgebracht. Ein anderer Gärtner bringt aus Äthiopien und anderen Ländern immer einen Korb voll Saatgut mit. Oder wir lassen uns Saatgut von unseren Verwandten schicken. So kultivieren unsere Gärtner aus Japan, Libanon, dem Iran, Marokko, Ägypten, Äthiopien, Vietnam, China und dem Irak viele Kräuter und Gemüse mit Saatgut von zu Hause! Manchmal findet das Saatgut seinen Weg von Verwandten im Exil über Bekannte in anderen Ländern bis zu uns. Viele unserer Gärtner ernten Saatgut in großen Mengen und tauschen es miteinander. Ich habe seit Jahren nur mein eigenes Saatgut verwendet oder das, was ich getauscht habe. So habe ich eine sehr besondere iranische Kresse bekommen, die unglaublich lecker ist, und Esslupinen, die man hier nirgendwo im Laden kaufen kann. Für uns Gärtner ist es eine große Freude, wenn wir hier Gemüse aus der Heimat ernten können, das verbindet.«

Auf vielen Parzellen der Interkulturellen Gärten ist der Samenbau fester und selbstverständlicher Bestandteil. Das berichtet auch Begzada aus dem Rosenduftgarten: »Ach, Saatgutgewinnung ist Alltag, das kommt alles nebeneinander. Die Frauen aus Bosnien haben eine alte Technik von zu Hause und machen das sehr gut. Wir reinigen mit Sieben, so wurde das in Bosnien gemacht, und dreschen mit dem Dreschflegel.« Als ich sie frage, ob sie ihr Wissen über Saatgut auch anderen weitervermittele, antwortet sie: »Ja, ich bin sehr froh, wenn ich mein Wissen an Studenten und Schüler weitergeben kann. Dafür bekomme ich Wertschätzung. Viele Ausländer haben ein gutes Wissen über

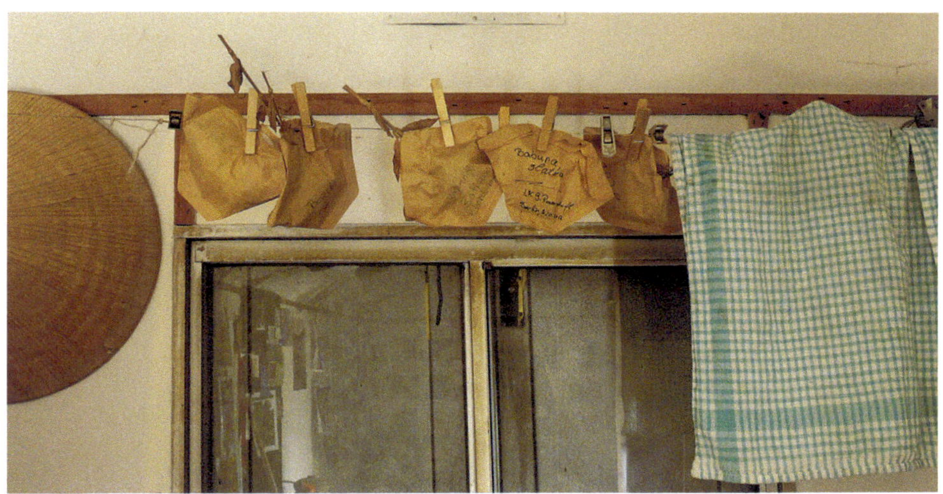

Im Rosenduftgarten Berlin wird Saatgut in Kaffeefilterpapier zum Trocknen aufgehängt

Saatgut, aber haben keine Möglichkeiten, dieses Wissen weiterzugeben.«

In vielen der Interkulturellen Gärten werden nicht nur Saatgutwissen, gärtnerische Tipps und Ideen weitergegeben, sondern auch Saatgut und Jungpflanzen. »Ich gebe das Saatgut gerne weiter, verteile und tausche es. Viele Menschen kommen zu Besuch, die freuen sich! Und wenn die Frauen alle zusammen im Garten sind, ist es wie ein Straßenfest: ›Hast du Paprika für mich, ich hab Tomaten‹, ... das ist sehr lebendig«, beschreibt Begzada. Sie erzählt weiter, wie immer mehr Sorten in die Gärten kommen: »Wir haben Bohnen aus Italien und Spanien bekommen, die kleine schwarze Bohne hat mir eine Frau aus Afrika gegeben. Ich habe mit 16 Bohnen angefangen, jetzt sind es über 30. Und sieben Rosen, mehr als 18 Kürbisse, 13 Tomaten, vier Kartoffeln, Sesam von einer asiatischen Frau, von einem älterem türkischen Mann haben wir Paprika bekommen, da haben wir jetzt neun Sorten.«

Erfolgreich gezogene Pflänzchen ergänzen den Speiseplan mit frischen Lebensmitteln, die in Deutschland häufig schwer zu finden sind. »Seit ich in den Gärten bin, kann ich einfach selbst anbauen, was es hier in den Läden nicht gibt«, beschreibt mir Najeha. Die Experimente mit Saatgut aus den Herkunftsländern haben also auch eine kulinarische Komponente, ermöglichen das Kochen von gewohnten Gerichten und erleichtern vielleicht den Alltag ein wenig.

Interview

# Sorten und Wissen erhalten und weitergeben – Der Verein zur Erhaltung der Nutzpflanzenvielfalt

## GESPRÄCH MIT URSULA REINHARD*, PATENSCHAFTSBETREUERIN BEIM VEN

Als in den 1980er Jahren die rasante Abnahme der Kulturpflanzenvielfalt bekannt wurde, gründeten sich europaweit Gruppen zum Erhalt dieser Vielfalt. Seitdem sammeln, sichten und vermehren diese Erhaltungsinitiativen seltene und gefährdete Kulturpflanzen. Interessierte Menschen können das Saatgut dieser Sorten auf Märkten, über Kataloge oder auf Saatgut-Tauschbörsen (S. 172) beziehen. Neben der Erhaltung der Sorten setzen sich die Gruppen für den Erhalt des Saatgutwissens ein und organisieren Samenbauseminare oder Kurse zu alten Obst- und Getreidesorten.

Eine der bekanntesten Initiativen in Deutschland ist der ›Verein zur Erhaltung der Nutzpflanzenvielfalt‹ (VEN). Saatgut von etwa 3.000 bis 4.000 Sorten lagert bei den Mitgliedern des VEN, die dieses vermehren und über eine Saatgutliste[43] weitergeben; Jahr für Jahr werden die Eigenschaften vieler Sorten zusammengetragen und in einer Datenbank erfasst. Zudem hat der VEN über viele Jahre ›Sortenpatenschaften‹ vergeben: Etwa 200 Sorten werden von ungefähr 300 Patinnen und Paten vermehrt! Allerdings wird das Konzept dieser Patenschaften derzeit überprüft. Ich habe mit Ursula Reinhard, Patenschaftsbetreuerin beim VEN, gesprochen.

Ursula Reinhard

### Ursula, was ist eine Sortenpatenschaft?

In den Patenschaften kümmern sich interessierte Personen um die Vermehrung auserwählter Sorten von Tomaten, Erbsen, Salat oder Bohnen. Die Paten bekommen vom VEN Saatgut dieser Sorten und sind im Laufe der Jahre verantwortlich für die Erhaltung und Beschreibung der Sorte. Das vermehrte Saatgut können die Paten

43 Die Saatgutliste ist online verfügbar unter www.nutzpflanzenvielfalt.de/saatgutliste/start.

selbst nutzen, müssen aber nach Absprache eine bestimmte Menge an den VEN zurückgeben. Auf diese Art kann der Samenbau ganz praktisch erlernt werden. Und wenn Sorten von vielen Menschen genutzt, geschätzt und gerne gegessen werden, werden sie sinnvoll erhalten.

**Und woher wissen die Patinnen, was sie zu tun haben?**

In den letzten beiden Jahren haben wir ein Einführungsseminar angeboten, damit die Patinnen und Paten von Anfang an klare Vorstellungen haben, was eine Patenschaft bedeutet. Lange Zeit haben die Leute ohne genaue Kenntnis ihrer Aufgaben Patenschaften angenommen. Es war unglaublich schwierig, die Paten waren oftmals enttäuscht und sprangen wieder ab, wenn etwas nicht klappte. Das Einführungsseminar war eine hilfreiche Idee. Hier zeigten wir, auf was sie zu achten haben und gaben erste Tipps zu den Sortenbeschreibungen. Früher haben die Leute den Beobachtungsbogen einfach zur Seite gelegt, nur Saatgut angebaut und gemeint, das sei ihre Aufgabe gewesen. Aber ein zentraler Bestandteil der Patenschaft ist die Beobachtung! Und es ist noch immer schwierig, eine gute Sortenbeschreibung zu erstellen.

**Was bedeuten Beobachtung und Sortenbeschreibung in der Patenschaft?**

Ich habe für die vier Kulturarten Beobachtungsbögen entwickelt, auf denen die Paten die verschiedenen Eigenschaften der Sorten eintragen und ankreuzen können. Zum Beispiel die Hülsenform bei Bohnen oder die Fruchtfarbe und -größe der Tomaten. Das ist Übungssache und dabei bieten wir auch Hilfe in Seminaren an.

**Also ist die Aufgabe der Paten nicht nur die Vermehrung der Sorten, sondern auch die Selektion nach bestimmten Eigenschaften?**

Ja, auf jeden Fall! Reine Erhaltung, bei der man die Sorte überhaupt nicht betrachtet, finde ich nicht sehr sinnvoll. Bei unserem Einführungsseminar ging es auch darum, welche Pflanzen man aussucht und wie man in welche Richtung selektiert. Ein paar Paten haben da auch total Lust drauf! Manche kreuzen sogar auch gezielt zwei Sorten, als Spielerei. Aber das ist nicht offizieller Teil der Patenarbeit.

**Braucht ihr denn noch Patinnen und Paten?**

Derzeit haben wir die Vergabe von weiteren Sorten gestoppt. Das Patenschaftsmodell ist zu umfangreich und zeitaufwändig – sowohl auf Seiten der Patinnen und Paten wie auch auf Seiten der Betreuerinnen und Betreuer. Aktuell suchen wir nach einfacheren Lösungen für die Patenschaften. Wir werden sehen, wie es weitergeht!

**Du bist nun schon seit mehr als 20 Jahren beim VEN aktiv. Was erfüllt dich an der Arbeit?**

Oh, vieles! Natürlich sind der Verlust der Kulturpflanzenvielfalt und die industrielle Landwirtschaft schwierige Themen, manchmal belastet mich das. Aber sobald ich auf dem Acker bin, ist alles gut, die praktische Arbeit macht viel Sinn und ermuntert mich. Und auch die Patenschaften können sehr bereichernd sein! Beispielsweise haben wir eine Bohnensorte in Patenschaft zu einer Förderschule in Bayern gegeben, wo Kinder und Jugendliche an das Thema herangeführt werden. Sie haben mir Bilder geschickt, was sie mit dem Saatgut angestellt haben! Sie hatten eine reiche Ernte, haben vor den Sommerferien davon gegessen und nach den Ferien waren die Samen reif. Die Kinder haben sich damit behangen, Spiele erfunden, mit Freude gekocht, es war ein totaler Erfolg. Sie haben zu Hause von den Bohnen erzählt und plötzlich wollten alle Saatgut haben! Irgendwann hat die Bohne sogar ihren Weg bis zur Verwandtschaft im Ausland gefunden… das ist so lebendig! Am Anfang wurde ich für meine Ideen belächelt, aber inzwischen sind sie zu einem Selbstläufer geworden.

**Worin siehst du die größte Herausforderung für den VEN in den nächsten Jahren?**

Bisher wird unser Saatgut vor allem von Hausgärtnern und Privatleuten genutzt. Unser Ziel sollte langfristig schon sein, in den kleinbäuerlichen Bereich hineinzukommen. Hier gute Kooperationen aufzubauen und eine genügende Qualität des Saatgutes zu sichern, das sind große Herausforderungen.

Streifzug

## Mit Schülerinnen lernen – Tausende Tomatenpflanzen für Komotini

In der Stadt Komotini im Nordosten Griechenlands, unweit der Grenze zur Türkei, ist Anfang Mai die beste Zeit, Tomaten zu pflanzen. Auf einem großen Platz stehen Schülerinnen und Schüler hinter Tischen, die vor Tomatenpflanzen nur so überquellen. Die Kinder halten Pflanzen in den Händen und preisen sie lauthals an – es ist ihnen ganz offensichtlich sehr wichtig, ihre Tomaten unter die Leute zu kriegen. Etwa 500 Menschen tummeln sich während des Nachmittags zwischen den Tischreihen, bestaunen die Pflanzen und nehmen glücklich welche mit nach Hause – ohne dafür bezahlen zu müssen.

Nikos Dompazis* schaut dem munteren Treiben zufrieden zu. Er ist Mitglied der griechischen Erhaltungsorganisation Peliti (S. 174) und Lehrer an einer Primarschule in Komotini. In seinem Unterricht behandelt er die Themen Saatgut und Vielfalt: »Das sind alles Kinder von Städtern, die haben dazu keinen Bezug mehr«. Daher sät er mit seinen Schülerinnen jedes Frühjahr Saatgut verschiedener lokaler Tomatensorten aus. Sie ziehen die Tomatenpflanzen gemeinsam auf, essen die Früchte und nehmen Saatgut. »So lernen die Kinder schon ganz früh, was geschieht, wenn man einen Samen in die Erde steckt. Das begeistert sie«, erklärt Nikos.

Einen Teil der Jungpflanzen jedoch verschenken sie gemeinsam mit der lokalen Peliti-Gruppe während dieses großen Festes in der Stadtmitte von Komotini. Was 2002 mit etwa 100 Pflanzen klein angefangen hat, ist mittlerweile groß geworden. 2014 beteiligten sich etwa 50 Lehrerinnen von unterschiedlichen Schulen in Komotini an dem Projekt. Und inzwischen ist die Idee über Komotini hinausgewachsen. Nikos ist im Jahr 2010 durch Griechenland gereist, hat in verschiedenen Städten das Projekt vorgestellt und weitere Lehrerinnen mit ihren Schulklassen dazugewonnen.

Ich frage Nikos, warum sie Jungpflanzen verschenken anstatt Saatgut. »Es hat einfach so begonnen, in der Schule. Seitdem machen wir das so. Viele der Leute, die zum Fest kommen, sind aus der Stadt, haben kein eigenes Land und wissen auch nicht viel übers Gärtnern. Da ist es einfacher für sie, wenn sie direkt Jungpflanzen bekommen.« Allerdings fände er es auch toll, wenn die Menschen in Komotini wieder lernen würden, selber Saatgut zu nehmen und eigene Jungpflanzen zu ziehen. »Solange wir ihnen immer Jungpflanzen schenken, werden sie nicht so motiviert sein!«, lacht Nikos. Daher überlegt die Peliti-Gruppe aus Komotini gerade, wie sie das große Fest in den nächsten Jahren umgestalten können, um den Menschen in Komotini mehr Anreiz zum Aufziehen der Pflanzen zu geben.

Tomaten-Jungpflanzenfest in Komotini

Streifzug

## Selbst gemacht – Saatgut von Tomaten und Salat

Das Gewinnen von Saatgut macht das Gärtnern ›rund‹: Man fängt das Gartenjahr mit den Samenkörnern an, und am Ende der Saison – oder auch im nächsten Jahr – hält man wieder Samenkörner in der Hand. Währenddessen lernt man die Pflanze mit ihren Vermehrungseigenschaften kennen und sieht vielleicht zum ersten Mal, wie ihre Samenstände wachsen. Dieser Prozess hat einen ganz eigenen Reiz und kann viel Spaß machen. Wer's noch nie gemacht kann, kann mit den einfachen Kulturen anfangen: Zum Beispiel mit Tomaten und Salat. Damit es im nächsten Jahr keine Enttäuschungen gibt, sollten keine Hybriden, sondern nur samenfeste Sorten verwendet werden.

Bei Tomaten funktioniert das Gewinnen von Samen folgendermaßen: Ein bis zwei vollreife und gesunde Früchte pflücken, aufschneiden und ihre Samen mit Saft und etwas Fruchtfleisch in ein Glas drücken. Etwas Wasser zugeben und zwei Tage stehen lassen, damit sich die Gallertschicht auflöst, die die Samen umgibt. Ab und zu umrühren und kontrollieren, dass die Samen nicht anfangen zu keimen! Danach viel Wasser zugeben und kurz stehenlassen: Die guten Samen setzen sich am Boden ab, die tauben können mit dem Wasser und den Fruchtresten abgegossen werden. Diesen Vorgang ein paar Mal wiederholen, dann die Samen in ein Sieb gießen und auf einem Kaffeefilter oder Küchentuch ausbreiten und trocknen lassen. In einem Glas luftdicht, trocken und kühl gelagert halten sich die Samen mehrere Jahre. Beschriften nicht vergessen!

Salatsamen sind so zu gewinnen: Einen gesunden und schönen Salatkopf stehenlassen, sodass er in die Blüte gehen kann. Die Blüten bilden kleine, schirmförmige Samen aus, die dann reif sind, wenn sie sich trocken anfühlen und beim Zerreiben zwischen den Fingern zerfallen. Die reifen Samen abzupfen und in einem Stoffbeutel zum Nachtrocknen an einem trockenen und luftigen Ort aufhängen. Danach die Samen im Beutel ausschlagen (›dreschen‹) und dann durch Sieben oder vorsichtiges Pusten die groben Stängel, Blattreste und tauben Samen von den guten Samen trennen. Die Samen trocken und kühl lagern, auch hier wieder das Beschriften nicht vergessen!

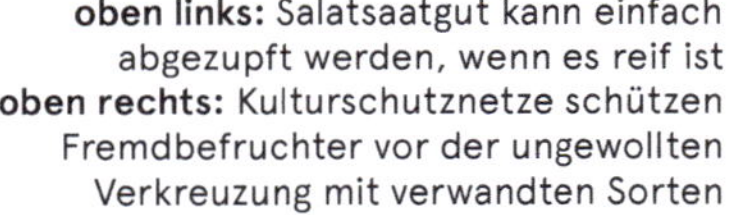

**oben links:** Salatsaatgut kann einfach abgezupft werden, wenn es reif ist
**oben rechts:** Kulturschutznetze schützen Fremdbefruchter vor der ungewollten Verkreuzung mit verwandten Sorten

**unten:** Hier wird das Saatgut von vier verschiedenen Tomatensorten im Wasserglas von der Gallertschicht befreit

# Vom Suchen und Säen: Bäuerliche Sorten aufspüren und verfügbar machen

»Wir haben in der neueren Geschichte viele Sorten Schlangenbohnen verloren, und Schlangenbohnen sind nur *ein* Nahrungsmittel. Erweitere diese Vielfalt auf jede Kulturpflanze, die auf dieser süßen Erde angebaut wird. Wir werden vom Verlust umlagert.«

Ray 2012:56, Üs. und kursiv AB

Wenn eine Sorte weg ist, ist sie weg. Und genau das passiert weltweit mit unzähligen bäuerlichen Sorten: Sie verschwinden immer mehr von den Feldern und aus den Gärten und Köpfen. In vielen Ländern des globalen Nordens sind bäuerliche Sorten fast nur noch bei älteren Menschen auf dem Land zu finden, die diese schon seit Jahrzehnten im Hausgarten anbauen.

Sara Baga* von der Organisation Gaia erzählt mir zum Beispiel über die Situation in Portugal: »Portugal ist eines der Länder in Europa mit der höchsten landwirtschaftlichen Vielfalt. Aber alle Sorten sind bei den ›viejitos‹, bei den älteren Menschen, und mit der Abwanderung der jungen Leute in die Stadt droht diese Vielfalt zu verschwinden«. Sie beschreibt, wie Mitglieder eines portugiesischen Erhaltungsnetzwerks jedes Jahr in eine ländliche Region Portugals fahren, um nach Sorten zu suchen: »Sie haben mehr als 50 Linsensorten bei den älteren Menschen in den Bergen im Norden Portugals gefunden!«

Auch in Ländern des globalen Südens, in denen der bäuerliche Anbau noch viel alltäglicher ist, werden die bäuerlichen Sorten immer mehr durch HR-Sorten und Hybriden ersetzt und verschwinden von den Äckern. Um diesen Entwicklungen entgegenzuwirken, beginnen Menschen an vielen Orten der Erde, die bäuerlichen Sorten zu suchen, zu vermehren, zu nutzen und in dezentralen Saatgutbanken aufzubewahren. Die nächsten Streifzüge und Interviews zeigen einige Beispiele.

Streifzug

## Reichtum in Bangladesh – Die Bäuerinnenbewegung Nayakrishi

Ich sitze auf der ›Saat macht Satt‹-Konferenz neben Farida Akhter*, Mitgründerin der Nayakrishi Bäuerinnenbewegung in Bangladesh. Erbost über viele Medienberichte über ihr Land erklärt sie mir: »Bangladesh ist kein armes Land! Wir sind so reich an Vielfalt, wie wird uns da jemand als arm bezeichnen? Wir haben zum Beispiel über 7.000 Reissorten!« Und so heißen die Gebäude der Nayakrishi-Bewegung, in denen Saatgut bäuerlicher Sorten aufbewahrt wird, auch ›Seed Wealth Centres‹, also Zentren des Saatgutreichtums. Diese Zentren sind auf Gemeindeebene von Bäuerinnen organisiert, die hier Saatgut lagern, dieses vermehren und anderen Bäuerinnen und Bauern der Region zur Verfügung stellen.

Doch diese Zentren sind nur ein kleiner Teil der Nayakrishi-Bewegung, die sich seit 1990 für eine vielfaltsbetonte, agrarökologische Landwirtschaft in Bangladesh einsetzt. Auch dort verdrängen seit der Grünen Revolution HR-Sorten, Hybriden und gentechnisch veränderte Pflanzen bäuerliche Sorten und Anbauweisen (S.79). Nayakrishi-Bäuerinnen wehren sich gegen diese Entwicklung und betonen: Wahrlich moderne Landwirtschaft setzt auf Mischkulturen, Fruchtwechsel und eine kluge Nutzung von Wasser, Energie und Nährstoffen. Zugleich sorgt die Bewegung dafür, dass die hierfür benötigten Fähigkeiten und Sorten erhalten bleiben, weiterentwickelt und verfügbar gemacht werden. »Die Kontrolle über Saatgut ist die Lebenslinie einer bäuerlichen Gemeinschaft« lautet eines der Prinzipien von Nayakrishi (Ubining 2015, Üs. AB). Das bestätigt mir auch Farida Akhter: »Die Konzerne wollen uns weismachen, unsere Sorten seien qualitativ schlecht! Doch die bäuerlichen Sorten wurden über tausende Jahre verwendet und sind bestens geeignet für unsere agrarökologischen und kulturellen Bedingungen.«

Und so sammeln die Nayakrishi-Bäuerinnen Saatgut von Sorten aus verschiedenen Regionen Bangladeshs, um diese für den bäuerlichen Anbau zu sichern. Zudem dokumentieren sie die bäuerliche Praxis der Saatguttrocknung und -lagerung, arbeiten mit Wissenschaftlerinnen zusammen und organisieren Weiterbildungskurse zur Samengärtnerei. Die Bäuerinnen des Netzwerks bewahren das Saatgut der von ihnen angebauten Sorten selbst auf und tauschen es untereinander. Zwei bis drei Haushalte im Dorf, die sogenannten ›Seed Huts‹, koordinieren die Saatgutaktivitäten der Region, kommunizieren zwischen den Bäuerinnen und stellen sicher, dass alle Sorten regelmäßig angebaut werden. Von diesen ›Seed Huts‹ und den ›Seed Wealth Centres‹ ausgehend bildet sich das Nayakrishi Saatgutnetzwerk, das inzwischen 19 Distrikte Bangladeshs umspannt und von über 300.000 Bäuerinnen und Bauern getragen wird. »Die Bauern müssen das Saatgut in ihren Händen halten. Saatgut ist der Schlüssel zur Ernährungssouveränität«, ergänzt Farida.

Xènia Torras mit lokalen, für Katalonien typischen Bohnensorten

Streifzug

## Dezentrale Saatgutbanken – Das Projekt Esporus in Katalonien

Ich stehe in einem kleinen Raum, ein paar Quadratmeter groß, und mir ist ziemlich kalt. Um mich herum reichen Regale bis an die Decke, jedes Fach ist voll mit gut geordneten und beschrifteten Gläschen, Tüten und anderen Behältern. »Das ist unser Saatgutarchiv«, erklärt mir Xènia Torras* vom Projekt Esporus in der Nähe von Barcelona. Ein professioneller Kühlraum, bei 50 bis 55 Prozent Luftfeuchtigkeit auf neun Grad gekühlt. Früher wurde die Temperatur auf sechs Grad reduziert, aber diese Absenkung wurde nun zu teuer. Ich selbst finde die drei Grad mehr für den Moment recht angenehm, doch für die hier lagernden Samen wären kühlere Temperaturen besser. Saatgut von 350 Sorten wird hier aufbewahrt, 70 Prozent davon sind lokale Sorten aus Zentralkatalonien. Die restlichen 30 Prozent der Sorten kommen aus Orten mit klimatischen oder kulturellen Ähnlichkeiten.

Xènia erzählt mir, wie beim Aufbau der Saatgutbank zwischen 2002 und 2004 Saatgut bäuerlicher Sorten aus der Region gesammelt und gesichtet wurden: »Die erste Phase ist Literaturrecherche. Man nimmt Bücher aus lokalen Bibliotheken, kirchlichen Beständen, Archiven von landwirtschaftlichen Zeitschriften und so weiter. In der zweiten Phase sucht man das Gespräch mit den Leuten vor Ort. Man geht zu den Bauern, macht Interviews, schaut sich deren Gärten an. Diese Phase hört nie auf! Wenn dann so ein Projekt einmal aufgebaut und bekannt ist, kommen die Menschen mit ihrem Saatgut oft automatisch. Im Jahr 2013 haben wir auf diese spontane Art acht neue Sorten dazugewonnen«. Und sie fügt hinzu: »Das große Problem ist, dass die Sorten alle in Händen von sehr alten Menschen sind. Es passiert regelmäßig, dass ich ein, zwei Jahre nach dem ersten Gespräch nochmal anrufe, weil ich eine Rückfrage zu einer Sorte habe, ein Detail wissen will. Und dann erinnern sich die Menschen nicht mehr, oder mussten wegen Krankheit in die Stadt ziehen. Schlimmstenfalls sind sie gestorben. Und die meisten konnten ihr Wissen nicht an ihre Kinder weitergeben.«

Xènia hat mehr als nur die Erhaltung der Sorten im Blick: »Es geht um die Erhaltung eines Teils der Kultur. Die Erhaltung des kulturellen Wissens ist das Schwierigste.« Gewisse Eigenschaften von bäuerlichen Sorten spielen eine wichtige Rolle bei einigen Gerichten. Es gibt beispielsweise eine Kürbissorte, mit der in Katalonien ein typisches Schmorkürbisgericht gemacht wird. »Wenn wir diese Sorte verlieren, wird es diese Art von Schmorkürbis nicht mehr geben.« Xènia gibt ein weiteres Beispiel für die Bedeutung bäuerlicher Sorten in der Region. Vor einiger Zeit wurde die Tomatensorte ›Tardío de Montaña‹ wiedergefunden. Diese kann in den Bergen Kataloniens in bis zu 750 Metern über dem Meer angebaut werden. Für viele andere Tomatensorten ist es dort schon längst zu kalt und der Sommer zu kurz, aber mit der Tardío haben die Bergbäuerinnen nun wieder eine für den Ort geeignete Tomate.

Der Anbau und die Vermehrung der Sorten aus der Saatgutbank wird von Xènia und einigen Freiwilligen durchgeführt. Xènia arbeitet zudem mit einigen Bäuerinnen zusammen, die auf ihren Fincas ab und zu eine Sorten vermehren. Ich erzähle von dem Patenschaftssystem des VEN (S. 144). Sie kennt das Prinzip, findet es aber sehr aufwändig: »Es braucht so viel Energie, die Paten zu betreuen. Die Menschen hier haben zum Großteil das Wissen nicht mehr und man muss sehr viel Zeit und Energie aufwenden, damit der Samenbau gut klappt. Wenn man 50 Paten hat und keine Zeit für eine gute Betreuung, bekommt man nur von einem der Paten Saatgut zurück. Nicht, weil die anderen es nicht wollen! Aber beim einen wurde aus Versehen geerntet, beim anderen kam das Schwein, beim nächsten das Huhn, der übernächste hat's vergessen, bei jemandem hat der Anbau nicht geklappt…«

Und so stemmen Xènia und ein paar Helferinnen die 350 Sorten allein. Dieses System hat Grenzen, dem stimmt auch Xènia zu: »Mehr als 400 Sorten dürfen es nicht werden, das macht keinen Sinn. Danach müssen wir die Bank teilen!« Doch ganz allein sind Xènia und ihre Leute zum Glück nicht. In Katalonien gibt es zwölf weitere lokale Saatgutbanken, gemeinsam organisiert im Katalanischen Saatgutnetzwerk.[44]

**44** ›Xarxa Catalana de Graners‹, www.graners.wordpress.com

Streifzug

## Es geht darum, dass sie leben! – Sortensuche in ostfriesichen Hausgärten

Reinhard Lühring*, Samengärtner bei Dreschflegel (S. 200), stellt auf einem Vortrag die Grünkohlsorte ›Ostfriesische Palme‹ vor. Er hat ein stolzes Anschauungsobjekt dabei, fast zwei Meter groß, mit krausen, tatsächlich an Palmen erinnernden Blättern. Ich muss lachen – der Gedanke drängt sich nur so auf und wahrscheinlich hört er den Witz andauernd – mit seinem Lockenkopf und seiner hochgewachsenen Statur sieht Reinhard seiner Ostfriesischen Palme irgendwie ähnlich. Er erzählt, wie er sich auf die Suche nach bäuerlichen Sorten der Gärten in Ostfriesland machte.

Reinhard Lühring mit hochstämmigem Grünkohl

2007 startete er eine Sammelreise mit dem Motorrad durch Ostfriesland: »Man sitzt höher als im Auto, um über die Hecken gucken zu können. Mit dem Fahrrad hab ich's auch gemacht, aber das dauerte doch sehr lang«, erzählt er lachend. Mit der Zeit entwickelte er einen Blick dafür, wie alte Sorten aussehen können und in welchen Gärten sie zu finden seien. Dann suchte er den Kontakt der Menschen in diesen Gärten, die sich zunächst oft wunderten. »Doch dann waren sie total glücklich, dass jemand kam, der sich für das interessiert, was sie immer schon gemacht haben und was ihnen wichtig war. Ihre Kinder machen das nicht mehr, sie gehen woanders arbeiten. Da entstanden ganz besondere Situationen mit den Menschen. Sie sind meistens ganz alt, 70 oder 80 Jahre. Sie waren total froh, dass sie mir das Saatgut geben konnten. Sie hatten das schon im Hinterkopf, dass sie die letzte Generation sind, die die Sorten vermehrt«. Und er ergänzt: »Es kommt dann auch vor, dass jemand stirbt, dann steht das Saatgut im Schrank, dann ist es halt weg. Es ist einfach so, dass sich sonst niemand darum kümmert.«

Zusätzlich zu seinen Sammelfahrten hatte er in Zeitungen über sein Vorhaben berichtet und dazu aufgerufen, sich bei ihm mit alten Sorten zu melden. »Beides ist wichtig bei der Suche und auch beides gleich effektiv. Es haben sich Leute auf Zeitungsanzeigen gemeldet, aber es haben sich auch viele Leute nicht gemeldet, die ich nur gefunden habe, weil ich durch die Dörfer gefahren bin.«

Auf diese Art hat Reinhard Saatgut von 180 ostfriesischen Sorten gesammelt: Hauptsächlich von Grünkohl, Bohnen und Zuckererbsen, aber auch von Neuseeländerspinat, Schalotten, Etagenzwiebeln und einige Stauden und Zierpflanzen. Immer wieder stellte er den Gärtnerinnen die Frage, warum sie diese Sorten anbauten. Manche sagten, dass neuere Sorten vielleicht besser seien, aber sie eben schon immer die alten gehabt hätten. Aber viele seien sehr überzeugt von ihren Sorten: »Warum sollen sie neue Sorten nutzen? Ihre Sorten sind ertragreich, gesund und haben einen guten Geschmack.«

An den Sorten hängen auch Traditionen und bestimmte Gerichte, wie beispielsweise die ›Updrögt Bohnen‹. Der Name dieser ›getrockneten Bohnen‹ beschreibt eine früher häufig verwendete Form der Konservierung, bei der die Bohnen getrocknet aufgefädelt und aufgehängt werden. Im Winter werden sie zerschnitten zu einem kräftigen Eintopf verarbeitet. Allerdings werde das heute kaum mehr gemacht, meint Reinhard: »Die Gastronomen in Restaurants wollen traditionelle Gerichte anbieten, aber es gibt diese Bohnen nicht mehr. Man kann nur grüne Bohnen kaufen und das Gericht kann so nicht mehr gekocht werden.«

Und dann zeigt Reinhard Fotos dieser ›stolzen Gärtner‹, wie er sie nennt: »Diese Menschen verkörpern ja eigentlich die Jahrtausende alte Kultur, von der immer geredet wird: Kulturpflanzen sind von Bauern und Gärtnern entwickelt worden. Die wissenschaftliche Züchtung haben wir erst seit 150 Jahren. Vorher sind die Sorten immer in kleineren Strukturen entwickelt worden. Das hier ist die letzte Generation der Menschen, die in Ostfriesland selber noch Saatgut gewinnen.«

Jetzt hat Reinhard also Saatgut von 180 Sorten von diesen Menschen bekommen. Er hat das Saatgut mit viel Mühe gesammelt, es wurde ihm mit großer Dankbarkeit und Vertrauen übergeben. Was für eine Verantwortung! »Ich würde natürlich am liebsten alle Sorten an Leute abgeben, die wieder eine eigene Haussorte haben wollen! Das ist das Kernthema, worum es mir in Zukunft geht, ich will kein Museum! Jetzt gerade habe ich eins, das ist auch spannend, aber darum geht's mir nicht. Es geht auch nicht darum, dass die Sorten in die Genbank kommen. Es geht darum, dass sie leben! Daran wollen wir in den nächsten Jahren arbeiten. Wir haben nun die Sorten einer bestimmter Region gefunden, jetzt geben wir das Saatgut an alle, die interessiert sind. Und allein dadurch, dass ich die Sorten gesammelt und darüber berichtet habe, entwickeln ein paar Leute Eigeninitiative. Sie entdecken die lokale Gartenkultur neu und fangen an, ostfriesische Sorten anzubauen und Saatgut zu gewinnen.«

**oben links:** Samenträger der Sonnenblume
**unten links:** Zuckererbsen

**oben und unten rechts:** Die Mondbohne, eine in wärmeren Ländern häufig verwendete Bohnensorte

Interview

## Wenn die Genbank in ihrem Auftrag versagt – Das Weizen-Notkomitee

### GESPRÄCH MIT JÜRGEN HOLZAPFEL*, LONGO MAÏ KOOPERATIVE HOF ULENKRUG

Die Genbank Gatersleben nordöstlich des Harzes ist mit rund 151.000 Pflanzenmustern von 3.200 Arten eine der größten Genbanken weltweit. Etwa 10 Prozent der in der Genbank lagernden Sorten werden jährlich im Gewächshaus und auf dem Feld angebaut, um ihre Keimfähigkeit zu erhalten. Seit 1952 wurden über 770.000 Saatgutproben an Züchterinnen, Institutionen, Erhalter, Bäuerinnen und andere Interessierte aus der ganzen Welt abgegeben (IPK 2015a). Pro Jahr werden derzeit ungefähr 15.000 Saatgutproben verschickt. Damit hat die Genbank eine immense Wichtigkeit und Tragweite.

Die Genbank in Gatersleben ist eine Abteilung des Leibniz-Instituts für Pflanzengenetik und Kulturpflanzenforschung (IPK); weitere Forschungsschwerpunkte bestehen in molekularer Genetik und Züchtungsforschung. Ab 1998 fokussierte das IPK zusammen mit Agrarkonzernen wie der BASF den gezielten Aufbau eines Biotech-Parks neben dem IPK. Seitdem wurden vom IPK sowie von den Unternehmen des Biotech-Parks zahlreiche Gewächshaus- und Freisetzungsversuche mit gentechnisch veränderten Pflanzen durchgeführt.

Diese Gentechnikversuche in der Nähe des Genbankgeländes sind sehr problematisch, da die Gefahr einer Verunreinigung der Bestände der Genbank besteht. Soweit bekannt, hat das IPK im Jahr 2006 die ersten Freisetzungsversuche mit gentechnisch verändertem Weizen durchgeführt. Weizen ist in dem Zusammenhang besonders kritisch, da die Genbank mit etwa 30.000 Weizenpflanzenmustern eine der weltweit größten Weizensammlungen besitzt (Gendreck-weg 2010:28f). Durch die Freisetzungsversuche mit gentechnisch verändertem Weizen sind unmittelbar alle Weizensorten gefährdet, die zur gleichen Zeit zur Vermehrung auf den Feldern der Genbank ausgebracht wurden.

Dies hat direkte Folgen für alle Bäuerinnen, die regelmäßig Proben aus der Genbank holen, um diese zu vermehren und anzubauen. Über diese Situation habe ich mit Jürgen Holzapfel* von der Longo Maï Kooperative Hof Ulenkrug gesprochen.

**Jürgen, wie haben euch die Gentechnikweizen-Freilandversuche des IPK beeinflusst?**

In der Zeit, als das IPK mit seinen Gentechnik-Freilandversuchen begann, haben wir hier auf dem Hof Sorten verwendet, die der VERN[45] aus der Genbank bezogen und vermehrt hat. Schnell kam die Frage auf: Wenn der VERN jetzt verunreinigte Sorten

45 Verein zur Erhaltung und Rekultivierung von Nutzpflanzen in Brandenburg: www.vern.de

aus Gatersleben bekommt, was machen wir dann? Gatersleben gibt weltweit unglaublich viele, zigtausende Saatgutproben ab. Mit den Gentechnikversuchen ist verbunden, dass Züchter und Bauern gar nicht mehr wissen, was für Material sie aus der Genbank bekommen. Wir beschlossen, dass die Dimension der Gefahr, die von Gatersleben ausgeht, erstmal breiter diskutiert und bekannt werden muss. Daher organisierten wir 2007 eine Europäische Konferenz in Halle.[46]

**Wurde auf der Konferenz auch besprochen, wie die Situation in anderen Ländern und Genbanken aussieht?**

Ja. Wir haben zum Beispiel einen Vertreter der russischen Genbank in Sankt Petersburg eingeladen, der erzählte, wie sie mit dem Thema Gentechnik umgehen. Genbanken kriegen Proben aus aller Welt – und wie können sie garantieren, dass diese nicht schon verunreinigt sind? In Sankt Petersburg haben sie eine ganze Abteilung geschaffen, die untersucht, aus welcher Region die Proben kommen und was da angebaut wird, um so das Risiko zu minimieren. Gatersleben hingegen geht ziemlich arrogant mit der Frage um. Der Direktor erklärte, sie seien alle Wissenschaftler, daher würde nichts passieren!

**Was waren eure Konsequenzen daraus?**

Auf der Konferenz haben wir versucht abzuschätzen und zu dokumentieren, welche Gefahr von Gatersleben ausgehen kann. Zum Schluss kam die Frage auf, wie wir darauf reagieren. Wir haben den Vorschlag gemacht, der mir bisher auch als der einzig sinnvolle erscheint: Wenn die Genbank nicht mehr ihre Aufgabe erfüllen und garantieren kann – das Erhalten von alten Sorten, damit man darauf zurückgreifen kann –, dann müssen wir das selber übernehmen (auch wenn wir das natürlich nicht in dem Ausmaß machen können wie die Genbank). So haben wir das Weizen-Notkomitee gegründet. Nach langem Hin und Her hat das IPK Proben aus den garantiert gentechnikfreien Rücklagen rausgerückt – aus dem Jahr 2006 etwas mehr als 400 Sorten und aus dem Jahr 2007 rund 500 Sorten. Das entspricht der Anzahl Weizensorten, die sie in diesen Jahren zur Erhaltung ausgesät hatten. Mit Hilfe des Getreidezüchters Peter Kunz[47] und vielen anderen haben wir dann angefangen, diese anzubauen.

**Wie ging es dann weiter?**

Wir haben nach Leuten gesucht, die uns bei dieser Arbeit unterstützen. Wegen der Feldbefreiungen[48] war das Thema damals

**46** Dokumentation der Konferenz: BUKO et al. (2008).

**47** www.getreidezuechtung.ch

**48** Im April 2008 überwanden sechs Feldbefreierinnen die Umzäunung eines Gentechnikweizen-Versuchsfeldes in Gatersleben. Zwar wurden sie von Wachschutz und Polizei unterbrochen, doch gelang es ihnen, das Feld so weit zu zerstören, dass der Gentechnikversuch abgebrochen werden musste. Die Aktivistinnen wurden zivil- und strafrechtlich verklagt.

In diesem Bäuerinnengarten auf dem Hof Ulenkrug blüht Feldsalat neben Salbei (links) und neben Mohn (rechts) ab und bildet Samen aus

in Medien sehr präsent. Daher haben sich ziemlich viele Landwirte und Privatgärtner gemeldet. Wir haben den Leuten die Anzahl Sorten geschickt, die sie gemeint haben übernehmen zu können. Wir haben zu regionalen Versammlungen eingeladen, um mit den Leuten zu reden, was das Vermehren bedeutet, wie man das am besten organisieren kann, welche Schwierigkeiten es gibt und so weiter.

**Und bekommt ihr von den Sorten, die ihr abgegeben habt, auch Saatgutproben zurück?**

Im ersten Jahr haben wir verlangt, dass die Leute Ähren und etwa 20 Gramm Weizenkörner zurückschicken. Wir haben dann die Ähren eingeschweißt und Beschreibungen gemacht, damit man eine Vorstellung von der Sorte hat. Das war eine große Dokumentationsarbeit!

**Waren die Sorten, die ihr vom IPK bekommen habt, denn alle aus Deutschland?**

In Gatersleben liegen Sorten aus der ganzen Welt, und wir haben Sorten aus vielen Ländern bekommen. Wir bauen hier schwerpunktmäßig die Sorten an, die auch ungefähr aus der Region kommen. Bei den anderen ist unser Ziel, Leute in den jeweiligen Ländern zu finden, aus denen die Sorten kommen. Das ist ein langsamer Prozess, der für uns mit manchen Ländern leichter ist als in anderen. In Frankreich kennen wir viele Menschen, aber Spanien und Portugal zum Beispiel waren schwierig. Ganz schwierig wurde es mit Indien und Pakistan. Aber wir haben beispielsweise jemanden aus Äthiopien kennengelernt, der dort regionale Sorten vermehrt und entwickelt. Der hat 30 bis 40 äthiopische Sorten von uns bekommen. Ein paar Sorten haben wir inzwischen auch in Indien untergebracht. Es ist jedoch relativ mühsam, Leute zu finden, mit denen dann über die Entfernung der Austausch klappt.

**Wie sieht denn die Situation des Weizen-Notkomitees heute aus?**

Die Dokumentation ist jetzt für alle Sorten fertig, das macht es leichter. Einige Sorten sind verloren gegangen, aber das hält sich noch in Grenzen. Jetzt machen wir weniger Lärm darum, weil wir einige Leute haben, die regelmäßig vermehren. Auch durch unsere Saatgut-Tauschbörsen (S. 176) kommen neue Leute dazu. Manche Leute hören natürlich auch auf, aber auf kleinem Niveau läuft das weiter.

**Wie ist die Position des IPK Gatersleben zum Weizen-Notkomitee?**

Das IPK hat uns irgendwann angeschrieben und gefragt, ob sie von uns Proben bekommen können. Sie wollten untersuchen, inwieweit sich die Sorten durch den Anbau verändert haben. Das kann ja an sich eine interessante und wichtige Arbeit sein. Und für die Genbank ist unsere Arbeit sowieso interessant, sie hat ja auch den Auftrag, ›in situ‹ Erhaltung zu betreiben und zu fördern (S. 82). Bestenfalls würde das IPK mit Bauern zusammenarbeiten und so die Erhaltung einiger Sorten auf dem Feld sichern. Aber so läuft es in Gatersleben nicht, das IPK hat kein bäuerliches Netzwerk. Und ein Bauer weiß nicht, was er mit einem kleinen Probetütchen von ein paar Gramm aus der Genbank anfangen soll. Es gibt daher nur wenige Bauern, die versuchen, eine Probe so hoch zu vermehren, dass sie das Saatgut auf dem Feld nutzen können. Diese Arbeit hat hier der VERN immer gemacht. Er stellt Saatgutmengen zur Verfügung, mit denen der Bauer dann wirklich was machen kann.

**Und wie habt ihr auf die Anfrage des IPK reagiert?**

Naja, das IPK stimuliert die Bauern nicht und wir wollten nicht als Alibistruktur fungieren. Nicht dass die nachher sagen können, sie hätten ein ganzes Netzwerk, das bäuerliche ›in situ‹ Arbeit für sie macht. Also haben wir die Zusammenarbeit verweigert. Zudem steht das IPK ja auch nach wie vor zu den Gentechnikversuchen. Wir haben geschrieben, solange sie sich nicht ganz klar von der Gentechnik distanzieren, arbeiten wir nicht mit ihnen zusammen.

# Auch, wenn es nicht erlaubt ist! Auflehnung gegen Saatgutgesetze

»Wir werden niemals diese perversen Gesetze befolgen. Denn wir werden nicht erlauben, dass das Aufbewahren von Saatgut und das Teilen von Samen zum Verbrechen erklärt wird, das ist unsere Pflicht.«

Vandana Shiva

Auf der ›Saat macht Satt‹-Konferenz im Mai 2015 spreche ich mit dem senegalesischen Aktivisten Famara Diédhiou* über alternative Saatgutsysteme und die Situation im Senegal. Er stimmt der oben zitierten Meinung Shivas zu: »Wir sollten nicht versuchen, unsere Saatgutsysteme zu formalisieren, nicht unsere Energie in all das stecken, das wir *nicht* dürfen! Wir sollten uns nicht auf die Strukturen der anderen einlassen, sonst spielen wir bald das gleiche Spiel. Wir brauchen andere Strukturen. Wenn der Großteil der Bevölkerung die absurden Saatgutgesetze nicht befolgt, kreiert sie ihre eigenen Gesetze!« Jack Kloppenburg*, Agrarsoziologe aus den USA, hört unserem Gespräch zu und pflichtet bei: »Es gibt keinen legalen Weg, die Probleme zu überwinden, denen wir aktuell im Bereich Saatgut gegenüberstehen.«

In Teil II dieses Buches beschreibe ich die Gesetze, die einen solch deutlichen Widerstand von Menschen aus verschiedensten Ländern hervorrufen (S. 101). Insbesondere in den Ländern, in denen es noch intakte bäuerliche Saatgutsysteme gibt, wird der Widerstand gegen die Saatgutgesetze immer größer. Aber auch in Deutschland wächst der Protest. Die nächsten Streifzüge und Interviews erzählen von Menschen, die sich gegen Saatgutgesetze auflehnen.

Streifzug

## Die Samenkörner frei mit den Bauern über die Felder wandern lassen – Der Kampf um freies Saatgut in Kolumbien

Im Jahr 2013 erlebte Kolumbien, was es bedeuten kann, wenn viele Menschen gleichzeitig sehr wütend werden. Ein Jahr zuvor hatten Kolumbien und die USA ein Freihandelsabkommen abgeschlossen. Die Auswirkungen auf die ländliche Bevölkerung und die lokalen Agrarstrukturen in Kolumbien sind verheerend. Die Importe hochsubventionierter Lebensmittel aus den USA haben zwischen 2012 und 2013 um 70 Prozent *zugenommen*, während die kolumbianischen Exporte in die USA um fünf Prozent *abnahmen* (Duranti 2013). Ein landesweiter Streik der Kaffeebäuerinnen im Frühjahr 2013 wurde im Sommer zu einem nationalen Bäuerinnenstreik, in dem es auch um Produkte wie Milch, Kartoffeln und Zwiebeln ging. Hinzu gesellten sich wütende Berg- und Industriearbeiter, indigene Gruppen und Afrokolumbianerinnen, die für ihre Rechte, ihr Land und gegen das immer wieder brutale Vorgehen des Militärs und der paramilitärischen Banden der Großinvestoren kämpften. In den Städten protestierten Studierende und Gewerkschaften für andere Gesundheits- und Bildungssysteme. Diese verschiedenen Proteste unterstützten und befruchteten sich gegenseitig und legten für mehrere Wochen das Land lahm (Osorio 2014).

Mitten in dieser angespannten Situation veröffentlichte Filmemacherin Victoria Solano den Dokumentarfilm *Documental 970*, der schnell über das Internet verbreitet und landesweit bekannt wurde. Der Film machte auch der städtischen Bevölkerung ein Thema zugänglich, welches vorher gänzlich unbekannt war: Die Auswirkungen des Freihandelsabkommens auf die bäuerlichen Saatgutsysteme. Was war geschehen?

Im Rahmen der Verhandlungen zu den Freihandelsabkommen mit den USA und auch der EU entwarf die kolumbianische Regierung die ›Richtlinie 970‹.[49] Diese schreibt vor, dass in Kolumbien nur noch Saatgut von zertifizierten Sorten verwendet werden darf. Jede Sorte, deren Samenkorn eine Bäuerin in die Erde legt, muss demnach beim kolumbianischen Institut für Landwirtschaft[50] (ICA) gemeldet werden. Hiermit wird die Jahrtausende alte Gewohnheit, Saatgut zu vermehren und weiterzuverwenden, über Nacht zu einer rechtswidrigen Handlung. Die Richtlinie 970 ignoriert und illegalisiert die alltägliche und selbstverständliche Praxis von 3,5 Millionen kolumbianischen Bäue-

**49** Diese Richtlinie wurde vorsätzlich als Verordnung und nicht als Gesetz geplant. Für die Verabschiedung eines Gesetzes müssen in Kolumbien die indigenen Gemeinschaften angehört werden, was so gezielt umgangen wurde.

**50** ›Instituto Colombiano Agropecuario‹.

rinnen, die seit Generationen lokale, nicht-zertifizierte Sorten vermehren und weiterentwickeln, Saatgut dieser Sorten tauschen und verkaufen und damit beträchtlich zur Produktion der Grundnahrungsmittel beitragen (GRAIN 2013, Solano 2012).

Die Richtlinie 970 schreibt vor, dass jede Person, die innerhalb der Lebensmittelkette tätig ist, sich beim ICA registrieren muss. Bäuerinnen müssen sowohl die Lage und Größe ihrer Äcker wie auch das jeweilige Aussaatdatum und das verwendete Saatgut melden. Diese Bedingungen gehen meilenweit an der Realität vieler Bäuerinnen vorbei, die selten Formulare ausfüllen und häufig nicht einmal Zugang zum Internet haben.

Ich habe mit der kolumbianischen Bäuerin und Saatgutaktivistin Cynthia Osorio* vom Netzwerk ›Hüterinnen der Samen des Lebens‹ gesprochen, die mir diese Situation wie folgt beschrieb: »Die Befürworter der Freihandelsabkommen haben Gewinner und Verlierer angekündigt. Die, die auf den Zug aufspringen, können gewinnen. Die, die nicht schnell genug hinterherrennen, werden zurückgelassen. In dieser Metapher weiß die Mehrheit der Kolumbianer nicht einmal, wie man rennt.« Und so wussten die betroffenen Bauern auch nichts von der Existenz oder dem Inkrafttreten der Richtlinie 970. Das ICA hatte gezielt darauf verzichtet, die Landbevölkerung zu informieren. Im Film *Documental 970* erklärt der Geschäftsführer einer Lokalzeitung, Juan Rodriguez: »[Die Bauern] wussten nicht, dass nun verboten war, was ihre Vorfahren, Großeltern, Eltern und sie selbst ihr ganzes Leben lang getan hatten: die besten Samen ihrer Ernte auszuwählen und zur erneuten Aussaat zu verwenden« (Solano 2012, Üs. AB).

Doch Unwissen schützt vor Strafe nicht. Mit Unterstützung des Militärs konfiszierte das ICA zwischen 2010 und 2012 etwa 4.200 Tonnen Reis-, Kartoffel-, Mais- und Weizensaatgut in verschiedenen Regionen Kolumbiens, zerstörte es und vergrub es in einer Müllhalde. Den Bäuerinnen und Bauern drohen zudem Geld- und Haftstrafen (ICA 2011, RSLC 2013:57).

Dieses brutale Vorgehen des ICA wird mit den vermeintlichen gesundheitlichen und ökonomischen Risiken begründet, die von nicht-zertifiziertem Saatgut nun plötzlich ausgehen sollen. Diese Gefahren bestehen angeblich auch, wenn Bäuerinnen sich in ihrer landwirtschaftlichen Praxis nicht nach den Vorgaben des ICA richten: »[Die Bauern] müssen *legale* Samen verwenden und sich an die durch *das ICA empfohlenen technischen Richtlinien* zu Aussaat und Handhabung [...] halten« (ICA 2010, Üs. und kursiv AB). Diese Formulierung verdeutlicht auch, dass mit dem Inkrafttreten der Richtlinie Saatgut jeglicher nicht-zertifizierten Sorte als schlichtweg ›illegal‹ angesehen wird.

Die heftigen Proteste im Sommer 2013 erreichten unter anderem, dass die

Regierung die Richtlinie 970 im September 2013 außer Kraft setzte und eine Überarbeitung ankündigte. Das war ein riesiger Erfolg! Allerdings entschärft der hierzu bisher vorliegende Entwurf die Situation nur marginal: Lokale Sorten werden von der Anwendung der Richtlinie ausgeschlossen – aber nur, solange ihr Saatgut nicht kommerzialisiert wird. Saatgut lokaler, bäuerlicher Sorten wird in Kolumbien jedoch aktuell nicht nur weitergegeben und für den Eigenbedarf aufgehoben, sondern auch verkauft: 85 Prozent des kommerziellen kolumbianischen Saatgutmarktes wird von diesen Sorten abgedeckt! All diese sollen der neuen Regelung nach also von zertifizierten Sorten abgelöst werden (Semana 2013).

Könnten die Bauern wiederum nicht einfach ihre Sorten zertifizieren lassen? Schwerlich. Auch in Kolumbien erfolgt die Zertifizierung anhand der DUS-Kriterien (S. 108). Bäuerliche Sorten jedoch sind nicht alle unterscheidbar, einheitlich und beständig! Abgesehen von den Kosten und dem bürokratischen Aufwand der Zertifizierung würden die Bäuerinnen mit ihren Sorten an diesen Kriterien zumeist scheitern. Allerdings wird von vielen Bäuerinnen in Kolumbien die Zertifizierung auch gar nicht erst in Erwägung gezogen. Während eines Treffens von 80 indigenen, afrokolumbianischen, bäuerlichen und sozialen Organisationen Kolumbiens entstand ein Grundlagenpapier, welches eine eindeutige Haltung gegen jegliche Eigentumsrechte, Zertifizierung oder sonstige Repression im Bezug auf Saatgut beschreibt:

»Wir akzeptieren keine Richtlinie, die geistige Eigentumsrechte auf Saatgut anwendet [...]. Wir fordern die Aufhebung der Richtlinie 970 und lehnen jegliche Richtlinie ab, welche diese ersetzen soll [...]. Wir erachten diese Beschlagnahmungen [von Saatgut durch das ICA] als illegal [...]. Wir fordern die Regierung auf, transnationale Unternehmen zu kontrollieren, die sich zertifiziertes und patentiertes Saatgut aneignen [und] den Markt monopolisieren [...]. Wir verpflichten uns, unser Saatgut zu erhalten, zu schützen und untereinander zu teilen; dies ist die beste Art gegen jegliche Plünderung vorzugehen und die Biodiversität zu erhalten [...]. Das Saatgut in den Händen der Bauern ist ein grundlegender Bestandteil [...] zur Gewährleistung unserer Souveränität und Autonomie angesichts der aktuellen Klimakrise. Deswegen hüten und tauschen wir [...] unsere Samen [...]. Für jedes beschlagnahmte Samenkorn sorgen wir dafür, dass ein neues keimen und gedeihen, sich vermehren, sich verbreiten und frei mit den Bauern über die kolumbianischen Felder wandern kann« (RSLC 2013:56f, Üs. AB).

Diese Worte machen deutlich, dass die kolumbianischen Bäuerinnen ihr Saatgut ›frei‹ und ohne jegliche Regulierungen nutzen wollen. Sie stellen selbstbewusst klar, dass sie ihr Saatgut sehr gut selbst gewinnen können und keinerlei Kontrolle hierüber dulden wollen. Dies ist vielleicht einer der größten Unterschiede zur Situation in Deutschland. Hier ist die Registrierung von Sorten und die Abhängigkeit der Bäuerinnen und Bauern von Saatgutkonzernen im Rahmen der Erwerbslandwirtschaft schon längst Normalität geworden.

Weltweit versuchen große Agrarkonzerne, eine Situation ähnlich der in Deutschland herzustellen. Dieser Prozess ist in jeder Region verschieden weit fortgeschritten und von Ort zu Ort unterscheidet sich die Situation der Menschen und ihrer Landwirtschaft. Trotz oder gerade aufgrund dieser Unterschiede ist die Entschlossenheit und Bestimmtheit der Kolumbianerinnen, sich ihre bäuerlichen Rechte nicht nehmen zu lassen, so ermutigend: »[S]o schrecklich diese Gesetze auch sein mögen, bisher sind sie nur Papier und Buchstaben. Sie werden es bleiben, solange wir fortfahren, unabhängig Nahrungsmittel zu produzieren. [...] Wir, die Bäuerinnen und Bauern des ganzen Landes, werden das komplette Gegenteil von dem tun, was uns die Gesetze vorschreiben. Angesichts der Privatisierung und Monopolisierung werden wir gewährleisten, dass die Samen nicht einen einzelnen Besitzer haben [...]; angesichts der homogenen Sorten werden wir die gesamte Vielfalt der Sorten auf unseren Äckern erhalten« (Grupo Semillas 2011:14f, Üs. AB).

## Streifzug
## Die eigene Ernte säen – Die IG Nachbau

Für viele Bäuerinnen und Bauern ist es das Normalste der Welt: Die eigene Ernte säen, also Saatgut von den angebauten Pflanzen zu nehmen und nächstes Jahr wieder auszusäen. Seit der Verschärfung der UPOV-Richtlinien 1991 ist in Deutschland genau diese bäuerliche Praxis für alle geschützten Sorten nicht mehr ohne Einschränkung erlaubt (S. 108). Ab nun müssen Bäuerinnen beim Nachbau, also der Wiederaussaat des selbstgewonnenen Saatgutes, Gebühren an die Züchterin der Sorte zahlen, wenn diese Sorte rechtlich geschützt ist. In Deutschland ist diese Regelung vor allem für Getreidebäuerinnen relevant, da diese über 50 Prozent ihres Saatgutes aus der eigenen Getreideernte gewinnen (Becker 2011:43). Doch um nachzuvollziehen, wer für welche Sorte wie hohe Nachbaugebühren zahlen muss, muss bekannt sein, wer was, wann und wie viel anbaut!

Zu diesem Zweck wurde im Jahr 1997 die ›Saatgut Treuhand Verwaltungs-GmbH‹ gegründet. Diese fungiert seitdem als Zentralstelle zur Datenerhebung und treibt die Nachbaugebühren ein. Sie versendet Fragebögen und Formulare an Bäuerinnen und Bauern, in denen alle Daten erfasst werden, die zur Kalkulierung der Nachbaugebühren nötig sind. Gegen diese Praxis schlossen sich Bäuerinnen und Bauern im Jahr 1997 in der ›Interessensgemeinschaft gegen Nachbaugebühren‹ (IG Nachbau)[51] zusammen (Schievelbein 2000:6).

In ihrem Protest wendet sich die IG Nachbau gegen die Ideen hinter den Nachbaugebühren: Eine Gebühr für die Erlaubnis zum Nachbau selbstgewonnenen Saatgutes erinnert sowohl strukturell als auch von den Auswirkungen her stark an ein Patent. Die Nachbaugebühren werden daher auch als ›Türöffner‹ für Patente gesehen. Zudem versucht die Saatgut Treuhand inzwischen, nicht nur von den Bäuerinnen selbst, sondern auch von Aufbereitern[52] und Saatgutverkäuferinnen Auskunft darüber zu bekommen, wer was anbaut. Eine mit den Nachbaugebühren legitimierte Auskunftspflicht soll es der Saatgut Treuhand möglich machen, sich einen kompletten Überblick über den Anbau der Bäuerinnen und Bauern zu verschaffen. Der ›gläserne Landwirt‹ liefert auf diese Weise alle wichtigen Informationen, die den großen Saatgutunternehmen zu noch mehr Macht zu verhelfen können.

Doch dies gelingt nicht ungehindert: Über 26.000 Bäuerinnen und Bauern weigern sich, Auskunft über ihren Anbau zu geben und die Gebühren zu zahlen. Die Saatgut Treuhand verklagte Tausende von ihnen, schrieb Drohbriefe und stellte Nachforschungen an. Die Prozesse wurden teilweise bis zum Europäischen Gerichtshof durchgeklagt. Im Jahr 2003 entschied dieser, eine pauschale Auskunftspflicht der Bäuerinnen und Aufbereiter sei illegitim. Die Bäuerinnen müssen nur dann Auskunft geben, wenn konkrete Anhaltspunkte vorliegen, dass sie eine geschützte Sorte nachgebaut haben (Schievelbein 2003). In ihrer fast 20-jährigen Geschichte hat es die IG Nachbau mit ihrem Kampf gegen den ›gläsernen Landwirt‹ geschafft, jede Menge Sand ins Getriebe der Saatgut Treuhand zu streuen und die bäuerlichen Rechte vor einem riesigen Kontrollapparat zu verteidigen.

**51** www.ig-nachbau.de

**52** Unter ›Aufbereitern‹ werden Betriebe verstanden, die Getreidesaat reinigen.

Interview

# Saatgut ist Leben mit einem großen Aufschrei – Bäuerliches Saatgut in Rumänien

## GESPRÄCH MIT NICOLAE LALU*, SAMENGÄRTNER, BAUER UND SAATGUTAKTIVIST

Mit Rumäniens Beitritt in die Europäische Union im Jahr 2007 hat sich etwas Maßgebliches verändert: Plötzlich gibt es 20 Prozent mehr Bäuerinnen und Bauern in der EU! Während in England 1,4 Prozent und in Deutschland 2,2 Prozent der Bevölkerung in der Landwirtschaft arbeitet, sind es in Rumänien 30 Prozent. Von den über vier Millionen rumänischen Bäuerinnen arbeiten nur etwa 0,2 Prozent in der industriellen Landwirtschaft. Der Großteil der Bäuerinnen betreibt auf kleinen Höfen Subsistenzlandwirtschaft (Knight 2010:6ff).

Rumäniens Landwirtschaft unterscheidet sich also stark von der in manchen anderen EU-Ländern! Und dennoch sollen mit der Überarbeitung der EU-Saatgutgesetzgebung dieselben Regelungen EU-weit gelten (S. 114). Ich habe im Jahr 2014 mit Samengärtner, Bauer und Saatgutaktivist Nicolae Lalu* von Eco Ruralis über diese Situation gesprochen.

### Nicolae, was ist Eco Ruralis?

Eco Ruralis ist eine rumänische Graswurzelorganisation, die 2009 gegründet wurde. Sie unterstützt die agrarökologische Entwicklung in Rumänien und ermächtigt Bauern, sich beispielsweise gegen Landraub[53] und gegen die Saatgutgesetzgebung zu wehren. Wir kämpfen für die Rechte der Bauern, ihr Saatgut zu nutzen, zu verkaufen, zu verteilen, zu verschenken, zu tun, was auch immer sie gerne damit tun wollen und was sie schon immer getan haben! Es kann nicht sein, dass uns dieses Recht genommen wird. Wir werden das nicht dulden. Die Konzerne führen einen Kampf gegen die Menschheit und gegen das Leben. Man darf die Menschen nicht von ihrem Saatgut trennen. Saatgut ist Leben, Leben mit einem großen Aufschrei!

### Was ist deine Aufgabe bei Eco Ruralis?

Ich pflege Sorten und vermehre das Saatgut. Ich habe insgesamt etwa 250 Sorten, davon ungefähr 100 Tomaten, 50 Paprika, 30 Bohnen, und ein paar Wassermelonen, Kürbisse. Manches von dem Saatgut verkaufe ich, anderes schicke ich an Eco Ruralis. Auf der Internetseite von Eco Ruralis wird veröffentlicht, von welchen Sorten es Saatgut gibt, und die Leute können es dort bestellen. Eco Ruralis verpackt und versendet das Saatgut. Jedes Jahr

53 Landraub ist aktuell eines der großen Themen in der rumänischen Agrarpolitik: Investoren kaufen dort riesige Agrarflächen, um Großbetriebe aufzubauen. Die 100 größten Agrarbetriebe Rumäniens verfügen über 500.000 Hektar Land. Ein Großteil dieser Betriebe gehören zu Tochtergesellschaften internationaler Unternehmen (Szoks et al. 2015:4). Hierdurch stieg der Preis für rumänisches Agrarland seit 2005 um etwa 1.800 Prozent (Böll et al. 2015:26).

werden so um die 300 oder 400 Päckchen Saatgut kostenlos verschickt. Es ist sehr wichtig, Saatgut zu teilen!

**Der Entwurf zur Überarbeitung der EU-Saatgutgesetzgebung von 2013 sah vor, selbst das Verschenken von Saatgut zu illegalisieren. Wie würde sich das in Rumänien auswirken?**

Ach, die Bauern kümmern sich nicht um die Autoritäten. Du kannst eine unsinnige Gesetzgebung keiner Bevölkerung aufzwingen, die sich nicht dafür interessiert! Momentan lassen sie uns, und wir lassen sie. In Rumänien ist es nicht möglich, die Bauern zu kontrollieren – wir haben fast fünf Millionen Bauern *(lacht)*! Jede Familie hat ihre eigene Sorte. Es ist unmöglich; es wäre ein bürokratischer Alptraum, uns zu kontrollieren!

Streifzug

## Kartoffelaufstand mit Roter Emma und Königin Linda

In den Anden setzen Bäuerinnen fünf, zehn oder auch 40 Kartoffelsorten in ein einziges Feld. Die Ernte sieht entsprechend bunt aus. Die einen gelb, die anderen rot, die nächsten lila, schwarz oder weiß, manche länglich oder groß, andere kugelrund, knubbelig oder klein. Aus der Andenregion sind über 4.000 Kartoffelsorten bekannt, die zum Teil bis in Höhen von 4.200 Metern über dem Meer wachsen (IPC 2015).

Die Vielfalt der Kartoffeln ist beeindruckend und wunderschön – und zudem überaus wichtig! Denn je mehr Sorten angebaut werden, desto schwerer können sich Kartoffelkrankheiten wie die Kraut- und Knollenfäule durchsetzen. Dieser Erreger vernichtete in den 1840er Jahren wiederholt große Teile der Kartoffelfelder in Irland, auf denen nur drei verschiedene Sorten wuchsen. Da Kartoffeln damals ein Grundnahrungsmittel waren, folgte eine große Hungersnot.

In Deutschland werden heute zwar mehr als drei Kartoffelsorten angebaut, dennoch sind es nicht gerade viele – vielleicht ein paar Dutzend? Auch hier und heute muss also suchen, wer Kartoffelvielfalt finden möchte – wie etwa im Sortiment des Kartoffelbauers und Züchters Karsten Ellenberg aus dem niedersächsischen Barum. Ellenbergs Sorte Violetta beispielsweise hat eine ovale Knolle mit blauer Schale und lila Fleisch; Annabelle ist länglich und hellgelb; das Fleisch von Heiderot ist rötlich, vom Blauen Schweden tiefblau und von der Marzipankartoffel rot-gelb gefleckt. Auch die von Ellenberg selbst gezüchtete Rote Emma macht mit rotem Fleisch und roter Schale ihrem Namen alle Ehre. Und dieser Name ist nicht zufällig gewählt: Ellenberg hat seine rote Kartoffel nach der Friedensaktivistin und Anarchistin Emma Goldmann benannt.

Noch eine weitere Kartoffel aus Ellenbergs Sortiment trägt eine explizit politische Botschaft und ist seit 2005 bekannter als viele andere Kartoffelsorten: Linda. Festkochend, buttrig und cremig, mit tiefgelbem Fleisch und intensivem Geschmack ist sie für viele eine Lieblingssorte und wird auch ›Königin der Kartoffeln‹ genannt. Einige mögen sich an einen Streit um Linda erinnern, doch was genau war passiert?

Die Firma Böhm/Europlant war Sortenschutzinhaberin (S. 108) der 1974 eingetragenen Kartoffelsorte Linda. Wer Pflanzkartoffeln von Linda verkaufen wollte, musste dafür Lizenzgebühren an Europlant bezahlen. Der Sortenschutz auf Linda galt 30 Jahre, also bis Ende 2004. Danach hätte jede Gärtnerin und jeder Bauer Linda gebührenfrei anbauen, vermehren und verkaufen dürfen. Schlechte Aussichten für Europlant! Die Firma wollte mit Verkauf und Lizenzeinnahmen an ihren neuen Kartoffelsorten verdienen, ohne die beliebte Linda in eigener Konkurrenz zu dulden. Da hieß es schnell handeln: Kurz vor Ablauf der Sortenschutzzeit zog Europlant die Marktzulassung für Linda zurück, die noch bis 2009 gegolten hätte. Damit war Linda ab 2005 nicht mehr in der Bundessortenliste geführt und durfte nicht verkauft werden – völlig unabhängig von ihrer Beliebtheit.

Mit dieser Situation wollte sich Karsten Ellenberg nicht zufrieden geben. Zusammen mit Bäuerinnen, Verbrauchern, Vereinen und Verbänden gründete er den Linda-Freundeskreis, der sich für die Rettung von Linda einsetzte.[54] Sowohl in Deutschland als auch in Großbritannien beantragte der Freundeskreis die Neuzulassung von Linda, und die Bäuerinnen bauten die Kartoffel in der Zwischenzeit entschlossen weiter an.

Die Firma Europlant ließ nichts unversucht und klagte gegen die Bäuerinnen und Bauern, die Linda weiter anbauten. Doch diese ließen sich nicht beeindrucken und ackerten weiter für die Kartoffelvielfalt. Mit Erfolg: Linda wurde 2009 in Großbritannien in den EU-Sortenkatalog zugelassen, 2010 folgte auch die erneute Zulassung in Deutschland. Da der Sortenschutz abgelaufen ist, ist Linda nun ›frei‹ und kann unbegrenzt vermehrt und verkauft werden.

54 www.kartoffelvielfalt.de/rettet_linda

# Schenk' mir Freiheit! Saatgut miteinander teilen und weitergeben

»Der freie Austausch von Saatgut zwischen Bauern ist die Grundlage der Erhaltung von biologischer Vielfalt sowie von Ernährungssicherheit. Dieser Austausch beruht auf Kooperation und Gegenseitigkeit [und] geht über den bloßen Tausch von Samen hinaus; er involviert den Austausch von Ideen und Wissen.«

Navdanya 2012:8, Üs. AB

»Das ist das Schönste an der Samengärtnerei, dieses *Vermehren*!« schwärmt Konrad Bucher*, Gärtner im Gemeinschaftsgarten des Ökologischen Bildungszentrums München (S. 183). Und Andrea Bertele* ergänzt: »Ich hatte mal eine Buschbohnenpflanze, von der habe ich *über 300* Kerne geerntet! Das ist eine immense Vervielfachung, von einem Kern auf 300!«

Saatgut in Hülle und Fülle, das ist etwas, was vermutlich fast jede Samengärtnerin kennt (S. 30). Aus einer Tomatenfrucht können so viele Samen geerntet werden, dass die Aufzucht nicht mehr auf den Balkon passt. Nimmt man Saatgut aller Tomatenfrüchte einer Pflanze, kann man mit den Jungpflanzen schon ein großes Gewächshaus füllen. Hat man zehn Tomatenpflanzen im Garten und nimmt von allen Früchten dieser Pflanzen die Samen, wird schnell völlig unklar, was man mit dieser Menge Saatgut machen soll. Will man nicht in die Tomatenmarkproduktion einsteigen, ergibt es sich ganz von selbst, das übrige Saatgut weiterzugeben.

Ein weiterer Grund für den Austausch von Saatgut ist, dass es nicht immer gelingt und auch sehr aufwändig ist, Saatgut für alle Pflanzen zu gewinnen, die man im nächsten Jahr wieder anbauen will. Da hilft es sehr, wenn man für ein paar Kulturpflanzen das Saatgut von der Nachbarin geschenkt bekommt! Zudem beugt der Saatgutwechsel Inzuchtdepressionen vor und hält die Sorte vital (S. 179). Ray nennt das die in den Samen »eingebaute Forderung nach Großzügigkeit« (2012:8, Üs. AB). Über ihre Reisen zu Samengärtnern und Bäuerinnen in den USA führt sie aus: »Bei meinen Nachforschungen habe ich Großzügigkeit als fast allgegenwärtigen

Charakterzug von Samengärtnern gefunden. Viele von ihnen erkennen, dass Saatgut weitergegeben werden muss, um die genetische Vielfalt zu erhalten« (Ray 2012:133, Üs. AB).

Das Verschenken und Tauschen von Saatgut ist aber nicht nur schön und praktisch, es stellt auch einen Kontrapunkt zum Profitstreben der Großkonzerne dar. Möglicherweise sind jedoch die persönlichen Kontakte das Wichtigste am Austauschen und Verschenken von Saatgut. Die entstehenden sozialen Beziehungen und lokalen Netzwerke können die Grundlage für Ernährungssouveränität sein (S. 133). Tatsächlich sind Saatgut-Austauschbeziehungen zentral in bäuerlichen Saatgutsystemen weltweit (S. 36).

### Organisiert Saatgut-Tauschbörsen!

Niemand muss darauf warten, dass jemand anderes eine Saatgut-Tauschbörse organisiert – man kann das einfach selbermachen! Je mehr solcher Tauschbörsen entstehen, je weiter sich die Idee verbreitet, umso mehr lokale Netzwerke können sich aufbauen. Eine kurze Ideensammlung zur Organisation von Tauschbörsen ist unter Saatgutkampagne (2014) zu finden. Ausführlichere Informationen gibt es zum Beispiel unter Seedy Sunday (2015). Auf der Internetseite der Saatgutkampagne (2015) sind verschiedene Tauschbörsen und andere Saatgutveranstaltungen in Europa aufgelistet.

Neben den Tauschbörsen gibt es auch weitere Ideen des Saatguttausches. Zum Beispiel können kleine Saatgutboxen an öffentlich zugänglichen Orten aufgestellt werden. In diese können Tütchen mit nicht benötigtem Saatgut hineingelegt und von anderen herausgenommen werden.

Auf www.freiessaatgut.de sind Bauanleitungen und eine Karte mit bisher bekannten Standorten dieser Boxen in Deutschland zu finden. Und wer im Internet bei gängigen Suchmaschinen unter Begriffen wie ›Saatgut tauschen‹ stöbert, wird weiter fündig werden.

## Saatgut-Tauschbörsen

Die Mutter einer Gemeinschaftsgärtnerin aus Köln erzählt mir, wie alltäglich das Weitergeben und Tauschen von Saatgut für sie war: »In meiner Kindheit auf dem Land, da wurde geguckt was der Nachbar hat, und dann wurde getauscht. ›Ach, ich hab gesehen, du hast das und das, das ist bei dir viel besser geworden als bei mir.‹ Dann hat man was anderes dafür gegeben, hat getauscht! Das war so selbstverständlich, ganz normal. Das waren da schon die kleinsten Saatgut-Tauschbörsen!«. Diese ›Tauschbörsen‹, die in bäuerlichen Gemeinschaften ganz alltäglich stattfinden, halten nun als große und kleine Veranstaltungen Einzug in viele Städte.

Doch wie kann in einer Situation wie in Deutschland, wo kaum mehr jemand über ausreichend Saatgutwissen verfügt (S. 139), eine gewisse Qualität des Saatgutes gesichert werden? Bei Saatgut-Tauschbörsen kommt schnell die Frage auf, ob das getauschte Saat-

Verschiedene Bohnensorten auf einer Tauschbörse

gut denn überhaupt ›gut‹ sei. Zwar gelten im Garten oder in kleinbäuerlichen Strukturen andere Qualitätsansprüche als in der industriellen Landwirtschaft. Dennoch ist es auch hier schade und ärgerlich, wenn nicht das Erwartete in der Packung ist, wenn das Saatgut nicht keimt oder wenn es krank ist. Wenn man Saatgut tauschen möchte, ist es also durchaus sinnvoll, sich grundlegendes Wissen über den Samenbau anzueignen.

Genau das machen viele Menschen, sie sind am Ausprobieren und Wiedererlernen. Daher ist es momentan auf Tauschbörsen tatsächlich oft schwer zu sagen, ob das Saatgut gut ist. Doch wer sich mit den tauschenden Bäuerinnen und Samengärtnern unterhält, bekommt vermutlich ein gutes Bild davon, wie erfahren sie sind und auf was sie geachtet haben. Auch kann es schön sein, einfach spielerisch mit dem getauschten Saatgut umzugehen und sich überraschen zu lassen. Wer Saatgut für die Gärtnerei oder den landwirtschaftlichen Betrieb tauschen will, macht das eben mit vertrauten Menschen, von denen bekannt ist, wie sie Samenbau betreiben. Generell gilt immer wieder die Frage: Welche Qualität für welche Landwirtschaft? Wer hoch keimfähiges, 100 Prozent sortenreines, vielleicht sogar kalibriertes[55] oder gar pilliertes Saatgut (S. 94) für den industriellen Anbau sucht, wird auf den meisten Tauschbörsen nicht glücklich werden.

55 Kalibriertes Saatgut wird durch bestimmte Siebvorgänge nach Korngrößen sortiert, sodass die maschinelle Aussaat erleichtert wird.

Streifzug

## Alles geschenkt! – Das Peliti-Saatgutfest in Griechenland

Nach und nach trudeln Menschen in dem kleinen Dorf Mesochori im Nordosten Griechenlands ein. In einigen Tagen wird hier ein großes Saatgutfest stattfinden, vielleicht das größte in Europa. Aktivistinnen, Bauern, Hausgärtnerinnen und andere Interessierte aus dem griechischen Erhaltungsnetzwerk Peliti[56] treffen sich schon jetzt, um dieses Fest gemeinsam vorzubereiten. Und um zu reden, Neuigkeiten auszutauschen, und abends mit Musik und Tanz zu feiern.

»Diese Tage sind großartig für mich«, strahlt einer der Aktivisten. »Hier treffe ich einmal im Jahr lauter tolle Menschen, gute Freunde, wir sind wie eine Familie.« Gleichzeitig wird von früh morgens bis spät abends vorbereitet: Stände müssen aufgebaut, Essen und weitere tausend Kleinigkeiten organisiert werden. Und Saatgut will verpackt werden! In ganz Griechenland gibt es Peliti-Gruppen, in denen gegärtnert und Saatgut erzeugt wird. Aus diesen lokalen Gruppen kommen jedes Jahr einige Menschen zu dem Fest nach Mesochori und bringen das von ihrer Gruppe erzeugte Saatgut mit. Dieses wird dann in der Vorbereitungszeit von Hand in kleine Tütchen abgefüllt, verpackt und mit einem Etikett mit Sortennamen, Herkunftsort und Nummer versehen. Die Saatguternte von anderen wird bei dieser Gelegenheit eingehend bestaunt; es wird viel geredet und gelacht. Über den Tisch fliegen griechische und englische Satzfetzen hin und her, selbst Nicht-Griechischsprachige wie ich können bald das Wort Bohnen (›Fisolen‹) und die jeweilige Sorte (zum Beispiel ›Zargania‹) perfekt aussprechen.

Während das Verpacken des Saatgutes eigentlich ›nur‹ eine Vorbereitung für das große Fest ist, findet im Nebenher gleichzeitig ein großer, bunter und ziemlich professioneller Saatgut-Tausch statt. Niemand verpackt einfach nur blind! Die Verpackerinnen schauen genau, welches Saatgut sie gerade umfüllen, woher dieses kommt und ob es sich für ihren eigenen Garten eignen würde. Die Samengärtnerinnen sind zum Teil selbst vor Ort und erzählen bei Nachfrage gerne etwas zu ihren Sorten. Wer neugierig wird, kann sich jederzeit Saatgut abfüllen.

Während des fröhlichen Verpackens werden plötzlich verärgerte Stimmen laut. Eine Kiste Bohnen ist von Käfern befallen, die nun munter über die Tische krabbeln. Auch bei Peliti ist Qualitätssicherung ein Thema! Eine heiße Diskussion beginnt: Sollen die nicht befallenen Bohnen aussortiert und verpackt werden? Wir schauen uns den Befall genauer an, es sind viel zu viele zum Aussortieren. Eine Frau weiß sofort, wie das Schlimmste hätte verhindert werden können: Einfach die Bohnen

56 www.peliti.gr

Auf dem Peliti-Saatgutfest werden Abertausende Saatguttütchen verschenkt

nach dem Ernten zwei Wochen einfrieren. Dafür ist es nun zu spät. Wir schauen in weitere Saatgutpackungen des gleichen Gärtners, und auch diese sind befallen. Zudem ist das Saatgut schlecht gereinigt, verklebt oder sogar vermischt mit Saatgut anderer Sorten – es kann nicht verwendet werden. Die Anwesenden ärgern sich sichtlich, zumal bei diesem Gärtner wohl schon häufiger Probleme aufgetreten sind. Alle sind sich einig, dass mit ihm gesprochen werden muss.

Hier hat durch das gemeinsame Verpacken zumindest eine visuelle Qualitätssicherung des Saatgutes stattgefunden. Fast alle im Peliti-Netzwerk oder zumindest in den lokalen Gruppen kennen sich. Beim Fest wird nur Saatgut von registrierten Samengärtnerinnen und Bauern akzeptiert. Daher ist es leicht zurückzuverfolgen, von wem das Saatgut kommt. Als ich frage, ob die Qualität des Saatgutes noch auf anderem Wege überprüft wird, wehrt eine der Aktivistinnen vehement ab: »Wir leben hier noch in einer ›heilen Welt‹, kennen uns und vertrauen einander. Anders würde das ganze Konzept von Peliti gar nicht funktionieren, dann müssten wir mit Kontrollen anfangen«.

Am Tag des großen Saatgutfestes kommen tausende Menschen aus der Umgebung, um sich aus den unglaublichen Mengen einige wenige Tütchen Saatgut auszusuchen. Das Prinzip ist: Alles wird verschenkt! Es gibt auch kostenloses Essen, gekocht aus Nahrungsmittelspenden von Bäuerinnen der Umgebung. Währenddessen werden Reden gehalten, Saatgutaktivistinnen und Bauern aus Rumänien, Bulgarien, Indien, Portugal, Zypern und vielen weiteren Ländern erzählen von der Situation in ihren Ländern. Zu verschiedenen Themen werden Workshops angeboten, und im Anschluss wird mit Blick auf die umliegenden Berge zu Livemusik ausgelassen Sirtaki getanzt.

Interview

# Das Schönste ist, dass die Leute reden – Saatgut tauschen in Mecklenburg-Vorpommern

## GESPRÄCH MIT JÜRGEN HOLZAPFEL*, LONGO MAÏ KOOPERATIVE, HOF ULENKRUG

Die Longo Maï Kooperative Hof Ulenkrug liegt gefühlt irgendwo im Nirgendwo in Mecklenburg-Vorpommern. In ihrer Umgebung werden riesige agrarindustrielle Farmstrukturen aufgebaut, die ganze Region ist von Landraub (S. 26) betroffen. Viele Menschen wandern in Städte ab und rechtsextreme Gruppierungen versuchen, die Situation für sich zu nutzen. In diesem Umfeld üben sich die Bewohnerinnen und Bewohner des Hofs Ulenkrug in solidarischen Lebensformen und gestalten gemeinschaftlich einen Ort des Widerstands. Neben autonomen Strukturen, wie beispielsweise Bäckerei, Schlachtraum, Obstpresse, Wasser- und Energieversorgung werden auf dem Hof auch Gemüse, Getreide und Kartoffeln für die Selbstversorgung und zur lokalen Weitergabe produziert. Seit einigen Jahren findet auf dem Hof auch eine Saatgut-Tauschbörse statt. Ich habe mit Jürgen Holzapfel* hierüber gesprochen:

**Wann habt ihr zum ersten Mal eine Saatgut-Tauschbörse veranstaltet?**

Vor acht Jahren. Wir haben das ganz klein in der Zeitung angekündigt, und schon beim ersten Mal sind 60 bis 80 Leute gekommen. Sie wussten aber eigentlich nicht genau, was eine Saatgut-Tauschbörse ist. Danach hat sich herumgesprochen, dass man selber Pflanzen und Saatgut mitbringen kann: Wir bauen Tische auf, und die Leute stellen sich mit ihrem Saatgut dahinter und erzählen was zu ihren Sorten. In den Jahren danach kamen mehr Leute, und es wurde auch mal im regionalen Fernsehen davon berichtet.

**Kommen zu eurer Tauschbörse eher Hausgärtner oder auch Kleinbäuerinnen?**

Viele Hausgärtner, aber auch Kleinbauern. Die kleinbäuerliche Dimension umfasst hier etwa einen Hektar Land. Das sind Leute, die Getreide, Kartoffeln und oft relativ viel Gemüse anbauen. Es gibt auch einzelne, eher gemeinschaftliche Projekte, beispielsweise auf der Ebene eines Dorfes, wo sich die Leute zusammentun und aufteilen, wer was vermehrt. Und inzwischen sind in unserer Umgebung sechs Saatgut- und Pflanzen-Tauschbörsen entstanden. Das entspricht einem Interesse von Leuten aus der Region, das sonst gar nicht beantwortet wird. Sonst ist hier immer die Rede von Großbetrieben, und dass die Landwirtschaft rentabel sein muss. Aber es gibt hier noch Leute, die Kleinlandwirtschaft und Selbstversorgung betreiben.

Durch die Tauschbörsen haben wir Initiativen kennengelernt, die sich zum Beispiel mit alten Tomaten- oder Beerensorten beschäftigen.

**Wie stellt ihr sicher, dass das getauschte Saatgut ›gut‹ ist?**

Das Saatgut, das wir für unseren eigenen Anbau brauchen, vermehren wir selbst. Und was wir zu viel haben, geben wir ab. In dem Moment, wo wir sagen, dass wir das Saatgut auch selber verwenden, ist auch das Vertrauen der Leuten da. Das Schöne bei den Tauschbörsen ist ja, dass die Leute davon reden, welche Erfahrung sie mit der Sorte gemacht haben, wie das mit der Vermehrung geht, von wann das Saatgut ist, warum sie zu viel haben und so weiter. Es geht nicht darum, was auf dem Tütchen steht! Meistens nehmen sich die Leute ein Stückchen Papier, falten es zusammen und schreiben drauf, was du ihnen erzählt hast.

**Und bekommt ihr auf den Tauschbörsen auch neue Sorten, die für euren Hof interessant sind?**

Es gibt immer wieder Leute, die spannende Sorten bringen. Da heißt es dann, der und der hat eine Tomate aus Sibirien von Verwandten mitbekommen, die müssten wir unbedingt auch mal probieren. Wir haben eine Gurke aus Osteuropa bekommen, und auch im Bereich Trockenbohnen bringen die Menschen viel Spannendes. Die Frage ist dann am Ende eher, wie viele Sorten wir davon selber auf Dauer weiterführen können!

Auf dieser Tauschbörse gibt es Bohnen zum Selbstabfüllen

Interview

# Seedy Sunday, der Samen-Sonntag in Großbritannien

## GESPRÄCH MIT PAT BOWEN* VON SEEDY SUNDAY

Ich bin auf einem ›Reclaim the Seeds‹-Fest[57] in Groningen, Niederlande. Neben einer großen Saatgut-Tauschbörse ist der Veranstaltungsplan vollgepackt mit Vorträgen, Workshops und Filmvorstellungen. Und wieder einmal sind Menschen aus mehreren Ländern gekommen, um zuzuhören, zu diskutieren und Saatgut zu tauschen. So habe ich auch die leidenschaftliche Gärtnerin Pat Bowen* getroffen, die den einmal jährlich stattfindenden ›Seedy Sunday‹ in Großbritannien mitorganisiert.

**Pat, beschreibe doch bitte kurz den Seedy Sunday.**

Seedy Sunday hat vor 13 Jahren ganz klein und ganz lokal begonnen. Bauern haben ihr Saatgut mitgebracht, es auf einem Tisch ausgelegt und sich von anderen etwas genommen. Dann wurde es größer, dazu kamen Hausgärtner und ein paar Saatgutunternehmen. Dieses Jahr waren mehr als 3.000 Menschen dort, inzwischen ist die Tauschbörse eine der größten Veranstaltungen in Brighton. Das Herz der Veranstaltung ist immer noch der Saatgut-Tausch, aber es ist alles etwas kommerzieller geworden. Sehr viele Unternehmen und politische Gruppen bauen inzwischen ihre Stände auf.

**Und warum bist du heute hier beim Reclaim the Seeds Fest in Groningen?**

Ich bin gekommen, weil bei uns schon immer Zweifel über die Qualität des Saatgutes auf Tauschbörsen besteht. Ich wollte mal schauen, wie hier damit umgegangen wird.

**Und hast du etwas darüber erfahren?**

Auf der Tauschbörse gestern habe ich gesehen, dass es nur einen kleinen Tisch gab, auf dem Einzelpersonen ihr Saatgut auslegen konnten. Alle anderen Tische waren besetzt von Organisationen, die ihr Saatgut sehr sorgfältig vermehren und wissen, was sie tun. Das ist etwas ganz anderes, wir haben so etwas nicht.

**Wie macht ihr das denn?**

Zum Seedy Sunday kommen ganz viele Einzelpersonen. Seedy Sunday ist immer komplett offen und inklusiv gewesen, alle können Saatgut mitbringen. Wir sehen auf der Tauschbörse keine Möglichkeit, zwischen gutem, sorgfältig vermehrtem und altem oder schlecht vermehrtem Saatgut zu unterscheiden, ohne die Veranstaltung exklusiv zu machen.

**Also werden auch Hybriden getauscht?**

Oh nein, es werden keine Hybriden akzeptiert, das ist ganz klar.

57 www.reclaimtheseeds.nl

Pat Bowen, während sie die Bohnensorte ›Trails of Tears‹ sät, die ursprünglich von den Tsalagi-Indigenen aus Nordamerika kommt

**Und wie geht ihr mit euren Zweifeln um?**

Letztendlich ist es eine Frage des Wissens. Vermutlich hat niemand auf der Tauschbörse Interesse daran, ›schlechtes‹ Saatgut unter die Leute zu bringen. Die Menschen müssen einfach wieder lernen, wie Saatgut richtig vermehrt wird. Eine Idee hierfür haben wir von der Real Seeds Internetseite: Die ›seed circles‹, Saatgutringe.[58] Ein Saatgutring läuft bei uns nun seit einem Jahr, mit acht oder neun Mitgliedern. Wir entscheiden gemeinsam, welche Sorten von wem in dieser Saison vermehrt werden. Alle vermehren etwas anderes, und alle vermehren genug, so dass es auch für die anderen reicht – theoretisch! Wir sind hier am Lernen *(lacht)*. Ein weiterer Vorteil der Saatgutringe besteht darin, dass bei Fremdbefruchtern die nötige Bestandsgröße zur Vermeidung von Inzuchtdepressionen (Kasten S. 52) indirekt eingehalten werden kann: In der Stadt hast du normalerweise keine Möglichkeit, aus einem Bestand von 50, 100 oder mehr Pflanzen einige zu selektieren und diese gemeinsam abblühen zu lassen. Aber wenn an vielen Orten dieselbe Sorte angebaut und das Saatgut danach vermischt und weitervermehrt wird, hat man ein ähnliches Ergebnis.

**Trefft ihr euch regelmäßig, oder nur bei der anfänglichen Absprache?**

Wir treffen uns einmal im Monat, direkt in den Gärten der Mitglieder. Wir schauen uns gemeinsam an, was sie machen – nicht, um zu kontrollieren, sondern um zu unterstützen. Auf diese Art können erfahrene und nicht so erfahrene Menschen in einem Saatgutring mitmachen. Es ist großartig, so können Ideen ausgetauscht und Fragen gestellt werden. Aber wir fangen gerade erst an, ich habe beim letzten Seedy Sunday das Konzept vorgestellt. Wer weiß, mal sehen wie es weitergeht!

**58** www.realseeds.co.uk/seedcircle.htm

# Saatgut in urbanen Gärten

»Nehmt, was ihr habt, Leute, ob Kartoffeln, Tomatensamen […], und steckt es in die Erde! Experimentiert, macht euch schlau, gewinnt Erfahrung!«

Rasper 2012:142f

»Für die Leute in den Städten ist Saatgut heute sehr weit weg«, bringt es Aktivistin Sara Baga* von der portugiesischen Organisation Gaia (S. 150) auf den Punkt. Und sie ergänzt: »Lange wurde die Selbstversorgung und die bäuerliche Tätigkeit verächtlich als etwas angesehen, was nur arme Menschen machen, was Dreckiges. Auch die urbanen Gärten hier entstanden aus der Not heraus. Nun versuchen wir den Menschen zu zeigen, dass das nicht überall so ist. Dass beispielsweise in Deutschland urbane Gärten als ›cool‹ angesehen werden! Leider spielt Saatgut in den urbanen Gärten in Lissabon häufig keine Rolle. Wir versuchen, das Thema bei den Gärtnern bekannt zu machen. Aber das dauert. Bei Saatgut-Tauschbörsen erzählen uns die Leute fröhlich, sie hätten das Saatgut letztes Jahr gekauft und dann selbst vermehrt. Dass das dann wahrscheinlich Hybriden sind, die in den nächsten Generationen ganz anders aussehen können, ist ihnen überhaupt nicht klar.«

Jörgen Beckmann* von ProSpecieRara Deutschland bestätigt Saras Eindruck: »Ich erlebe immer wieder, dass das Thema Saatgut für viele urbane Gärtner komplett neu und überraschend ist. Wenn man auf samenfeste Sorten und Hybriden zu sprechen kommt, ist wenig Wissen vorhanden. Dass auch im Ökoanbau Hybriden verwendet werden (S. 193), ist fast niemandem klar. Manche Stadtgärtner erzählen mir, sie hätten beim Baumarkt Saatgut geschenkt bekommen. Ihnen ist leider nicht bewusst, dass dieses Hybridsaatgut nicht gut für die eigene Gewinnung des Saatgutes geeignet ist.«

In vielen städtischen Gärten sind Saatgut und Jungpflanzen vom Baumarkt oder vom Samenladen um die Ecke beliebt. Aber es gibt auch unzählige Gärten, in denen die Gärtnerinnen einen ganz bewussten Umgang mit dem Thema Saatgut haben. Wie beispielsweise im Stadtgarten in Nürnberg, wo 20 alte Tomaten- und 20 Kartoffelsorten angebaut werden; im Klimagarten in Tübingen, in dem Studierende Saatgut-Tauschbörsen veranstalten; oder in der Pflanzstelle Köln, wo zwischen 40 und 100 Tomatensorten, 20 bis 30 Salat- und zehn Auberginensorten wachsen – und dazu noch viele weitere

Sorten, die migrantische Gärtnerinnen aus ihren Herkunftsländern mitbringen (S. 142).

Viele der urbanen Gärtnerinnen bezeichnen sich selbst als gärtnerisch unerfahren, und oft klappt die Saatgutgewinnung nicht perfekt. Aber das macht nichts, wie mir Manja Rupprecht* vom Stadtgarten Nürnberg versichert: »Wir sind noch überhaupt nicht professionell, aber dafür umso begeisterter, wie viele tolle Sorten es gibt! Stück für Stück wollen wir uns professionalisieren. Wenn uns eine Sorte besonders gut schmeckt oder gefällt, wollen wir sie wieder haben, und müssen uns beim Samenbau eben anstrengen«.

Bei meinen Besuchen in einigen urbanen Gärten wird klar: Die ersten Schritte zum Samenbau erfordern Mut und die Lust, zu improvisieren und zu lernen. Doch wer einfach anfängt, kommt schon irgendwie zum ersten Samenkorn und lernt auf dem Weg dahin so viel, dass es beim nächsten Mal noch besser klappt.

Manja Rupprecht* erzählt mir, sie würden die selbstgezogenen Jungpflanzen auch an Besucherinnen des Gartens weitergeben: »Das ist eine super Möglichkeit, das Thema Saatgut erlebbar zu vermitteln und direkt etwas zu der Sorte zu erzählen.« Die städtischen Gärten sind also auch ideale Orte, um das Saatgutthema zu kommunizieren und Saatgutwissen weiterzugeben (S. 139). Das zeigt auch die Initiative ›Social Seeds‹ in Berlin, die den Berliner Gärtnerinnen die Frage stellt: »Wie können wir gemeinsam Vielfalt anbauen und erhalten?« »Es gibt ein sehr großes Interesse an diesem Thema«, erklärt Alexandra Becker* von Social Seeds. »Und viele erfahrene Gärtner! Wir organisieren Erntefeste und Pflanzentauschmärkte, auf denen die Leute ihre Fragen stellen und Erfahrungen austauschen können. Außerdem haben wir beim Allmendekontor auf dem Tempelhofer Feld ein kleines Schaubeet, in dem wir jedes Jahr zwei bis drei Kulturen anbauen. Das ist ein gut besuchter Ort, und hier können die Leute sehen, wie ein blühender Salat aussieht. Oder wie viel Platz man im Beet für einen blühenden Kohl braucht.« Praktische und theoretische Fragen werden auch in Workshops diskutiert: »Hier besprechen wir die Hintergründe der Saatgutpolitik, reden über Techniken, wie man die Verkreuzung von Sorten verhindert. So viele Menschen wissen hierzu nichts, kaufen einfach ihr Saatgut aus dem Drogeriemarkt. Wir haben tolle Handlungsmöglichkeiten!« Neben Erfahrungen, Saatgut, Jungpflanzen und schönen Festen gibt es bei Social Seeds auch Saatgutsiebe und weitere Geräte, die Menschen gemeinschaftlich für die Samengärtnerei nutzen können.

Streifzug

## Saatgut fördert die Gemeinschaft – Neuland Köln und Rheinische Gartenarche

Ich stehe mit Britta Eschmann*, der Ansprechpartnerin der Rheinischen Gartenarche, und dem Gartenkoordinator Dirk Kerstan* im Gemeinschaftsgarten Neuland in Köln. Hier kam das Saatgutthema vor ein paar Jahren auf den Tisch, und einige Gärtnerinnen und Gärtner gründeten die Rheinische Gartenarche. Die Idee ist der Bergischen Gartenarche nachempfunden, in der Sorten aus den Gärten des Bergischen Lands erhalten werden. »In der Bergischen Gartenarche wird noch aus einer ländlichen, bäuerlichen Tradition heraus gegärtnert, da ist eine viel alltäglichere Motivation vorhanden. Bei uns handelt es sich um eine städtische Region. Es wird spannend, ob das mit Schreber-, Balkon- und Gemeinschaftsgärten langfristig klappt!«, erklärt mir Britta.

Das Ziel der Rheinischen Gartenarche ist, regionale Sorten zu finden und über Sortenpatenschaften (S. 144) zu erhalten. Erhaltung durch Nutzung ist hier das Motto: Wenn eine Sorte gemocht und gerne gegessen wird, wächst das Interesse am Erhalt. Die Arche verfügt über eine Liste von etwa zehn Sorten aus der Kölner Region, die sie aus der Genbank oder vom VEN (S. 144) bekommen hat. Zwölf Patinnen kümmern sich um die Vermehrung. »Menschen für Patenschaften zu finden ist einfach, viele sind interessiert. Regionale Sorten zu finden gestaltet sich da schon schwieriger«, berichtet Britta.

Auch im Gemeinschaftsgarten Neuland soll die Saatgutgewinnung präsenter werden. 2013 war hier das ›Jahr der Tomaten‹, in dem etwa 40 Tomatensorten angebaut wurden. Durch die Zusammenarbeit mit der Gartenarche entstand die Idee, Saatgut der leckersten Tomaten zu gewinnen. Die Tomaten wurden zur Saatguternte markiert – und diese Idee schlug dann schnell auf andere Kulturpflanzen über. »Die Leute fanden Gefallen an der Saatgutgewinnung und merkten schnell: Das Saatgutthema fördert auch das Gemeinschaftsthema. Viele der anfallenden Arbeiten machen mehr Spaß, wenn man sie gemeinsam machen kann. Wie zum Beispiel Bohnen pulen«, erklärt mir Dirk. Er erzählt weiter, die Idee verbreite sich ›viral‹ über den Garten hinaus. Viele Besucher des Gartens seien überrascht, dass Saatgut ›einfach so‹ vermehrt werden könne. Sie reagierten fasziniert auf die Samengärtnerei, da sie ihnen so fern sei. »Alltägliche Themen der Städter sind nicht der Bohnenanbau, sondern, dass die Ampelschaltung nervt oder die Straßenbahn zu spät kommt!« Eine von Neuland mitorganisierte Saatgut-Tauschbörse (S. 172) in Köln war enorm gut besucht. Das Interesse scheint riesig zu sein, und Dirk schlussfolgert: »Saatgut zu teilen macht ja auch viel Freude. Und über das Teilen von Saatgut entsteht eine Verbindung in der Stadt.«

Saatgut selbst zu gewinnen und Gemüse anzubauen sind für Dirk Schritte der Eigenständigkeit: »Es fühlt sich an, als ob man sich auch ernähren könnte, wenn der Supermarkt mal abbrennt. Wir sind unabhängiger, wenn wir das selbst können. Das Wissen und die Fähigkeiten für den Samenbau geben uns Sicherheit – und nehmen uns die Hilflosigkeit.« Er plädiert für Selbstermächtigung durch den Samenbau im Gemeinschaftsgarten. »So können wir endlich wieder unabhängig von der Industrie und abhängig von unseren Nachbarn werden!«

Das hört sich an, als wären die Gärtnerinnen und Gärtner von Neuland im Samenbau sehr erfahren. Aber gelassen beschreibt Dirk, niemand sei Profi auf dem Gebiet. »Neuland ist ein Ort des Lernens. Der Prozess ist wichtig, und wir wollen Interesse wecken. Aber die Leute müssen es selber machen, selber lernen. Wenn jemand Lust auf Samenbau hat, dann nur zu! Der Raum dazu ist da.«

Ein Kritiker bemängelte, eine sortenechte Erhaltung sei auf diese Art nicht gesichert, da die Menschen ungelernt seien. Dazu sagt Dirk: »Stimmt ja auch! Wir sind Dilettanten, wissen ganz viel nicht, unser Vorgehen ist nicht nutzbar für die perfekte Erhaltung von Sorten. Was wir gut können, ist Leidenschaft weitergeben«. »Und lokale Sorten in Gärten aufstöbern und unter die Leute bringen«, ergänzt Britta und lacht, »das können wir auch.«

## Streifzug
## Bohnen über Bohnen im ÖBZ München

Ich stehe im Keller des Ökologischen Bildungszentrums München (ÖBZ) und bestaune ein beeindruckendes Bohnenarchiv. Kisten, große Gläser, kleine Gläser, Schaukästen; alle randvoll mit verschiedenen Bohnen. Schwarze, marmorierte, rote, lila, gepunktete, weiße, graue, braune, dunkelbraune, gestreifte: Saatgut von etwa 80 Sorten lagert hier. Alle Behälter sind fein säuberlich markiert, beschriftet, sortiert. Ich bin beeindruckt. Wer vermehrt das alles? Und wer dokumentiert?

Samengärtnerin und Bohnenliebhaberin Andrea Bertele* erklärt mir, der Gemeinschaftsgarten des ÖBZ bestehe schon seit 2002. Mit der Zeit begannen die Gärtnerinnen und Gärtner, Saatgut zu vermehren. »Wir hatten anfangs eine Phase der ›Kürbissorten-Sammelwut‹, in der wir etwa zwanzig Sorten sammelten und anbauten. Dass diese sich untereinander verkreuzen, war uns damals nicht klar! Wir haben einfach ausprobiert, die Lust am Sammeln ausgelebt und Erfahrungen gleich mitgesammelt« lacht Andrea.

Etwa 2009 entdeckten die Gärtnerinnen des ÖBZ die Schönheit der Bohnen. Sie bauten von Reisen mitgebrachte Sorten an, dann kamen aus Archiven zugekaufte Bohnen hinzu. Die Leidenschaft für Bohnen und die Lust am Sammeln nahmen zu, und im kommenden Jahr wuchsen schon etwa 30 Bohnensorten im Garten.

Andrea machte eine Fortbildung zur Samengärtnerin bei der Arche Noah (S. 214), dadurch bekam das Bohnenprojekt eine professionelle Komponente. Seit 2012 ist das Projekt ausgesprochen ehrgeizig und erinnert mehr an ein Forschungsvorhaben als an ein Gartenprojekt. Die Gärterinnen führen Keimtests durch, zeichnen die Formen und Farben der Hülsen, untersuchen die Sorten auf ihre Wuchseigenschaften und ihren Geschmack. Für 2013 brachte die Bohnengruppe einen Kalender heraus mit Fotos, Rezepten und sogar einer Anleitung für ein Bohnengeschicklichkeitsspiel. Auch Infos zu aktuellen politischen Themen wie Vielfalt und Welternährung sind in dem Kalender zu finden. Inzwischen haben die Gärtnerinnen des ÖBZ über 100 Bohnensorten gesammelt und auf der Internetseite des ÖBZ dokumentiert – für diese werden nun Patinnen und Paten gesucht!

Für Andrea kommt bei der Samengärtnerei das Politische ganz von alleine mit. Sie empfindet die Arbeit als eine wunderbare Mischung: »Samenbau ist so sinnlich, die Arbeit mit den Bohnen macht unglaublich viel Spaß, diese Formen und Farben! Und das praktische Samengärtnern ist im Unterschied zur theoretischen Diskussion etwas Konstruktives: Man kann ganz einfach etwas machen, das sogar Freude bringt! Gleichzeitig eignen sich Bohnen super für die politische Arbeit, man kann ihre Vielfalt so gut zeigen, und die Bohne verbindet die Themen Ernährung, Fleischkonsum, Grundnahrungsmittel, Welthunger...«

Und so stellt sie sich auch die Frage, wie sie vom Garten des ÖBZ den Bogen schlagen können zur Landwirtschaft. »Das Saatgutthema ist gut aufgehoben in urbanen Gärten. Aber wie schaffen wir es, dass sich auch in der Landwirtschaft was ändert? Dort wird ja schließlich die Masse der Lebensmittel produziert! Es ist langfristig gesehen total unsinnig, wenn eine Organisation versucht, hunderte von Sorten zu erhalten. Das ist so viel Arbeit, so eine künstliche Bemühung! Wenn diese Vielfalt in vielen Gärten und landwirtschaftlichen Betrieben angebaut wird, ist es nicht mehr künstlich. Solche regionalen Strukturen sollten wir mehr ausbauen!« Als kleinen Anfang haben die Gärtnerinnen und Gärtner des ÖBZ Saatgut einiger Bohnensorten an eine Solidarische Landwirtschaft (S. 223) abgegeben, die sich zur Aussaat bereit erklärt hat.

Wie sich bei einem späteren Besuch herausstellt, ist auch Andreas kleine Wohnung ein wahres Zentrum der Bohnenvielfalt! Überall sind Bohnen. Auf den Fensterbrettern, auf dem Tisch, in Körben, Gläsern, Tellern, Schalen... wir unterhalten uns über Bohnen, sitzen inmitten der Bohnen, und essen Bohnen. Ich kann es nicht nur sehen und schmecken, sondern auch fühlen: Andrea vermittelt eine Leidenschaft, Neugier, einen Bohnenforschungsdrang, dass es in der Luft prickelt.

**oben:** Im Stadtgarten Nürnberg wird ein kleines Glashaus zum Trocknen der Samenträger von Sonnenblumen (links) und Amaranth (rechts) genutzt.

**unten:** Leidenschaft im ÖBZ, die Vielfalt der Bohnen

# Die Eigentumsfrage: Open Source-Saatgut und Linux für Linsen?

»Sorten [und] Saatgut brauchen Schutz vor Vereinnahmung und (Re)Privatisierung. Und zwar nicht Sortenschutz wie wir ihn kennen, sondern Schutz der Sorten als Commons – z.B. vor Sortenpiraterie.«

Helfrich & Kaiser 2014:7

Auf mehr und mehr Sorten werden Eigentumsrechte beansprucht (S. 103). Alle Versuche, Saatgutsouveränität aufzubauen und zu erhalten scheitern, wenn es keine freien Sorten mehr gibt. Und jegliche freie Sorte ist der Gefahr der Privatisierung ausgeliefert, wie zahlreiche Beispiele der Biopiraterie zeigen.

Doch wie kann Saatgut als Gemeingut geschützt werden? Heistinger (2001:50) schreibt, »wenn Saatgut als [...] Gemeingut [...] betrachtet wird, bedeutet dies nicht, dass es jedem jederzeit zur Verfügung steht«. Der Zugang zu einem Gemeingut muss geregelt sein. Kann die Lösung darin bestehen, selbst Eigentumsrechte auf eine Sorte zu beanspruchen, um sie vor der Aneignung durch andere zu schützen?

## Freie Software

Zur Diskussion dieser Fragen lohnt ein Blick in den Softwarebereich. Die Privatisierung von Software war in den 1980er Jahren schon so weit fortgeschritten, dass Entwicklerinnen und Nutzer kaum mehr die Möglichkeit hatten, die Software ihren Wünschen entsprechend zu verändern. Damit wollten sich einige Softwareentwickler nicht zufriedengeben und erarbeiteten die ›GNU General Public‹ (GNU GP)-Lizenz: Eine alternative Lizenz, die es ihnen selbst und allen anderen Nutzerinnen ermöglicht, jegliche so lizensierte Software weiterzuentwickeln und an ihre Bedürfnisse anzupassen. Softwareprodukte unter dieser Lizenz dürfen bearbeitet und verändert werden – aber nur, wenn sie unter der gleichen Lizenz weitergegeben werden. Das heißt, niemand kann ein Produkt unter dieser Lizenz verändern, um es dann zu patentieren oder anderweitig für eigene Interessen zu schützen. Diese Lizenz schützt die Software vor Aneignung und lässt sie ›frei‹![59]

**59** Die Privatisierung von vormals frei zugänglichem Wissen und Materialien findet nicht nur bei Pflanzen und Software statt, sondern auch bei nahezu allen kreativen Werken wie Texten, Musikstücken oder Filmen. Seit 2002 können verschiedene ›Creative Commons‹ (CC)-Lizenzen auf kreative Inhalte angewendet werden und diese von ihren Urheberrechten ›befreien‹. Auch dieses Buch ist mit einer CC-Lizenz ausgestattet (siehe Impressum).

Richard Stallmann, Gründer des GNU-Projekts, prägte den Begriff ›freie Software‹ mit der vielzitierten Beschreibung: ›frei wie in Freiheit, nicht wie in Freibier‹. Dies soll verdeutlichen, dass es sich bei freier Software nicht vordergründig oder zwangsläufig um kostenlose Software handelt. Vielmehr geht es um Freiheit in einer von hohen Zäunen durchzogenen Landschaft, die das Privateigentum immer weiter und klarer abgrenzen. Konkurrenz und Privateigentum, so wird behauptet, seien die Mittel für Innovation und Kreativität. Doch kann kreatives Schaffen nicht auch durch Freiheit und Kooperation erreicht werden?

Im Jahre 1991 entwickelte Linus Torvalds gezielt ein neues, ›freies‹ Betriebssystem, um eine Alternative zu Microsoft und Apple zu schaffen, die ihre Monopolstellung immer weiter ausbauten. Während des Entwicklungsprozesses gab er den Quellcode des Betriebssystems unter der GNU GP-Lizenz frei und rief die weltweite Entwicklerinnengemeinschaft auf, ihn zu unterstützen. 1994 konnte das Betriebssystem Linux veröffentlicht werden, das seitdem laufend von der Gemeinschaft bedürfnisorientiert weiterentwickelt und verbessert wird. Linux ist heute eines der meist genutzten Betriebssysteme weltweit, und tausende weitere ›open source‹-Programme[60] sind verfügbar. Im Softwarebereich hat die gemeinschaftliche, kreative Zusammenarbeit zu sehr zufriedenstellenden Ergebnissen geführt – ganz ohne den Anreiz geistiger Eigentumsrechte!

## Freie Sorten?

Der US-amerikanische Bohnenzüchter Tom Michaels formulierte erstmals die Idee, das erfolgreiche open source-Prinzip für Software trotz aller Unterschiede auf Saatgut zu übertragen (Michaels 1999). Wie bei Software würde eine solche Lizenz die Weiterentwicklung und Nutzung von freien Sorten ermöglichen, solange die neu entstehenden Sorten wiederum unter diese Lizenz fallen. Kein Konzern könnte eine Sorte unter dieser Lizenz patentieren oder anderweitig schützen.

Doch natürlich – Saatgut ist keine Software, und Züchtung ist keine Softwareentwicklung! Eine open source-Lizenz für Saatgut würde eine große Herausforderung darstellen und wird in verschiedenen Ländern kontrovers diskutiert. In der deutschen Rechtslage wäre eine solche Alternative zum Sortenschutz möglich, jedoch wären auch hier noch einige rechtliche Fragen offen (Kotschi & Minkmar 2015).

**60** Oft wird die freie Software auch ›open source-Software‹ genannt, da der Software-Quellcode zur Bearbeitung offengelegt ist.

Zur Klärung der Fragen wird immer wieder vorgeschlagen, eine solche Lizenz für Saatgut ›einfach auszuprobieren‹ und zu testen, ob sie praktikabel und rechtlich sinnvoll ist. Das mutige OSSI-Projekt hat in den USA genau dies versucht und ist dabei an recht deutliche Grenzen gelangt, wie der nächste Streifzug zeigt. Doch die Anwendbarkeit unterscheidet sich von Land zu Land und das Thema bleibt spannend! Schon jetzt haben die Überlegungen zum open source-Saatgut dazu beigetragen, dass Saatgut nun auch von Commons-Aktivistinnen und Softwareentwicklern diskutiert wird.

Streifzug

## Das Versprechen, Saatgut zu teilen – Die Open Source Seed Initiative

In den USA ist die Saatgutsituation noch angespannter als in Europa. Die Zäune des Privateigentums sind noch höher und weiter gespannt, und die Verfolgung beim Überklettern der Zäune ist noch stringenter und brutaler (Kloppenburg 2013:7). Nahezu alle Sorten auf dem US-amerikanischen Markt sind patentiert. In den vergangenen Jahrzehnten haben die Giganten fast alle kleinen und mittelgroßen Saatgutunternehmen ›verschluckt‹, sodass sie das nahezu alleinige Sagen haben. Auch für Züchterinnen an den Universitäten ist die Situation inzwischen äußerst brisant, da ihre Forschungsarbeit von den Patentierungen laufend gebremst wird (S. 103).

Einige Züchterinnen und Bauern fühlten sich hierdurch zunehmend in ihrer Arbeit eingeschränkt und begannen darüber nachzudenken, wie sie ihre Saatgutsouveränität zurückgewinnen könnten. Eine open source-Lizenz versprach die Schaffung eines ›geschützten Gemeinguts‹, zu dem nur die Menschen Zugang haben, die ihr Saatgut auch teilen wollen. Dieser Mechanismus »erlaubt das Teilen zwischen denen, die gegenseitig teilen werden, aber schließt all jene aus, die dies nicht tun« (Kloppenburg 2013:18). Eine entsprechende Lizenz würde Anbau, Nachbau, Weiterzüchtung, Tauschen und Verkaufen von der lizensierten Sorte und ihrem Saatgut ermöglichen – aber nur, solange dieses Saatgut unter derselben Lizenz weitergegeben wird. Dadurch wären die Sorten vor jeglicher Aneignung rechtlich geschützt. Gleichzeitig würden sich das Saatgut dieser freien Sorten ›viral‹ verbreiten, da jede Gärtnerin, jeder Bauer und jede Züchterin es unter denselben Bedingungen weitergeben würde.

»In der Theorie klang das alles sehr hübsch«, erklärt mir der Agrarsoziologe Jack Kloppenburg* auf der ›Saat Macht Satt‹-Konferenz im Mai 2015 in Berlin. Im Jahr 2012 hatte er, zusammen mit anderen Wissenschaftlern, Züchterinnen und Saatgutaktivisten die ›Open Source Seed Initiative‹ (OSSI) ins Leben gerufen. OSSI hat zum Ziel, Anreize zum Teilen von Saatgut zu geben, die öffentliche Pflanzenzüchtung zu beleben und das bäuerliche Wissen mit dem Wissen von Wissenschaftlerinnen zu kombinieren (Kloppenburg 2013:3). Hierzu sollte eine open source-Lizenz geschaffen werden.

Nach zwei Jahren intensiver Arbeit an einer solchen Lizenz erwies sich diese jedoch aus zwei Gründen als nicht praktikabel. Erstens: Um in den USA rechtlich bindend zu sein, muss die Empfängerin des Saatgutes die Lizenz komplett lesen können – was bedeutet, dass auf jeder Packung Saatgut die komplette Lizenz stehen müsste.[61] Gleichzeitig muss eine Lizenz für ihre Gültigkeit in juristischer Sprache ausformuliert sein. Der dementsprechend lange und auch komplizierte Text passte schlicht und einfach nicht auf eine Saatgutpackung! Und selbst wenn er passen würde, wäre er für viele Menschen unverständlich und würde die gesamte Idee nicht unbedingt sympathisch erscheinen lassen, befürchten die OSSI-Mitglieder. Der erhoffte ›virale Effekt‹ würde so vielleicht nicht entstehen.

Zweitens nutzt eine solche Lizenz für die Schaffung eines ›geschützten Gemeinguts‹ dieselben Strukturen, die die OSSI-Mitglieder so tiefgreifend kritisieren. »Eine open source-Lizenz ist ein Werkzeug, das nach den Vorschriften des Vertragsrechts verfasst und von der Autorität des Staats gesichert ist. [E]s ist ein Werkzeug der Herrscher, da die Strukturen und Vorschriften des Rechtssystems meist gestaltet wurden, um die Aktivitäten der dominanten Interessensvertreter zu begünstigen« (Kloppenburg 2013:3, Üs. AB). Durch die Umsetzung einer solchen Lizenz für Saatgut sahen sich die OSSI-Mitglieder in Gefahr, in eine ähnliche Richtung zu geraten wie die Saatgutkonzerne: »[E]s entstand das Gefühl unter den OSSI-Mitgliedern, dass die Umsetzung einer verpflichtenden, rechtlich bindenden, langatmigen, verwirrenden, sperrigen, restriktiven Lizenz uns gefährlich nah […] an die Praxis der Gen-Giganten bringen würde« (Kloppenburg et al. 2013:3, Üs. AB).

Nach zwei Jahren juristischer Arbeit und vielen Diskussionen muss es eine schwere Entscheidung gewesen sein, sich von der Idee einer rechtlich bindenden Lizenz zu verabschieden. Stattdessen formulierten die Mitglieder von OSSI ein kurzes Versprechen oder ›Ehrenwort‹, das nun auf ein Päckchen passt: »Sie haben die Freiheit, dieses OSSI-Saatgut zu nutzen, wie sie möchten. Im Gegenzug versprechen Sie, die Nutzung dieser Samen und deren Folgeprodukte durch andere nicht mit Patenten, Lizenzen oder anderen Mittel einzuschränken, und dieses Versprechen bei jeglicher Übertragung

**61** In Deutschland läuft die GP-Lizenz als Allgemeine Geschäftsbedingung. Auch hier muss sichergestellt sein, dass die Lizenz vollständig auf der Verpackung oder einem beiliegenden Zettel einsehbar ist (Kotschi & Minkmar 2015).

dieser Samen und ihrer Folgeprodukte beizufügen« (OSSI 2014, Üs. AB).

Anfang April 2014 wurden die ersten Samen unter diesem Versprechen der Öffentlichkeit vorgestellt. Die OSSI-Mitglieder ›befreiten‹ bei dieser Veranstaltung 29 Sorten aus 14 Kulturpflanzenarten, darunter beispielsweise Brokkoli, Quinoa und Möhren. Sogleich kamen Unterstützungsbekundungen aus aller Welt, und aus 14 Ländern trafen mehr als 300 Bestellungen der OSSI-Samen ein. Nach etwas mehr als einem Jahr sind schon über 50 ›freie‹ Sorten aus 20 Arten auf der OSSI-Internetseite verzeichnet.

Mit der Entscheidung für ein Versprechen hat sich der Fokus von OSSI vom juristischen Bereich zur Bildungsarbeit verlagert. Ziel ist nun, das Thema bei so vielen Gärtnerinnen und Bauern wie möglich bekannt zu machen. Dennoch könnte das Versprechen eine ähnliche Wirkung haben wie die ursprünglich geplante Lizenz. So sagte der Leiter für geistiges Eigentum des Saatgutkonzerns HM Clause[62], sein Konzern würde dieses Saatgut vermeiden, da eine Investition in dieses nicht refinanziert werden könnte (Charles 2014). Damit meint er, dass sich die Weiterzüchtung mit diesen Sorten nicht lohne, da der Konzern keine geistigen Eigentumsrechte beanspruchen könne. Rechtlich gesehen wäre dies zwar möglich, aber das Versprechen scheint vorerst abschreckend zu wirken.

So widersprüchlich die Idee einer open source-Lizenz für Saatgut sein mag, und so weit weg das heutige OSSI-Versprechen von der ursprünglichen Idee ist: Vielleicht schafft OSSI es ja, einen Platz in der Landschaft des Privateigentums zu erkämpfen, der für große Konzerne schlichtweg uninteressant ist.

**62** HM Clause ist ein Unternehmensbereich von Limagrain. Mehr zu Limagrain auf S. 86.

# Züchtung für Ernährungssouveränität

»Der Umgang mit unserem Saatgut und die Wahl unserer Sorten bestimmen die Landwirtschaft, die wir betreiben.«

Jürgen Holzapfel*

Oft ist mir die Frage begegnet, wozu denn Züchtung nötig sei, wo es doch schon so viele Sorten gebe. In diesem Kontext werden die ›alten‹ Sorten genannt, mit ihrem tollen Geschmack und guten Anpassungseigenschaften. Die Erhaltung und Nutzung dieser Sorten wird dann als primäre Strategie gesehen gegen den Verlust der Vielfalt oder die Macht der Saatgutkonzerne.

Züchtung gibt es schon seit mehr als 10.000 Jahren, an und für sich ist sie nicht bedenklich – vielmehr bestünde ohne sie sogar ein großes Problem. Über viele Errungenschaften der Züchtung kann man sich durchaus freuen, denn nicht alle alten Sorten haben grundsätzlich gute Eigenschaften. Bedenklich sind vielmehr die Methoden und Strukturen, die die Industrie heute nutzt, um Macht über Menschen, ihre Landwirtschaft und ihre Lebensmittel auszuüben. Diese Strukturen laufen bäuerlichen Saatgutsystemen und selbstbestimmten Agrarstrukturen diametral entgegen. Bleibt also die Frage, *welche* Sorten und *welche* Züchtung in einer zukunftsfähigen Landwirtschaft denkbar sind.

## Welche Sorten für welche Landwirtschaft?

Pierre Hohmann*, wissenschaftlicher Mitarbeiter am Forschungsinstitut für Biologischen Landbau in der Schweiz, erklärt mir: »Pflanzen werden maßgeblich von Mikroorganismen im Boden beeinflusst und gehen Symbiosen mit diesen ein – beispielsweise, um an den Nährstoff Phosphat zu gelangen. Wenn man diese symbiotischen Interaktionen verstehen lernt, kann man sie fördern und nutzen, und muss beispielsweise weniger Phosphat düngen. Bekommt eine Pflanze in der konventionellen Züchtung jedoch zum Beispiel immer genügend leicht-verfügbares Phosphat, verlernt sie womöglich, Nährstoff-mobilisierende Mikroorganismen effizient zu nutzen.«

Die je nach Art, Sorte und Anbauweise variierende Fähigkeit der Pflanzen, sich bodeneigene Nährstoffe nutzbar zu machen, gilt auch für Stickstoff. Becker (2011:160) beschreibt ein Maisexperiment, bei dem aus derselben Ausgangspopulation eine Population unter *hoher* und eine unter *fehlender* Stickstoffzugabe selektiert wurde. Dann wurden beide Populationen bei hoher und bei fehlender Stickstoffzugabe angebaut. Die Population, die unter hoher Stickstoffdüngung selektiert wurde, zeigte bei fehlender Düngung einen deutlich niedrigeren Ertrag, hatte also ein schlechteres Aneignungsvermögen von Stickstoff aus dem Boden. Daraus ergibt sich, dass Züchtung unter den Bedingungen geschehen sollte, unter denen die Sorten später auch angebaut werden.

Andersherum wirkt sich das unterschiedliche Vermögen von Sorten, Nährstoffe aus dem Boden aufzunehmen, deutlich auf ihre Eignung für bestimmte Anbauverfahren aus: Beispielsweise werden in der industriellen Landwirtschaft kurzstrohige Getreidesorten benötigt, die auch bei hoher mineralischer Stickstoffdüngung nicht in die Höhe schießen und umfallen (S. 72). Im ökologischen Anbau hingegen werden Sorten mit langem Stroh bevorzugt, da diese mehr Wurzelmasse ausbilden und daher die Möglichkeit haben, sich bodeneigene Nährstoffe besser anzueignen (ÖLB 2015).

Ein Ziel der Agrarökologie ist, diese Fähigkeiten der Pflanzen und die Symbiosen zwischen Pflanzen und ihrer Umwelt zu erforschen und für den Anbau zu nutzen. Ein kluger, agrarökologischer Anbau[63] ist also nicht mit ›industrieller Landwirtschaft, bloß ohne Chemie‹ gleichzusetzen. Daher ist in diesem Anbau auch die Verwendung von Sorten mit anderen Eigenschaften sinnvoll (Roeckl & Willing 2006). Neben der Nährstoffeffizienz ist im ökologischen Anbau wichtig, dass die Sorten konkurrenzkräftig gegen Unkräuter sind, da keine chemisch-synthetischen Herbizide angewendet werden. Zudem spielen Sorten mit Resistenzen oder Toleranzen gegenüber samenbürtigen Krankheiten – also Krankheiten, die über den Samen übertragen werden – eine große Rolle im ökologischen Anbau. Zwar gehören Resistenzen bei industriellen Sorten zu den wichtigsten Züchtungszielen. Doch Resistenzen gegen samenbürtige Krankheiten werden hier üblicherweise nicht berücksichtigt, da das Saatgut in der industriellen Landwirtschaft mit synthetischen Beizmitteln behandelt wird und diese Krankheiten daher nicht auftreten (Becker 2011:161).

Für den ökologischen Anbau spielt auch die Anpassung der Sorten an regionale und standortspezifische Umwelteinflüsse eine viel wichtigere Rolle als in der industriellen Landwirtschaft. Dies liegt daran, dass in der industriellen Landwirtschaft die Anbaubedingungen durch die Zugabe von mineralischen Düngemitteln

63 Wenn ich hier vom ökologischen oder agrarökologischen Anbau schreibe, meine ich nicht zwingenderweise ökologisch zertifizierte Anbauweisen. Stattdessen meine ich eine kluge, tatsächlich agrarökologische Landnutzung, die natürliche Regelmechanismen nutzt und langfristig die Lebensgrundlagen erhält (S. 132).

und chemisch-synthetischen Pestiziden oder durch großflächige Bewässerung viel stärker standardisiert werden können.

Obwohl der ökologische Anbau also Sorten mit bestimmten Eigenschaften benötigt, werden häufig Hochreaktionssorten (HR-Sorten) und Hybriden verwendet, die nicht unter ökologischen Bedingungen gezüchtet wurden. In Deutschland erreicht der Anteil von Hybriden in der zertifiziert ökologischen Landwirtschaft je nach Gemüseart zwischen 65 und 100 Prozent. Auch nahezu der gesamte in Deutschland zertifiziert ökologisch angebaute Mais und ein Teil des Roggens sind Hybriden (Frühschutz 2008:24). Diese Entwicklung wird dadurch extrem verschärft, dass ein zunehmender Anteil der Hybriden mit der CMS-Technik gezüchtet wird (S. 98). Gemüsearten wie Möhren und Kohl und landwirtschaftliche Arten wie Sonnenblumen sind dann kaum mehr als ›normale‹ Hybriden verfügbar.

Doch warum werden im ökologischen Anbau nicht häufiger samenfeste Sorten genutzt, die lokal angepasst sind und unter ökologischen Bedingungen ein großes Potential haben können?[64] Die Antwort ist erschreckend: Weil in den industrialisierten Ländern von vielen Kulturpflanzenarten kaum mehr Saatgut von samenfesten Sorten im Handel ist! Der Forschungsaufwand und die Forschungsgelder wurden seit Jahrzehnten in die Züchtung von HR-Sorten und Hybriden gesteckt (S. 61). Die Entwicklung von robusten, samenfesten Sorten, die unter möglichst niedrigem Input und unter agrarökologischen Bedingungen gute Eigenschaften zeigen, war und ist ein seltenes Ziel der Forschung. Beispielsweise stieg der Anteil von Hybridbrokkoli im EU-Sortenkatalog zwischen 1987 und 2013 von 43 auf 85 Prozent (BS 2015:114).

Um dieser Entwicklung etwas entgegenzusetzen, begannen in Deutschland einige Bäuerinnen und Bauern in den 1970er Jahren mit der ökologischen Züchtung. Seitdem sind schon viele Erfolge mit ökologischen Neuzüchtungen erzielt worden und immer mehr Menschen sind in der ökologischen Züchtung tätig. Im Vergleich zur Züchtung von Hybriden und HR-Sorten bewegen sich diese Erfolge allerdings in einem sehr kleinen Feld, was auch an Finanzierungsproblemen der ökologischen Züchtung liegt (S. 219).

Doch neben dem Mangel an samenfesten Sorten gibt es einen weiteren Grund für die Verwendung von HR-Sorten im ökologischen Anbau: In vielen Ländern haben sich die Bedingungen, Ziele

**64** Lokale Anpassung kann nur erreicht werden, indem eine Pflanze in der entsprechenden Region über einige Jahre vermehrt wird. Und damit sie vermehrt werden kann, muss sie samenfest sein. Daher nenne ich die für den agrarökologischen Anbau geeigneten Sorten hier ›samenfeste Sorten‹, auch wenn natürlich nicht alle samenfesten Sorten grundsätzlich lokal angepasst oder geeignet sind.

und Methoden des ökologischen Anbaus denen der industriellen Landwirtschaft angenähert. Auch die ökologische Landwirtschaft ist einem enormen Effizienz- und Produktionsdruck unterworfen. Sie wird immer mehr zu dem, was ich ›industrielle organische Landwirtschaft‹ nenne: Eine Landwirtschaft, die zwar organische Düngemittel und Pestizide nutzt, in der jedoch industriell bewirtschaftete Monokulturen normal geworden sind und Sorten benötigt werden, die möglichst einheitlich, lager- und transportfähig sind.[65]

Viele samenfeste Sorten und sicherlich nahezu alle ›alten‹ Sorten können diesen Ansprüchen nicht mehr standhalten. Dies soll aber nicht heißen, dass diese Sorten das Problem sind! Samengärtner Oliver Christ* von der Gärtnerei Piluweri (S. 205) vergleicht eine samenfeste Tomatensorte mit den Standard-Tomatenhybriden. Er kommt zu dem Schluss, dass die Hybriden höhere Erträge bringen, obwohl die samenfeste Sorte gezielt auf hohe Erträge gezüchtet wurde. Er zuckt die Schultern: »Da muss man sich fragen: Wo sind die Ansprüche zu hoch? Muss sich immer die Tomate ändern, oder auch mal die ganze Struktur drum herum?«

Zu dieser Problematik erklärt mir Eva Gelinsky*: »Vor allem im Gemüsebereich gibt es zu wenig samenfeste Sorten, die den heutigen Ansprüchen des Anbaus und des Handels gerecht werden. Nun sind große züchterische Anstrengungen nötig! Aber das ist schwierig, weil es noch immer an Geld fehlt (S. 219). Außerdem hat sich die Wertschöpfungskette an die Einheitlichkeit und Ertragshöhe der Hybriden gewöhnt. Doch die samenfesten Sorten werden bei manchen Kulturen vermutlich etwas anders aussehen als die Hybriden.«

Also besteht die Frage nicht nur darin, welche Sorten eine ökologische Landwirtschaft braucht, sondern auch, welche Art der Landwirtschaft, Lebensmittelverarbeitung und -verteilung den Anbau von samenfesten Sorten überhaupt möglich macht. Welche Sorten als ›gut‹ angesehen werden, hängt von dem Agrarsystem ab, in dem sie genutzt werden. Und so befindet sich die ökologische Züchtung in Deutschland heute in einem Spannungsfeld zwischen ökologischen Idealen (wie Vielfalt oder lokaler Anpassung), ökonomischen Zwängen und Ansprüchen wie Einheitlichkeit und hohem Ertrag.

**65** Hier ist zwischen dem EU-zertifizierten Anbau, den verschiedenen Anbauverbänden und auch zwischen jedem Hof zu differenzieren. Es gibt noch immer sehr viele kleinteilige Biohöfe, die mit hohen ökologischen Standards arbeiten; und auch industrielle organische Landwirtschaft ist noch immer ressourcenschonender als industrielle nicht-organische Landwirtschaft.

Interview

## Spagat in der Ökozüchtung – Samenfeste Sorten sollen wie Hybriden sein

### GESPRÄCH MIT ZÜCHTERIN ULRIKE BEHRENDT*

Der hohe wirtschaftliche Druck hat in den Ländern des globalen Nordens also auch die ökologische Landwirtschaft erreicht. Auch hier stehen hohe Erträge und große, perfekt aussehende Früchte hoch im Kurs. In meinen Gesprächen entstand der Eindruck, dass sich dieser Druck auch auf die ökologische Züchtung überträgt: Die samenfesten Sorten sollen im Prinzip so sein wie Hybriden (S. 191). Züchterin Ulrike Behrendt* schildert mir dieses Dilemma.

**Ulrike, was sind für dich die großen Herausforderungen der Ökozüchtung?**

Die Erwartungen an uns sind sehr hoch. Wenn wir die CMS-Hybriden ersetzen wollen, müssen wir uns wahnsinnig anstrengen! Ich habe ein Ideal, auf das ich hinzüchten will, aber vielleicht stimmt dann beim Ergebnis der Ertrag nicht. An die Erträge von CMS-Hybriden heranzukommen ist schwierig. Auch ist es eine Herausforderung, an die Gärtner und an andere Züchter zu kommunizieren, dass Züchtungsziele wie Geschmack, Resistenzen oder Nahrungsqualität Sinn machen. Und das ist ja auch verständlich – die Gärtner stehen unter Produktionsdruck und brauchen Sorten, die vor allem hohe Erträge bringen. Sich als ökologische Züchterin in diesem Zwischenraum zu bewegen ist nicht einfach. Einerseits soll man Hybriden möglichst nicht mal als Ausgangsmaterial für eine Neuzüchtung nutzen. Andererseits soll man für Erwerbsgärtnereien züchten, und das Ergebnis muss doch sein wie bei der Hybridzüchtung. Die Ansprüche sind einfach unglaublich hoch. Und ich bezweifle, dass man das mit samenfesten Sorten einfach so hinkriegt.

**Und stellst du dir die Frage, ob diese hohen Anforderungen eigentlich nötig sind?**

Das kommt ganz darauf an, wie die Gärtnereien wirtschaften. Wenn sie über den Wochenmarkt verkaufen oder als Solidarische Landwirtschaft (S. 223) organisiert sind, wenn es auf mehr Vielfalt ankommt, dann ist das alles überhaupt kein Problem. Aber eine große Gärtnerei, die nur über den Großhandel vermarktet, braucht einfach sehr hohe Erträge. An der Frage nach den Züchtungszielen hängt die ganze Produktions- und Vermarktungsstruktur mit dran.

Streifzug

## Sind samenfeste Sorten immer weniger ertragreich?

Sind Hybriden zwangsläufig ertragreicher? Philipp Meyer-Gfeller*, im Jahr 2014 noch Landwirtschaftsstudent in der Schweiz, wollte es genauer wissen. In seiner Abschlussarbeit verglich er einen Hybridmais mit drei ›Landmaissorten‹, wie er alte Maissorten nennt. Er wollte erfahren, ob Landmaissorten an den Ertrag von Hybriden herankommen können. Das Ergebnis zeigt: »Es bestehen gute Indizien, dass einige Landmaissorten den Ertrag von Hybridsorten sogar übertreffen können« (Meyer-Gfeller 2014:43). Im Vergleichsanbau zeigte die Landmaissorte Bijeli Crveni mit ihren großen roten oder gelben Kolben einen gleich hohen Kolbenertrag wie die Hybride.[66]

Philipp Meyer-Gfeller ermittelte jedoch nicht nur die Kolbenerträge, sondern auch die von den Pflanzen erzeugte restliche Biomasse, den sogenannten Restpflanzenertrag. Anhand dieses Restpflanzenertrags kann abgeschätzt werden, wie groß das Potenzial ist, mit züchterischen Maßnahmen die Kolbenerträge zu erhöhen. Hier erbrachte die Landmaissorte Bijeli Crveni 87 Prozent mehr Ertrag als die Hybride (Meyer-Gfeller 2014:32ff).

**66** Bijeli Crveni und andere Landmaissorten sind unter Philipp Meyer-Gfellers Internetseite www.landmais.ch verfügbar; siehe auch www.anhalonium.com.

Zur Bewertung dieser Ergebnisse schreibt mir Philipp Meyer-Gfeller: »Hauptresultat für mich ist der Umstand, dass es scheinbar Landsorten gibt, die grundsätzlich einen viel höheren Ertrag liefern könnten als bisher angenommen und sogar besser sein können als Hybride. Dass dies kein Zufall ist, deutet auch die in meinem Versuch angebaute Landmaissorte ›Oranger Tessinermais‹ an. Sie wird von mir für den Versuch als insgesamt gleich ertragreich wie die Hybridsorte beurteilt. Auch dies war eine große Überraschung, da mir viele Experten und Landwirte vorgängig das Gegenteil voraussagten.« Gleichzeitig warnt er vor Verallgemeinerungen: »Von mir aus darf aber nicht davon gesprochen werden, dass Bijeli oder der Orange Tessinermais die besseren oder ertragreicheren Sorten sind als Hybriden. Ein Versuch über ein Jahr an einem Standort sagt nur begrenzt etwas aus. Aber: Es gibt scheinbar viel ungenutztes Potential!«

Dass das Potenzial von samenfesten Sorten bewusst vernachlässigt wurde, macht auch die Geschichte der Hybridzüchtung in den USA deutlich (S. 59). Dieser Umstand hat sich in den letzten hundert Jahren nicht verändert, wie mir Samengärtner Oliver Christ* bestätigt: »Manche samenfeste Sorten bringen ähnliche Erträge wie Hybriden. Allerdings sind Hybride oft einfacher und kostengünstiger anzubauen, weil sie so einheitlich sind. Wenn sie dann auch noch mehr tragen, lohnt sich der Anbau natürlich doppelt. Dass viele samenfeste Sorten ertragsschwächer und komplizierter im Anbau sind, hängt mit Sicherheit auch damit zusammen, wie in den letzten Jahrzehnten gezüchtet wurde, und wie lange nicht mehr an samenfesten Sorten gearbeitet wurde. Wenn all die Saatgutfirmen vor 30 oder 40 Jahren intensiv samenfeste Sorten weiterentwickelt hätten, dann sähe jetzt bestimmt vieles ganz anders aus. Es wird so wenig Energie in samenfeste Sorten gesteckt, das ist wie ein Tropfen auf den heißen Stein.«

Auf die Frage, warum dann nicht einfach ›alte Sorten‹ verwendet würden, antwortet Oliver Christ: »In die alten Sorten wurde seit langer Zeit keine züchterische Arbeit mehr gesteckt. Eine Sorte muss gepflegt und regelmäßig angebaut werden. Wenn dies über mehrere Jahre oder Jahrzehnte nicht geschieht, kann sie den aktuellen Maßstäben und Erwartungen nicht standhalten. Man kann die alte Tomatensorte mit dem schönen Namen ›Berner Rose‹ nicht auf lange Transportwege schicken, weil sie zu weich ist. Sie kommt nicht beim Kunden an, zumindest nicht als ganze Tomate *(lacht)*. Das schränkt die Verwendung doch sehr ein.«

Eva Gelinsky* teilt diese Meinung: »Es bestehen riesige Unterschiede zwischen den Anbau- und Vertriebsbedingungen von vor ein paar Jahrzehnten und denen heute. Diese Lücke kann bei alten Sorten oft nicht mehr aufgeholt werden. Manchmal ist das Aufholen praktisch ganz ausgeschlossen, wenn eine Sorte lange nicht angebaut wurde. Sie hat dann vielleicht eine Krankheit, gegen die neu gezüchtete Sorten längst resistent gemacht wurden. Oder aber alte Sorten sind nicht kompatibel für lange Transportwege und lassen sich nicht lang genug lagern. Da funktioniert dann nur noch die Direktvermarktung[67], wenn überhaupt.« Hier geht es also wieder um das gesamte industrielle Agrarsystem mit seinen Produktions- und Verteilungsstrukturen, die die Nutzung von samenfesten Sorten erschweren.

Der Ertrag war schon immer ein wichtiges Kriterium bei der Züchtung und wird es wahrscheinlich auch bleiben. Wer träumt nicht von einer Erdbeerpflanze, die so viele dicke, rote Früchte wie möglich trägt? Doch der Ertrag darf nicht alle anderen Kriterien verdrängen, denn die Erdbeerpflanze ist schnell nicht mehr attraktiv, wenn ihre vielen Früchte nicht schmecken. Auch darf nicht vergessen werden, dass bei vielen Kulturpflanzensorten die Hybridzüchtung gar nicht vorrangig wegen des Ertrags fokussiert wird, sondern aufgrund ihrer Einheitlichkeit und der Gewinne aus den Saatgutverkäufen (S. 54).

67 Bei der Direktvermarktung findet kein langer Transport und keine lange Lagerung statt, das Gemüse erreicht die Esserinnen nach der Ernte direkt oder innerhalb weniger Tage durch Marktverkauf, Abo-Kisten oder Abholstellen der Solidarischen Landwirtschaft (S. 223).

## Muss Züchtung spezialisiert sein?

Nein, Züchtung muss nicht spezialisiert sein, das beweisen Millionen von Bäuerinnen und Bauern alltäglich und weltweit.[68] Erst durch die Strukturen der industriellen Landwirtschaft entsteht der Anspruch auf ›perfektes‹ Saatgut und so homogene Sorten, wie sie nur noch in spezialisierten Betrieben produziert und gezüchtet werden können.

In Ländern wie Deutschland ist das bäuerliche Saatgutwissen durch die Spezialisierung inzwischen so weit verdrängt (S. 139), dass sich Bauern und Gärtnerinnen diese Arbeit oft nicht mehr zutrauen. »Viele Gärtnereien nehmen sich nicht die Zeit für Saatgutarbeit. Viele haben einfach Angst, dass sie das nicht können: Man hat es noch nie gesehen, noch nie gemacht, und man ist unsicher. Das ist eine riesige Hemmschwelle«, beschreibt Samen- und Gemüsegärtner Niko Hader* die Situation (S. 234). Auch Eva Gelinsky* gibt zu Bedenken: »Ich kann schon verstehen, wenn ein Erwerbsgemüsebetrieb nicht auch noch Saatgutarbeit machen möchte. Dabei kann so viel schief gehen! Man braucht große Flächen, muss viel Zeit in die Beobachtung und Kontrolle investieren, es gibt diverse Krankheiten, die auch über das Saatgut übertragen werden können. Da braucht man viel Zeit und Wissen, wenn man diese Arbeit in den laufenden Betrieb integrieren will. Die Gärtnereien stehen ja sowieso schon enorm unter Druck, und Gemüsebau ist sehr arbeitsintensiv. Vor den Leuten, die das trotzdem hinkriegen, habe ich wirklich Hochachtung!«

Neben dem fehlenden Saatgutwissen erschwert also auch der Produktionsdruck im Erwerbsgemüsebau die Samengärtnerei. Dieser Aspekt wurde auch im Bericht einer Podiumsdiskussion zur Erhaltung von Kulturpflanzen festgehalten: »Eine Ursache für diese Arbeitsteilung [zwischen Züchtung, Saatguterzeugung und Gemüsebau] sind die enormen Anforderungen, z.B. an die äußere Qualität, die Quantität und die Einheitlichkeit der Produkte. Diesen Anforderungen ist der moderne Gemüsebau auch im ökologischen Bereich unterworfen. Auf diesen Druck reagieren die GemüsegärtnerInnen, indem sie sich die Sorten mit den größten Erfolgsaussichten besorgen. In der Regel sind dies […] Hybridsorten mit entsprechenden Resistenzen, die diesen intensiven Anbau erst ermöglichen. Während GärtnerInnen noch vor ein paar Jahrzehnten mehrere Varietäten, darunter auch ihre eigenen, angebaut und

**68** Ich behandele in diesem Kapitel Neuzüchtung, Erhaltungszüchtung und Saatgutproduktion parallel, da es eine Trennung dieser Bereiche in der bäuerlichen Landwirtschaft so nicht gibt.

somit Vielfalt erhalten haben, ist dies heute für einen Betrieb, der wirtschaftlich bestehen will, kaum mehr möglich« (BUKO et al. 2008:20).



In einem Gespräch mit Biogärtner Andreas Backfisch* erzählt dieser mir, es sei eine große Herausforderung, einen Erwerbsbetrieb idealistisch zu leiten. »Hofeigene Züchtungsarbeit, die Nutzung samenfester Sorten und marktorientierter Gemüsebau beißen sich oft!« Auch spricht er einen weiteren wichtigen Punkt an: »Bei Züchtung und Samenbau müssen sich Leidenschaft und Möglichkeiten kreuzen! Es ist möglich, diese Tätigkeiten in einen Erwerbsbetrieb zu integrieren, doch man benötigt Herzblut, Zeit und Platz dafür. Und was auf einem Betrieb passiert oder nicht passiert, hängt immer von den Personen auf dem Betrieb ab. Wenn die Gärtner keine Leidenschaft dafür haben, sehen sie auch keine Möglichkeiten.« Doch wie sollen Gärtnerinnen und Bauern Leidenschaft für Samenbau entwickeln, wenn sie damit nicht in Kontakt kommen (S. 140)?

Die Agrarindustrie hat in den Ländern des globalen Nordens also ihr Ziel schon nahezu erreicht: Viele Gärtner und Bäuerinnen sehen sich gar nicht mehr befähigt, haben keine Zeit oder keine Strukturen, ihr eigenes Saatgut zu gewinnen. Entsprechend herausfordernd ist es auch, Züchtung und Saatgutproduktion zurück auf die Höfe zu holen. Hiervon handeln die nächsten Interviews und Streifzüge.

Interview

## Mit der Konsumhaltung können wir uns auf den Kopf stellen – Ein Gespräch mit zwei Dreschflegeln

### GESPRÄCH MIT STEFI CLAR* UND QUIRIN WEMBER*

»Vielfalt kann nur durch viele Menschen in vielen Gegenden entstehen!«, ist auf der Internetseite von Dreschflegel zu lesen. Dreschflegel ist eine Gemeinschaft von 14 Biohöfen in verschiedenen Regionen Deutschlands. Hier werden Arten und Sorten gezüchtet und vermehrt, die von der industriellen Züchtung in den letzten Jahrzehnten vernachlässigt wurden. Anbau, Saatguttrocknung, -reinigung und -verpackung finden auf den einzelnen Höfen statt, während der Saatgutversand zentral organisiert ist. Neben dem praktischen Samenbau beschäftigen sich die Dreschflegel auch mit Saatgutpolitik und Weiterbildung. Wichtig ist ihnen, nur Saatgut weiterzugeben, dass nachgebaut werden kann, Hybriden finden sich nicht im Angebot. Eine Dreschflegel-Chefin wird man vergeblich suchen – alle sind hier ihre eigenen Chefinnen und Chefs, und Entscheidungen werden im Konsens gefällt.

Ich habe die zwei Dreschflegel Stefi Clar* und Quirin Wember* in Ellingerode bei Witzenhausen besucht. Nach einem spannenden Spaziergang über die Anbauflächen diskutierten wir, ob und wie Züchtung und Saatgutproduktion wieder zurück auf die Höfe geholt werden kann.

**Ihr verkauft euer Saatgut ja hauptsächlich an Hausgärtnerinnen. Aber kann es auch im Erwerbsanbau verwendet werden?**

**Stefi:** Unsere Ausrichtung zielt – auch in der Sortenwahl und den Auslesekriterien – auf Hausgarten und Selbstversorgung. Unsere Zuchtziele weichen zumindest zum Teil von dem ab, was im Erwerbsgemüsebau gewünscht ist, zum Beispiel, was die Ernte betrifft: Ein- oder Zweimalernte im Erwerbsgemüsebau steht da bei vielen Kulturen gegen ein langes Erntefenster im Hausgarten.

**Quirin:** Und unsere Tomaten haben beispielsweise keine Resistenzen gegen Samtfleckenkrankheit[69]. Im heutigen intensiven Tomatenanbau im Gewächshaus werden diese Resistenzen erwartet. Ein Schwerpunkt bei uns ist aber der extensive Freilandanbau von Tomaten.

**Stefi:** Ein Erwerbsgärtner hat von mir eine Zeit lang Saatgut von der Peperonisorte ›Westlandia‹ gekauft. Die ist fruchtig und scharf. Wir haben ihn mal besucht, das war der Hammer! Er hatte in dem Jahr etwa 10.000 Peperonipflanzen stehen, um die Ernte zu scharfen Pasten und Soßen zu verarbeiten, und er hat dann auch selber

**69** *Cladosporium fulvum*; typische Tomatenkrankheit, die insbesondere beim großflächigen Anbau im Gewächshaus auftritt.

Stefi Clar

Saatgut gewonnen. Die Pflanzen sahen super aus. In diesem Fall war die Verwendung unserer Sorte also möglich. Es gibt immer mal wieder Anfragen von Leuten, die genau eine bestimmte Sorte in der Erwerbsgärtnerei haben wollen, zum Beispiel Möhren oder Grünkohl für die Gastronomie oder die Direktvermarktung – da gehen dann auch unsere Sorten.

**Und was meint ihr, warum findet so wenig Samenbau in den Gärtnereien statt?**

**Stefi:** Es gibt ja Gärtnereien, die das machen. Aber intensiver Erwerbsanbau passt nicht wirklich gut mit Samenbau zusammen. Beim Erwerbsgemüsebau überwiegt ein Wochenrhythmus, es gibt feste Tage, an denen geerntet wird oder Markttage sind, oder oder – bei uns überwiegt der Jahresrhythmus. Und wenn eine große Saatguternte ansteht, dann ist das Saatgut eben reif und sollte geerntet werden. Wenn dann gerade der Markttag ist und es danach regnet, dann ist das Saatgut wieder nass. Wenn der Gemüsebau intensiv ist, ist es oft schwierig, beides unter einen Hut zu bringen.

**Quirin:** Ja, das stimmt, und die Gärtnereien, die Samenbau integrieren, machen deshalb auch nicht alles Saatgut selber. Wenn Erwerbsgärtner und -gärtnerinnen damit anfangen wollen, können sie zum Beispiel einfach mit Tomaten beginnen (S. 148). Das klappt aber nur, wenn sie von

Quirin Wember

irgendwoher eine besondere Tomate bekommen, die ihnen gefällt und die außerdem keine Hybride ist. Vielleicht fangen sie mit der Vermehrung klein an, und im Jahr drauf wollen sie schon ein ganzes Gewächshaus voll haben. Und dafür muss man ja nur drei Tomaten nehmen und schon hat man genug Saatgut! Das ist nicht die Welt, das muss nur jemand machen. Eigentlich muss man bei Tomaten nicht mal Mut haben, es muss sich einfach eine Person zuständig fühlen und dran denken.

**Stefi:** Genau. Ich glaube, das ist das wichtigste: Saatgut wieder zum eigenen Ding zu machen. Dann ist auch das fehlende Wissen nicht so das Problem, das kann man sich ja aneignen.

**Quirin:** Fehlendes Wissen ist manchmal ein ganz anderer Punkt: Die Menschen finden Samenbau unüberschaubar, das ist eine Hemmschwelle! Und dann gehen sie gleich mit einer unheimlich hohen Erwartung heran, alles auf einmal schaffen zu müssen.

**Ist das denn im Hausgarten anders?**

**Quirin:** Ja, im Hausgarten gibt es den Druck nicht, da fangen die Leute einfach an und probieren aus. Wenn du bei uns Dreschflegeln mal schaust, ganz schön viele von uns haben im Hausgarten angefangen. Daher ist unser Ansatz auch, das Saatgutwissen nicht aufzubauschen und nicht zu sagen, die Leute müssen sich damit ewig auseinandersetzen. Ich würde immer versuchen, die Hemmschwelle abzubauen, und nicht zu sagen, dass das eine Wissenschaft für sich ist. In unseren *Saaten & Taten*[70] haben wir daher eine regelmäßige Serie, in der wir eine Kultur beschreiben und erklären, wie man davon Saatgut vermehrt. Und wir bieten auch Saatgutseminare an, das ist dann der nächste Schritt.

**Wisst ihr denn von Hausgärtnerinnen, die selbst Saatgut gewinnen?**

**Quirin:** Wir haben um die Jahrtausendwende herum bei einer Umfrage unter Kunden herausgefunden, dass mehr als 60 Prozent von ihnen auch irgendwas an Saatgut selber machen. Und 2012 hat eine Landwirtschaftsstudentin in ihrer Bachelorarbeit eine Umfrage unter 300 Leuten gemacht, die früher bei Dreschflegel bestellt haben und inzwischen abgesprungen sind. Die allermeisten von ihnen haben angegeben, dass sie Saatgut selber machen – oder sogar, dass Saatgut aus dem eigenen Garten die wichtigste Saatgutquelle ist. Viele tauschen auch mit Nachbarn, Freundinnen und Verwandten. Für sehr viele ist das selbst erzeugte Saatgut mit ein Grund, warum sie nicht mehr bei Dreschflegel bestellen. Das zeigt doch, dass da gerade viel auf der Hausgarten-Ebene passiert.

**Meint ihr nicht, dass viele Leute im Erwerbsanbau Angst haben, dass das Saatgut nicht gesund ist, wenn sie es selber gewinnen?**

**Stefi:** Nicht gesund oder keine guten Sorteneigenschaften? Diese Frage spricht oberflächlich die Wissensebene an, von der wir es vorhin schon hatten. Mit der Erfahrung können Menschen ja lernen, was ihnen an Sortenvermehrung oder auch Züchtung in Hausgarten oder Erwerbsanbau gelingt und was nicht. Oder inwiefern sie samenbürtigen Krankheiten zum Beispiel mit einer Heißwasserbehandlung[71] begegnen können.
Hintergründig geht es aber um eine innere Haltung. Sind Bäuerinnen und Gärtner Konsumentinnen und Konsumenten von Saatgut, das ihnen von einem inzwischen globalisierten Saatgutmarkt zur Verfügung gestellt wird? Dann liegt die Verantwortung für Saatgut und Sorten bei den entsprechenden Saatgutkonzernen. Die liefern homogene Sorten mit hohem Ertragsniveau und möglichst vielen Resistenzen; die Sorten sind für intensivsten Anbau gezüchtet. Und die Saatgutfirmen entscheiden zum Beispiel über Züchtungstechniken, Zuchtziele und Züchtungsschwerpunkte. Wenn wir aber darauf

**70** *Saaten & Taten* ist ein jährlich von Dreschflegel herausgegebener Saatgutkatalog mit Informationen rund ums Thema Saatgut.

**71** Die Heißwasserbehandlung wird alternativ zur chemisch-synthetischen Beizung des Saatgutes gegen samenbürtige Krankheiten verwendet. Hierbei wird das Saatgut je nach Kulturart mit 40 bis 55 Grad heißem Wasser zwischen zehn und 60 Minuten behandelt und danach getrocknet.

Einfluss nehmen wollen und zum Beispiel keine molekularen Techniken in der Züchtung wollen, dann können wir uns mit dieser Konsumhaltung auf den Kopf stellen – an der Ausrichtung der modernen Pflanzenzüchtung auf eine immer intensivere Agrarwirtschaft wird sich nichts Grundlegendes ändern.

**Quirin:** Im Biogemüsebau ist der Umgang mit CMS-Hybriden ein bekanntes Beispiel dafür (S. 98): Die Bioanbauverbände lehnen diese Technik ab, die Saatgutindustrie schert sich aber nicht darum. Bäuerinnen und Bauern müssen es in ihre eigenen Hände nehmen, wieder samenfeste Sorten für den Erwerbsanbau zu züchten. Das macht zum Beispiel der Verein Kultursaat (S. 221). Doch selbst innerhalb der Ökozüchtung gibt es strittige Fragen: Sollen wir wirklich für einen immer intensiveren Anbau Sorten zur Verfügung stellen, anstatt an der immer krasseren Intensivierung – auch im Bioanbau – etwas zu ändern?

**Stefi:** Mit der Ablehnung der Gentechnik haben wir bisher viel erreicht, aber neue molekulare Techniken sind gerade dabei, uns zu überrollen. Wenn wir die nicht wollen, hilft es nichts, die Saatgutkonzerne darum zu bitten! Die Konsumhaltung aufgeben hieße, wieder und noch mehr Züchtungs- und Saatgutarbeit auf die Höfe und in die Gärtnereien zu holen.

**Ihr meint, selbst gewonnenes Saatgut als Gegenentwurf zu Gentechnik und anderen molekularen Techniken?**

**Stefi:** Ja, sozusagen als Zuspitzung ganz allgemeiner Wiederaneignungsvisionen. Bei einer Diskussion hat mich jemand gefragt, ob das nicht zu krass ist, landwirtschaftlichen und gärtnerischen Betrieben noch mehr Arbeit und Verantwortung aufzuhalsen. Meine Antwort: Ich respektiere den jeweils eigenen Lebensentwurf und die jeweils eigenen Grenzen als höchstes Gut. Nicht alle müssen ja alles machen. Aber die bäuerliche Landwirtschaft und der Bioanbau werden sich entscheiden müssen zwischen einer eigenen Züchtung und einer inzwischen schon verfestigten Konsumhaltung. Wir werden perspektivisch keine politisch und ›technisch‹ korrekten Sorten von der Saatgutindustrie bekommen.

Interview

# Integrierte Saatgutarbeit bei der Gärtnerei Piluweri

## GESPRÄCH MIT PILUWERI-GÄRTNER OLIVER CHRIST*

In der Gärtnerei Piluweri südlich von Freiburg wird getan, was in Deutschland heute kaum jemand tut: Die Gärtnerinnen und Gärtner bauen hier auf 35 Hektar Biogemüse an, vermehren Saatgut und arbeiten an der Züchtung neuer Sorten. Das Gemüse wird über verschiedenste Wege vermarktet, von Hofverkauf, Wochenmärkten und Abokisten über Einzelhandel, soziale Einrichtungen und Gastronomie bis hin zum Großhandel. Piluweri-Gärtner Oliver Christ* nimmt sich viel Zeit, und wir sitzen bei fast 40 Grad Celsius im Schatten eines Zwetschgenbaums.

Oliver Christ im blühenden Bestand der Möhrensorte ›Milan‹

**Herr Christ, wie klappt denn bei Piluweri die Integration der Saatgutarbeit in den Gemüsebau?**

Inzwischen laufen diese unterschiedlichen Komponenten nicht mehr nebeneinander her, sondern sind ineinander verzahnt. Aber es hat eine Weile gedauert, bis alle Arbeitsschritte in die normale gemüsebauliche Arbeit integriert waren. Die Saatgutpflege und -ernte findet natürlich getrennt statt, weil das eigene Arbeitsschritte sind.

**Und die Züchtung?**

Für die Züchtung ist es ein riesiger Vorteil, wenn sie in einen großen Gemüsebau integriert ist. Wir können unsere Züchtung aus großen Selektionsbeständen[72] heraus beginnen, und Sorten immer wieder in unfertigem Zustand ausprobieren. Dadurch wissen wir sofort, wie unsere Sorten im Anbau bestehen. Spezialisierte Züchtungsbetriebe haben hiermit Schwierigkeiten, die müssen Gärtnereien finden, die für sie den Testanbau machen und ihnen Rückmeldung geben. Das ist ein erheblicher Mehraufwand. Auf der anderen Seite ist Züchtung natürlich auch zeitaufwändig, und die Integration in den Gemüsebau nicht immer einfach. Manchmal erfordert das schon einen Kraftakt.

**Aber dennoch ist die Integration der Züchtung in den Gemüsebau möglich und sinnvoll?**

Auf jeden Fall. Wir müssen ja nicht dahin zurück, dass jeder Betrieb seine eigene Hofsorte hat. Aber es macht total Sinn, regionale Sorten zu entwickeln und die Züchtung in Gärtnereien stattfinden zu lassen. Wir haben dadurch auch unsere eigene Jungpflanzenanzucht und sind nicht abhängig von Jungpflanzengärtnereien. Daher haben wir ganz andere Rahmenbedingungen. Jungpflanzengärtnereien sind in der Regel sehr spezialisierte Betriebe, die nur große Mengen von einer Sorte aussäen und sehr effizient arbeiten. Sie vereinzeln[73] nur noch selten, und nutzen daher fast nur noch pilliertes Saatgut (S. 94). Saatgut einer Sorte wird aber erst dann pilliert, wenn die Sorte bekannt ist und in großen Mengen nachgefragt wird. Ist von einer Sorte nur nicht-pilliertes Saatgut erhältlich, fällt diese für die spezialisierte Jungpflanzenaufzucht – und die Gärtnereien, die von diesen abhängen – weg.

**Gärtnereien ohne Jungpflanzenanzucht können also nur aus bestimmten, vom Jungpflanzenbetrieb vorgegebenen Sorten auswählen?**

Große Gärtnereien, die viel abnehmen, können natürlich ein gewaltiges Wort mitreden. Aber wenn man nur ein paar Kisten von einer Sorte nachfragt, die sonst niemand haben will, dann kostet das zu viel.

**Nutzt Piluweri denn nur samenfeste Sorten?**

Nein, das schaffen wir leider nicht. Etwa 80 Prozent unserer Sorten sind samenfest. Der Knackpunkt sind Kohl und auch Gurken; da gibt es keine samenfesten Sorten, die unseren Ansprüchen genügen. Da wir auch für den Großhandel produzieren, müssen wir deren Sortierungen und Farbansprüchen gerecht werden, und das klappt mit den samenfesten Sorten nicht immer. Aber meine Vision ist, dass wir es in Zukunft schaffen, nur noch samenfeste Sorten anzubauen.

**72** Selektionsbestände bezeichnen den Pflanzenbestand, aus dem selektiert wird.

**73** Unter ›vereinzeln‹ wird das Verpflanzen von zu eng stehenden Jungpflänzchen auf größere Abstände verstanden.

Streifzug

## Von Kohlköpfen, Fremdbefruchtern und ihren Bestäubern

»Die Spezialisierung im Saatgutsektor macht durchaus Sinn! Saatgutvermehrung ist ein hoher Aufwand. Und oft wird viel mehr Saatgut produziert, als man alleine verwenden kann. Gerade bei Fremdbefruchtern wie Kohl selektiert man am besten aus einem Bestand von mehr als 1.000 Pflanzen etwa 50 Pflanzen aus, um Inzuchtdepressionen zu vermeiden (S. 52). Das Saatgut von diesen 50 Pflanzen reicht dann für viele, viele Menschen!«, erklärt mir Gebhard Rossmanith* von der Bingenheimer Saatgut AG. Dieses Vorgehen findet in der professionellen Pflanzenzüchtung und spezialisierten Saatgutproduktion Anwendung. Auch in bäuerlichen Gemeinschaften, die gemeinsam ihren Saatgutbedarf decken, kann dieser Umgang mit Fremdbefruchtern praktisch sein (S. 234).

Doch die Bäuerinnen und Bauern, die einen Großteil des Saatgutes weltweit produzieren, selektieren selten aus so großen Pflanzenbeständen. Häufig haben sie kleine Felder und Gärten, die so vielfältig bestellt sind, dass nur wenige Pflanzen einer Sorte Platz haben. Aber wie bleiben die Fremdbefruchter im bäuerlichen Anbau dann gesund, warum gibt es keine Inzuchtdepressionen?

In der bäuerlichen Landwirtschaft ist ein kleines Feld mit einem kleinen Pflanzenbestand selten ›allein‹, sondern umgeben von Feldern und Gärten anderer Bauern und Gärtnerinnen. Beispielsweise hat Reinhard Lühring* bei seinen Erkundungen der ostfriesischen Hausgärten (S. 154) festgestellt, dass gerade der inzuchtgefährdete Kohl durch den Anbau in vielen nebeneinander liegenden Gärten über Generationen gesund geblieben ist: »Das war auch sehr interessant beim Grünkohl: Die Leute haben immer nur drei bis fünf Pflanzen zum Abblühen stehengelassen, sie haben sich die Schönsten rausgesucht. Von meinem züchterischen Verständnis ist das zu wenig! Wenn ich Kohl vermehre, lasse ich mindestens 30 bis 50 Pflanzen blühen, damit es keine Inzuchtdepression gibt. Komischerweise hatten die ostfriesischen Hausgärtner seit Generationen immer nur so wenige Pflanzen, doch wie konnten diese gesund bleiben? Ganz einfach: Wenn in jedem Dorf in vielen Gärten Pflanzen stehen, werden die Insekten immer mal andere Pflanzen bestäuben, und so werden die Sorten nicht zu eng. Und trotzdem haben sich einzelne Sortentypen in den Dörfern erhalten, die nicht alle gleich sind. Manche sind niedrig, manche hoch, manche feinkraus, andere glattblättrig, manche fleischig, und sie sind von der Farbe her unterschiedlich«.

Auch die Bäuerinnen aus Truden in Südtirol vermehren auf diese Art Kohlköpfe, wie Heistinger beschreibt (2001:123f): »Jede Frau setzte 3-4 Köpfe der Sorte in den Garten. Eine Stückzahl, die unter professionellen Züchtern als nicht ausreichend gilt. [...] Keine Frau vermehrte so viele Köpfe, wie in der professionellen Züchtung als notwendig erachtet werden. Und doch war diese Form der Krautzüchtung in Truden offensichtlich erfolgreich. Was war der Grund dafür?« Genau wie Reinhard Lühring gibt Heistinger als Grund die Insekten an, die bei einem kleinteiligen Anbau für vielfältige Bestäubung sorgen. »Auch wenn jede Frau nur wenige Krautköpfe im Garten anpflanzte, wurden doch so viele Krautköpfe im Dorf vermehrt, dass in Summe der Pflanzenbestand ausreichend groß war. Die Lokalsorte Trudener formte sich solchermaßen in den Händen einzelner Frauen und war gleichzeitig abhängig davon, dass es mehrere Frauen gab, die diese Sorte vermehrten« (Heistinger 2001:124).

Hier kommt also wieder die Vielfalt und Kleinteiligkeit bäuerlicher Anbausysteme ins Spiel (S. 38). Natürlich wird auf diese Weise keine sehr homogene Sorte erhalten, doch anscheinend macht diese Art der Vermehrung es dennoch möglich, verschiedene Sorten zu unterscheiden. Neben der Vielfalt der bäuerlichen Saatgutsysteme ist auch das Weitergeben von Saatgut eine bäuerliche Maßnahme für den Erhalt gesunder Sorten, denn durch den Austausch von Saatgut können Sorten vital gehalten werden (S. 171, 179).

Streifzug

## Alles in den eigenen Händen – Bäuerliche Pflanzenzüchtung in Südtirol

Bei der Frage, ob Pflanzenzüchtung spezialisiert sein muss, gilt es auch einen Blick dorthin zu werfen, wo sie dies nicht ist – nicht nur in die Vergangenheit, sondern auch in die Gegenwart, und nicht nur in den globalen Süden, sondern auch in den Norden! In einer Forschungsarbeit schreibt Heistinger (2001) über das bäuerliche Züchten in Südtirol. Sie zeigt, dass die Bäuerinnen ein gänzlich anderes Verständnis vom Züchten haben als die spezialisierte Pflanzenzüchtung. Das Züchten ist völlig in ihr Leben integriert, und eine Trennung zwischen Anbau und Züchtung wird weder im alltäglichen Sprachgebrauch vorgenommen noch in der bäuerlichen Praxis: Das bäuerliche Züchten meint gleichzeitig kultivieren, anbauen, pflegen, selektieren, Früchte ernten und Saatgut nehmen (Heistinger 2001:38f).

Bei diesem Züchten gibt es keine allgemeingültigen Regeln, denen die Bäuerinnen folgen. Stattdessen nutzen sie das Wissen, das ihnen über persönliche Kontakte mit Verwandten, Nachbarinnen oder Freundinnen übermittelt wurde. Zudem basiert ihr Saatgutwissen auf ihrem Erfahrungsschatz, sie verlassen sich auf die Intuition und das Gespür, das sie im Laufe der Jahre entwickelt haben (Heistinger 2001:100f). Dabei erheben die Bäuerinnen keinen Anspruch auf universelle Gültigkeit ihres Wissens. Sie sind sich bewusst, dass andere Bäuerinnen andere Sorten anbauen und dies auf eine andere Art und Weise tun; ihnen ist klar, dass ihr Züchten von den eigenen Fähigkeiten und ihrem Horizont abhängt, und dass sie eben *ihre* Sorten züchten.

Gleichzeitig ist das bäuerliche Züchten nicht statisch, sondern von einem hohen Maß an spontaner Improvisation und Flexibilität gekennzeichnet (Heistinger 2001:98ff). Wenn die Bäuerinnen bei einer Kulturart nicht wissen, wie die Samen genommen werden, probieren sie es aus, beobachten und warten ab, ob es funktioniert.

Das Züchten ist in diesem Kontext eine Tätigkeit, die von den Bäuerinnen mit allen Sinnen erspürt wird und vom Betasten und Beobachten lebt. Bei der Auswahl eines Krautkopfes als Samenträger gelten Merkmale, die schwerlich genau definiert werden können: Der Krautkopf »darf nicht zu groß, aber auch nicht zu klein sein, er muss fest [...] sein, darf aber auch nicht zu fest sein« (Heistinger 2001:87).

Die Bäuerinnen folgen beim Samenbau aber auch ihrer Freude, Lust und Vorliebe. Sie selektieren nach Farben, Formen, Größe und Geschmack, so wie es ihnen gefällt (Heistinger 2001:100). Eine Südtiroler Bäuerin erzählt, wie ihre Großmutter mit Begeisterung eine bunte Mischung an Rüben verschiedener Farben und Formen gesammelt, angebaut und vermehrt hat. Die Bäuerin erhält bis heute diese Vielfalt, einfach nur, weil es eine ›schöne Mischung‹ ist aus länglichen, runden, platten, blauen, violetten und roten Rüben (Heistinger 2001:91). Neben der Freude über Formen und Farben spielt auch der Geschmack der Früchte eine wichtige Rolle. Das Probieren, Zubereiten und Essen der Früchte ist selbstverständlicher Teil des Züchtens (Heistinger 2001:92ff). Bei all dem kommt für die Bäuerinnen bezeichnenderweise nicht die Frage auf, ob eine Sorte ›fertig‹ ist. Das Züchten wird als ein Kreislauf gesehen, der durch den Rhythmus von Anbau, Ernte, Saatgutgewinnung und Essen bestimmt wird. Die Züchtung der Sorten ist durch die Hände der Bäuerinnen geprägt und kann nicht von deren Leben getrennt gedacht werden.

Diese ganzheitliche Sichtweise ist das eine Extrem in der Frage nach Spezialisierung der Züchtung – das andere Extrem ist die komplette Arbeitsteilung. Zu erkunden sind jedoch nicht nur diese beiden Extreme, sondern insbesondere die Wege und Möglichkeiten dazwischen. Was geschieht, wenn sich Menschen mit spezialisiertem und mit ganzheitlichem Wissen treffen? Viele Bäuerinnen sind sich der Grenzen ihres Wissens bewusst und durchaus offen und neugierig. Manche von ihnen suchen nach Möglichkeiten der Zusammenarbeit mit Wissenschaftlerinnen, um gemeinsam Sorten und Züchtungstechniken weiterzuentwickeln. Von dieser gemeinsamen Züchtung erzählt das nächste Kapitel.

Die vorangehenden Streifzüge und Interviews regen zum Nachdenken über die Spezialisierung der Züchtung an. Doch hierbei ist zu bedenken: So romantisch die Züchtung in den Händen der Bäuerinnen auch anmuten mag, Spezialisierung ist nicht grundsätzlich schlecht! Wenn die Arbeitsteilung zwischen Lebensmittelanbau, Saatgutproduktion und Züchtung tatsächlich den Alltag der Bäuerinnen erleichtert, ihre Strukturen praktischer gestaltet und gute Sorten hervorbringt, ist dagegen nichts einzuwenden. Die Spezialisierung selbst ist nicht das Problem. Das Problem besteht vielmehr darin, dass den Bäuerinnen ihre Züchtung genommen wird – und noch kritischer ist, wer sie mit welchen Mitteln nimmt. Die Spezialisierung der Züchtung ist erst dann problematisch, wenn Gesetze, finanzielle Zwänge, Werbekampagnen oder andere Faktoren die Bäuerinnen dazu drängen, Saatgut zu kaufen anstatt es selbst zu produzieren; wenn die Züchtung von internationalen Großkonzernen übernommen und nach Wirtschaftlichkeitskriterien definiert wird; und wenn schließlich Gärtnerinnen, Bauern und unser aller Nahrungsmittelversorgung in die Abhängigkeit dieser Unternehmen geraten. All dies ist in den letzten 100 Jahren viel zu umfassend geschehen.

Das vielleicht Bedenklichste an dieser Entwicklung ist, dass sie das Bild erzeugt, Bäuerinnen seien nicht fähig, ihr eigenes, hochwertiges Saatgut zu produzieren – und die Ernährung der Menschen sei ohne eine professionelle, spezialisierte Züchtung gefährdet. Dieses Bild ist in industrialisierten Ländern wie Deutschland leicht aufrechtzuerhalten, da hier 90 Prozent des Saatgutes von Spezialisten hergestellt wird. Dennoch geht es weit an der Realität von Millionen Bäuerinnen und Bauern vorbei, die noch heute einen Großteil der Züchtung und Saatguterzeugung in ihren Händen haben.

In vielen Ländern sind Züchtung, Samengärtnerei und auch samenfeste Sorten nahezu vollständig von den Äckern der Bäuerinnen und Gärtner verschwunden. Dies macht eine spezialisierte Züchtung so nötig wie nie zuvor, wie mir Gebhard Rossmanith* erklärt: »Durch die Hybridzüchtung und die neuen Züchtungsmethoden in den letzten Jahrzehnten sind wir züchterisch in so vielen Sackgassen gelandet! Nur im Nebenher zu selektieren reicht in der momentanen Situation nicht aus. Wir benötigen wirklich konzentrierte ökologische Züchtung. In dem Moment, wo jemand viel Zeit in Züchtung steckt und hierfür Geld benötigt, findet Spezialisierung statt. Das ist zunächst überhaupt nicht problematisch. Es kommt auf das Verhältnis zwischen Bauern und Züchtern an. Züchtung muss gemeinsam mit Bauern geschehen, auf Augenhöhe!«

Die Realität ist also nicht schwarz-weiß und die Antwort auf die Frage nach zukunftsfähigen Züchtungsstrukturen komplex und kontextabhängig. Ein solch differenziertes Bild zeigt auch Eva Gelinsky* auf: »Da ist keine pauschale Antwort möglich. Arbeitsteilung ist ja nicht *per se* negativ. Züchtung auf Höfen ist spannend, wenn das Wissen da ist – aber da ist auch viel verloren gegangen. Generell sind möglichst vielfältige Formen von Züchtung wichtig. Auch spezialisierte Züchtung ist nötig, weil es immer wieder neue Herausforderungen und Probleme gibt, für die einfach Detailwissen gebraucht wird. Auch eine enge Zusammenarbeit mit der Wissenschaft finde ich wichtig. Also je mehr möglichst kleinräumige und lokale Ansätze, die untereinander gut vernetzt sind und Erfahrungen austauschen, desto besser!«

Die Idee der Zusammenarbeit von Bäuerinnen, professionellen Züchtern und Wissenschaftlerinnen wird in der ›Partizipativen Pflanzenzüchtung‹ aufgegriffen. Diese geht davon aus, dass die drei Gruppen über jeweils wertvolles Wissen verfügen, das sich gegenseitig ergänzen und bereichern kann. Doch hierbei ist wichtig, dass Bäuerinnen und Gärtnern keine Strategie oder Zielrichtung aufgezwungen wird, sondern tatsächlich ein Miteinander auf Augenhöhe entsteht. Eine solche Zusammenarbeit stellt die Gärtnerinnen, Bauern und ihre Gemeinschaften mit ihren Bedürfnissen, Erfahrungen und ihrem Erfindungsreichtum ins Zentrum. Von dort ausgehend können gemeinsam die Techniken, Methoden und Ziele der Züchtung ausgehandelt und festgelegt werden.

Viele Projekte der Partizipativen Pflanzenzüchtung finden allerdings nicht auf Augenhöhe statt; stattdessen wird das Wörtchen ›partizipativ‹ verwendet, um das Image einiger Konzerne oder Institute aufzupolieren. Oft werden Bäuerinnen als ›Wissensressourcen‹ gesehen, die bei der Partizipativen Züchtung nicht gleichberechtigt behandelt, sondern vielmehr ausgenutzt werden. Daher meide ich den Begriff der Partizipativen Züchtung und schreibe stattdessen von ›gemeinsamer Züchtung‹.

Ein Beispiel für eine gemeinsame Züchtung gibt Jürgen Holzapfel*: »Mit Getreidezüchter Peter Kunz habe ich dieses Thema diskutiert. Er züchtet unterschiedliche Sorten für unterschiedliche Gebiete und stellt den Bauern seine Sorten vor. Diese vermehren kleine Partien von ihm und geben ihm eine Rückmeldung. So steht er im Austausch mit den Bauern, die sein Züchtungsmaterial vermehren, und kann direkt sehen, ob das für sie interessant ist und ob er an dieser Züchtungslinie weiterarbeiten sollte oder nicht. Züchtung, die auf diese Art mit den Bauern die Sorten entwickelt, finde ich okay und wichtig. Generell ist Züchtung schon wirklich wichtig, es geht ja darum, Sorten zu verbessern, die dann wiederum besser geeignet sind für die Landwirtschaft. Einzelne Arten bekommt man heute nur noch als Hybriden, da sehe ich die große Herausforderung der Züchtung, wieder zu den samenfesten Sorten zurückzufinden. Allerdings hat Züchtung heute meist andere Zielsetzungen, und das ist dann gar nicht mehr diskutabel. Am Ende steht einfach immer die Frage, für wen du die Züchtung machst!«

Die folgenden drei Geschichten erzählen von Initiativen, in denen Bäuerinnen und Bauern die Züchtung selbst in die Hand genommen haben, um gemeinsam mit anderen Interessensgruppen eine eigene Züchtung aufzubauen.

Streifzug

## Vielfältiges Getreide für vielfältiges Brot – Frankreichs Bäckerbauern, die ›Paysans-Boulangers‹

Wer kennt eine Bäckerei, die noch selber bäckt? Die selbst Teig mischt anstatt gefrorene Teiglinge aufzubacken? Die keine industrielle Backmischung verwendet? Es gibt nur noch wenige dieser Bäckereien! Die meisten Teige werden industriell hergestellt, und die Bäckereien sind nur noch fürs Aufbacken und Verkaufen da. Für diese industrielle Verarbeitung von Getreide ist ein hoher Gehalt an Kleber-Eiweiß (Gluten) wichtig, da es für eine gute Backqualität sorgt: Das Brot wird feinporig und locker. Daher konzentriert sich insbesondere die Weizenzüchtung auf einen möglichst hohen Glutengehalt. Vielen Teigen wird sogar zusätzlich Gluten beigemischt, um die Backqualität weiter zu erhöhen. Das Ergebnis sind immer ähnlicher schmeckende Brote und zunehmende Unverträglichkeiten von Weizenprodukten.

Doch nicht nur das Gluten führt zu Getreideunverträglichkeiten. Neueren Forschungen nach sind es vor allem Eiweißstoffe der Gruppe ›Amylase-Trypsin-Inhibitoren‹ (ATIs), die Beschwerden verursachen. Die ATIs sind pflanzeneigene Abwehrstoffe, die das Getreide gegen Schädlinge produziert. Getreidesorten mit hohem ATI-Gehalt sind widerstandsfähiger gegen Schädlinge aller Art, sodass sich die Züchtung über Jahrzehnte auf diese Sorten fokussiert hat. Doch anscheinend liegen die ATIs nicht nur den Schädlingen schwer im Magen, sondern rufen auch entzündliche Reaktionen bei Menschen hervor. Da ältere Getreidesorten besser verträglich sind, wird vermutet, dass die Züchtung von HR-Sorten zu einer Verschärfung der Getreideunverträglichkeiten geführt hat (Heyden 2014). Und wieder zeigt uns die Fokussierung auf wenige einheitliche Sorten ihre Schattenseiten.

In Frankreich hatten einige Bäuerinnen und Bauern es satt, Getreide für einen immer einheitlicheren Markt zu produzieren. Sie wollten gerne andere Getreidesorten mit vielfältigen Eigenschaften anbauen, jedoch gab es hierfür keine Abnehmerinnen. Und so gründeten sie das Netzwerk der ›paysans-boulangers‹, der Bäckerbauern, und begannen selbst zu backen: Innerhalb des Netzwerks tauschen die Bäckerbauern Saatgut regionaler Getreidesorten, bauen diese an, beobachten und selektieren. Gleichzeitig backen sie etwa zweimal pro Woche für den Nachmittagsverkauf und sorgen so selbst für die Verarbeitung ihres Getreides. Zusätzliche bauen sie ein gemeinsames Züchtungsprojekt auf, in dem sie zusammen mit Wissenschaftlerinnen die Entwicklung der bäuerlichen Getreidesorten in unterschiedlichen Regionen beobachten (BUKO et al. 2008:29f, Hennenkämper 2012).

In ihrer Getreidezüchtung geht es den Bäckerbauern nicht um den Maximalertrag und auch nicht nur um bestimmte Klebereigenschaften. Stattdessen stehen die Anbaueignung unter ökologischen Bedingungen, das Aroma, die Farbe und Gesundheitsaspekte im Fokus. Und es geht um Vielfalt – Vielfalt der Anbaubedingungen, der Getreideeigenschaften, der Geschmäcker und der Tätigkeiten. Bei den Bäckerbauern sind Züchtung, Anbau und Verarbeitung aufeinander abgestimmt, und manchmal entspricht sogar die Getreidemischung auf dem Feld der Mischung für den Brotteig. Je nach Sorte und Mischung bereiten sie Teige mit sehr verschiedenen Eigenschaften, die mit unterschiedlichem Sauerteig angesetzt werden und eine jeweils andere Teigführung benötigen.

Die Bäckerbauern haben von Züchtung, Saatgutgewinnung und -tausch über Anbau, Verarbeitung und Verteilung jeden Schritt in den eigenen Händen. Sie können sich lossagen von industriellen Normen und immer einheitlicher und langweiliger werdenden Sorten, Tätigkeiten und Geschmäckern. Auf diese Art sind Getreideanbau und Backen für sie wieder zu spannenden, herausfordernden und abwechslungsreichen Prozessen geworden.

Interview

## Die Impulse kommen von den Bauern – Österreichs Bauernparadeiser

### GESPRÄCH MIT BEATE KOLLER* VON DER ARCHE NOAH

Die Arche Noah ist eine österreichische Organisation, die sich für die Erhaltung der Kulturpflanzenvielfalt und des Saatgutwissens einsetzt. Neben einem wunderschön gelegenen Schaugarten, einer Saatgutbank und einem großen Erhalternetzwerk führt die Arche Noah gemeinsam mit Bäuerinnen und Gärtnern verschiedene Projekte durch. Eines davon ist das gemeinsame Züchtungsprojekt ›Bauernparadeiser‹[74], über das ich mit Beate Koller* von der Arche Noah gesprochen habe.

**Beate, wie ist das Bauernparadeiser Projekt entstanden?**
Die Initialzündung war ein Besuch des US-amerikanischen Züchters Tom Wagner. Er hat einen sehr inspirierenden Workshop gegeben, bei dem es um Kreuzungsarbeit mit Tomaten ging. Tom hat eine sehr freie Art, an das Thema heranzugehen und stellt seine Züchtungen komplett frei zur Verfügung. Seine Philosophie ist, die Ergebnisse seiner Arbeit zu verschenken! Auch bei seinem Workshop hat er Saatgut

**74** ›Paradeiser‹ ist das österreichische Wort für Tomaten.

Beate Koller

verteilt und die Bauern aufgefordert, damit weiterzuarbeiten und ihm Rückmeldung zu geben. Da ist dann der Funke zu einigen Bauern übergesprungen, da ist bei ihnen Wunsch entstanden, zu züchten. So haben etwa zehn Bauern das Projekt mit dem Ziel gegründet, auf ihren Höfen Tomaten zu züchten.

**Und was ist die Aufgabe der Arche Noah bei diesem Projekt?**

Die Impulse für das Projekt kommen von den Bauern. Doch diese sind in der Saison eh überlastet, es ist schwer für sie, daneben noch ein Züchtungsprojekt zu haben. Daher unterstützen wir das Projekt und übernehmen Teile der anstehenden Arbeit, wobei wir uns immer an den Bedürfnissen der Bauern orientieren. Leute von uns fahren zu den Bauern, organisieren Workshops zu verschiedenen Themen und zur inneren Struktur. Und gemeinsam mit uns und allen anderen begleitenden Organisationen legen die Bauern die Zielsetzungen und das Programm für das Folgejahr fest.

**Wie läuft denn die Integration der Züchtungsarbeit in den bäuerlichen Alltag?**

Also das Projekt ist jetzt schon im fünften Jahr, und die Gruppe ist einigermaßen konstant – das ist eine wichtige Rückmeldung! Aber die Betriebe stoßen auch immer wieder an die Grenzen der Machbarkeit, das merkt man in der Saison. Die Züchtung bedeutet für sie eine große zeitliche und finanzielle Herausforderung. Aber natürlich fallen auch laufend positive Ergebnisse an! Gemeinsame Sichtungsarbeiten sind für alle inspirierend, da sieht man, dass neue Sorten entstehen.

**Wie erlangen die Bäuerinnen das theoretische Wissen für die Züchtung?**

Einige haben schon Vorerfahrungen. Aber es werden auch Fortbildungen organisiert und Referenten eingeladen. Der Witz an dem Projekt ist ja, dass das Wissen wieder zu den Bauern geholt wird.

**Sind die Bäuerinnen denn mit den Sorten zufrieden, mit denen sie im Projekt arbeiten?**

Da gibt es nicht eine Antwort. Das hängt extrem von den Betriebsstrukturen und

Vermarktungswegen ab. Manchmal ist der Unterschied zwischen samenfesten Sorten und Hybriden so riesig, dass eine Vermarktung über den Großhandel nicht möglich ist. Auf der anderen Seite haben manche der Tomaten einen so besonderen Geschmack oder sehen so toll aus, dass der Verkauf über den Bauernmarkt super läuft. Seltene oder alte Sorten können je nach Kontext total viel Sinn machen! Natürlich gibt es bei vielen Sorten Schwachstellen, wie beispielsweise Krankheiten, für die neue Sorten längst Resistenzen haben. Aber genau dafür ist ja dieses Projekt, damit wir diese Sorten weiterentwickeln können.

**Und was denkst du, kann die Züchtung auf diese Art wieder zurück auf die Höfe geholt werden?**

Ja, das kann unbedingt funktionieren, das ist ein wichtiger Ansatz! Aber es braucht eine gewisse Kulturänderung, das geht nicht einfach nur mit einem Fingerschnippen. Züchtung und Erwerbsanbau sind zwei ganz unterschiedliche Systeme mit unterschiedlichen Logiken. Wir brauchen eine Ausweitung des Selbstverständnisses, damit ein Bauer sagen kann, ›ich bin jetzt auch Züchter‹. Das sind große Lernprozesse!

Streifzug

## Wissenspartnerschaft auf den Philippinen – MASIPAG

»Bei der Diskussion um Züchtung wird zumeist die soziale Dimension unterschätzt. Kommunikation, Selbstorganisation, Weiterbildung und sozialer Zusammenhalt sind zentral für ein funktionierendes bäuerliches Netzwerk«, betont Chito Medina* auf einem Treffen von Saatgutaktivistinnen in Berlin im Mai 2015. Chito Medina ist Koordinator des philippinischen Netzwerks MASIPAG; diese Abkürzung steht übersetzt für ›Partnerschaft zwischen Bauern und Wissenschaftlern für Entwicklung‹. MASIPAG ist eine von Bäuerinnen und Bauern selbst gestaltete Struktur, die ihnen ermöglichte, sich aus einer fremdbestimmten Landwirtschaft zu lösen.

In den 1980er Jahren wurde auf den Philippinen deutlich, dass die Erfolge der Grünen Revolution (S. 69) für die Landbevölkerung nur von kurzer Dauer waren. 20 Jahre nach dem Beginn der Grünen Revolution wurden auf 98 Prozent der landwirtschaftlichen Anbaufläche der Philippinen nur noch zwei HR-Reissorten angebaut (EvB et al. 2014:10). Der Anbau dieser Sorten verlangte große Mengen an Düngemitteln und Pestiziden und die Preise hierfür und für das Saatgut stiegen immer weiter an. Häufig blieben die Erträge der HR-Sorten hinter den Erwartungen zurück; zudem hatte der exportorientierte Reisanbau die Bäuerinnen und Bauern von den schwankenden Weltmarktpreisen abhängig gemacht. Die Kombination aus diesen Faktoren trieb unzählige Bäuerinnen in die Schuldenfalle. Verstärkt wurde diese Situation dadurch, dass viele Bäuerinnen ihre gewohnten Anbaumethoden aufgegeben hatten und auch keine Grundnahrungsmittel mehr für sich und ihre Gemeinschaften produzierten.

Um einen Ausweg aus dieser Situation zu finden, schlossen sich im Jahr 1985 Bäuerinnen und Wissenschaftlerinnen zu MASIPAG zusammen, sammelten Saatgut bäuerlicher Reissorten und gründeten einen landwirtschaftlichen Versuchshof. Seitdem fokussiert das Netzwerk die Züchtung lokal angepasster Sorten, die Entwicklung agrarökologischer Anbaumethoden und den Aufbau von Kommunikations- und Weiterbildungsstrukturen. Hierbei sind viele Initiativen, Nichtregierungsorganisationen und Wissenschaftler involviert, doch Entscheidungen, Planung und Durchführung liegen in den Händen der Bäuerinnen und Bauern. »Alle Bemühungen einer landwirtschaftlichen Entwicklung sind letztendlich zwecklos, wenn die Systeme nicht von den Bauern getragen werden«, sagt Chito Medina entschlossen. »Die Bauern haben verlernt, wie ein guter landwirtschaftlicher Anbau funktioniert. Es ist essenziell wichtig, dass sie das wieder lernen und auch untereinander kommunizieren. Daher sind sie bei MASIPAG für die Verbreitung ihrer Forschungsergebnisse selbst zuständig. Hierfür organisieren sie Workshops, Weiterbildungskurse und kulturelle Veranstaltungen für- und miteinander«.

Das Konzept scheint aufzugehen: Inzwischen sind etwa 30.000 philippinische Bäuerinnen Mitglied bei MASIPAG, und auf jedes Mitglied kommen zusätzlich drei Bäuerinnen, die MASIPAG-Saatgut nutzen. Die Erhaltung und Züchtung von bäuerlichen Sorten und die Weiterbildung der Bäuerinnen findet auf 190 Versuchshöfen verteilt über die philippinischen Inseln statt. MASIPAG verfügt heute über mehr als 2.000 bäuerliche Reissorten, von denen einige speziell für die Herausforderungen des Klimawandels gezüchtet wurden; diese sind besonders tolerant gegenüber Trockenheit, Salzwasser, Überflutungen, Schädlingen oder Krankheiten (MASIPAG 2013). »Unser Ziel sind lokal angepasste Sorten, die keine künstlichen Düngemittel benötigen und hohe Erträge bringen«, erklärt Chito Medina. Und tatsächlich zeigte eine Studie, dass die MASIPAG-Sorten gleich hohe Erträge erbringen wie die HR-Sorten (Bachmann et al. 2009).

Das Saatgut ihrer Sorten geben die MASIPAG-Bäuerinnen grundsätzlich kostenlos weiter, erklärt Chito Medina: »Wir verkaufen unser Saatgut nicht, Saatgut muss verschenkt werden«. Und er fährt fort: »Wir verschenken jedoch immer nur einen Löffel voll Samen. Die Bauern sollen es selber vermehren und dabei wieder lernen, dass man Saatgut sehr gut selbst produzieren kann.« Dieser Ansatz hat Erfolg. Die MASIPAG-Bäuerinnen gewinnen ihr Saatgut selbst, und etwa 70 Prozent von ihnen führen sogar eigene Sortenversuche durch! Zudem bauen sie im Schnitt drei Mal so viele unterschiedliche Reissorten an wie Bäuerinnen, die nicht in diesem Netzwerk organisiert sind (Bachmann et al. 2009).

Neben einem vielfältigeren Anbau, eigenmächtiger Züchtung und Saatgutprodukion scheint die Mitgliedschaft bei MASIPAG auch grundsätzlich die Lebensbedingungen der Bäuerinnen und Bauern zu verbessern. Eine Studie zeigt, dass MASIPAG-Bauern sich unabhängiger und sicherer fühlen und ihre ökonomische Situation deutlich besser einschätzen als die Bauern außerhalb des Netzwerks (Bachmann et al. 2009). An dieser Stelle kommt wieder die soziale Dimension der Züchtung ins Spiel, die von essenzieller Bedeutung ist. Denn auch Bachmann et al. (2009) schlussfolgern in ihrer Studie, dass der Erfolg von MASIPAG nicht hauptsächlich an der ökologischen Wirtschaftsweise oder den Sorten hängt, sondern an der selbstorganisierten Struktur.

## Wenn Züchtung Geld kostet...

Züchtung kostet viel Geld, argumentieren vor allem die großen Konzerne, und rechtfertigen damit Eigentumsrechte, Nachbau- und Lizenzgebühren (S. 103). Doch darf nicht vergessen werden, dass Züchtung über Jahrtausende ohne Finanzierung auskam und vielerorts noch heute auskommt. Die Trudener Bäuerin (S. 208) und die ostfriesische Hausgärtnerin (S. 154) brauchen keine Finanzierung für ihre Züchtung, da diese sich selbst trägt und in den bäuerlichen Alltag integriert ist. Für die züchtende Bäuerin kann diese Struktur mehrere Vorteile haben, wie beispielsweise den Fortschritt in der Züchtung, die Früchte zur eigenen Ernährung und die Freude an der Züchtungsarbeit.

Auch bei Dreschflegel (S. 200) läuft der größte Teil der Züchtungsarbeit ohne gesonderte Finanzierung; das nötige Geld wird durch den Verkauf von Saatgut verdient und durch die Erträge des eigenen Anbaus ergänzt. Die Dreschflegel reden manchmal von ›Spielerei‹ oder ›Hobby‹, wenn sie von ihren Züchtungsprojekten sprechen. Diese Projekte gehören für viele der Dreschflegel einfach dazu, obwohl sie nicht unmittelbar Geld abwerfen. Hierzu erzählt mir Züchter und Gärtner Quirin Wember*: »Wenn ich hier 500 Tomatenpflanzen stehen habe, von denen ich vielleicht nur 30 bis 40 Früchte brauche, um damit eine vernünftige Züchtung zu machen, dann ernte ich aber auch noch einige Zentner Tomaten. Die kann ich nicht vermarkten, das wäre viel zu aufwändig, denn sie sind ja alle verschieden oder zum Teil geplatzt... aber ich kann eine Menge Leute mit diesen Tomaten satt machen, auf dem Betrieb, Nachbarinnen, Freunde – gibt es etwas Besseres? Viele Menschen sind glücklich, und ich kann mich dabei auch noch züchterisch austoben!«

Diese Form der bäuerlichen Züchtung braucht keine Finanzierung. Wollen jedoch Wissenschaftler und spezialisierte Züchterinnen gemeinsam mit Bäuerinnen in der ökologischen Züchtung arbeiten, stehen sie häufig vor dem Problem der Finanzierung ihrer Arbeit – zumal viele ökologische Züchterinnen keine Eigentumsrechte auf ihre Sorten beanspruchen möchten.

Daher ist es eine große Herausforderung, Strukturen zu finden, die die ökologische Züchtung finanzieren. Der Züchter Stephen Jones von der Universität in Washington hat in seinem ökologischen Züchtungsprogramm mit genau diesen Problemen zu kämpfen:

»Wenn wir nicht mit Konzernen zusammenarbeiten und keine Lizenzgebühren nehmen, welche Finanzierung bleibt uns? Ich höre oft, dass wir für diese Konzerne arbeiten müssen, weil es sonst kein Geld gibt, und dass das alle so machen. Die Universitätsverwaltung drängt, dass wir mit Konzernen arbeiten müssen, da wir sonst als öffentliche Wissenschaftler nicht überleben können« (Jones 2006:14, Üs. AB). Trotz dieses Drucks verzichtet Jones auf Lizenzgebühren und auf jegliche Zusammenarbeit mit Konzernen. Er hat andere Unterstützer gefunden, doch der Aufwand hierfür ist beträchtlich.

In Deutschland wurden seit den 1970er Jahren zahlreiche ökologische Züchtungsprojekte gegründet, die als gemeinnützige Vereine oder Firmen, Genossenschaften oder Stiftungen organisiert sind. Die von ihnen entwickelten Finanzierungsmodelle basieren jeweils auf einer Mischung verschiedener Finanzierungsquellen. Den größten Anteil der Finanzierung übernehmen mit 50 bis 80 Prozent derzeit Stiftungen, andere Möglichkeiten sind Spenden, Projektgelder und Einnahmen aus dem Saatgutverkauf oder aus der Beteiligung der Wertschöpfungskette (Kotschi & Wirz 2015:7).[75]

Grundsätzlich sollte die Finanzierung der Züchtung jedoch möglichst unabhängig vom Markt organisiert sein, wie Silke Helfrich (2014) schreibt: »Je mehr Einkommensmöglichkeiten nicht vom direkten Verkauf abhängen, umso besser, da umso freier.« Züchterinnen sind freier in ihrer Tätigkeit, wenn ihre Finanzierung nicht vom Verkauf des Saatgutes, der Pflanzen oder Lebensmittel ihrer Sorten abhängt! Und Einnahmen durch den Saatgutverkauf sind oft auch erst dann wirklich lohnend, wenn eine Sorte über eine größere Region hinaus verkauft wird, was wiederum der Notwendigkeit lokal angepasster Sorten widerspricht (S. 192).

Letztendlich gibt es für diese Herausforderungen nicht *die eine* Lösung. Die ökologische Züchtung befindet sich in einem Spannungsfeld zwischen nötigen Neuzüchtungen und schwierigen Rahmenbedingungen unseres Agrar- und Wirtschaftssystems. Diese Situation wird vermutlich anstrengend und unbefriedigend bleiben, solange es in diesem System hauptsächlich um Profite und Höchsterträge geht. Die nächsten zwei Streifzüge zeigen Beispiele der Finanzierung von ökologischen Züchtungsprojekten. Trotz dieser vielseitigen Lösungen bleibt die Finanzierung der ökologischen Züchtung ein schwieriges und auch widersprüchliches Themenfeld.

**75** Bei der Beteiligung der Wertschöpfungskette an der Züchtungsfinanzierung werden Anteile der Kosten auf die Gruppen übertragen, die von der Züchtung einer neuen Sorte profitieren, wie beispielsweise Bauern, Groß- und Einzelhändlerinnen, Verarbeiter, Ladnerinnen und Esser.

Streifzug

## Sorten sind Kulturgut – Die Finanzierung der Züchtung bei Kultursaat

Seit über 30 Jahren setzen sich die Züchterinnen des Vereins Kultursaat[76] für die Erhaltung bewährter Gemüsesorten und die Züchtung neuer Sorten für den Erwerbsanbau ein. Seitdem sind aus dem Verein schon 70 Gemüsesorten hervorgegangen, die von vielen Biogärtnereien genutzt werden. Wie meistert Kultursaat die Herausforderung der Züchtungsfinanzierung seit so vielen Jahren?

Damit die Kultursaat-Sorten für den Erwerbsanbau verfügbar sind, müssen sie im EU-Sortenkatalog zugelassen sein (S. 110). Die Zulassung erfolgt jedoch nicht auf den Namen der Züchterin, sondern auf den des gemeinnützigen Vereins. Damit soll deutlich gemacht werden, dass die Kultursaat-Sorten als Kulturgut gesehen werden. Aus dieser Überzeugung heraus wird auch kein Sortenschutz angemeldet, der Nachbau ist ausdrücklich erwünscht, Nachbaugebühren werden nicht erhoben. Zur Finanzierung der Züchtung wurden über die letzten Jahrzehnte stattdessen viele verschiedene Wege aufgebaut.

Ein wichtiger Unterstützer des Vereins ist der Saatgutfonds der Zukunftsstiftung Landwirtschaft.[77] Dieser sammelt seit 1996 gezielt Spenden und Zuwendungen für ökologische Züchtungsprojekte und unterstützt diese in Organisation, Koordination und Öffentlichkeitsarbeit. Ein weiterer Anteil der Kosten der Kultursaat-Züchtung wird über Spenden und Vereinsmitgliedschaften finanziert. Zudem besteht seit 2007 zwischen Kultursaat und dem Naturkosthandel eine Partnerschaft mit dem Namen ›Fair-Breeding‹: Einige Naturkostläden haben sich verpflichtet, über 10 Jahre einen kleinen Prozentsatz ihres Obst- und Gemüseumsatzes an Kultursaat weiterzugeben (Fleck & Boie 2009).

Des Weiteren arbeitet Kultursaat mit der Bingenheimer Saatgut AG zusammen. Diese vermehrt und verkauft das Saatgut der Kultursaat-Sorten und bezahlt einen gemeinsam vereinbarten ›Sortenentwicklungsbeitrag‹ an Kultursaat. Dieser Beitrag spiegelt sich im Saatgutpreis wieder, und so wird die Züchtung auch von denen finanziell mitgetragen, die das Saatgut bei der Bingenheimer Saatgut AG kaufen.

**76** www.kultursaat.org

**77** www.zukunftsstiftung-landwirtschaft.de/saatgutfonds

Streifzug

## Bodenseebrot – Das Regionalsortenprojekt des Keyserlingk-Instituts

In einigen Bäckereien am Bodensee kann man besondere Brote kaufen: Sie sind mit einem SaatGut-Logo versehen und werden aus regionalen Getreidesorten gebacken. Diese Getreidesorten wurden in Zusammenarbeit mit Bäuerinnen und Bauern der Region am Keyserlingk-Institut[78] entwickelt, und im Jahr 2005 wurden die ersten Brote damit gebacken (Heyden 2010:169).

Die Regionalsorten sind nicht beim Bundessortenamt registriert, also nicht zugelassen. Der Handel des Saatgutes dieser Sorten ist daher ausgeschlossen, es wird nur innerhalb einer geschlossenen Erzeugergemeinschaft von knapp 20 Höfen weitergegeben. Diese vermehren das Saatgut, bauen das Getreide an und geben die Ernte in eine lokale Mühle. Die dem Projekt zugehörigen Bäckereien kaufen das Mehl, verbacken es zu vielfältigen Broten und verkaufen diese zu einem etwas höheren Preis. Die Zusatzeinnahmen fließen zurück an das Keyserlingk-Institut und ermöglichen die Erhaltung und Weiterentwicklung der Sorten.

Das Keyserlingk-Institut fordert zur Nachahmung dieses Projekts auf. Bei diesen Erzeugergemeinschaften muss es auch gar nicht immer ums Brotbacken gehen! Beispielsweise könnte eine besondere, lokal angepasste Chilisorte gezüchtet werden, die dann an verschiedenen Höfen vermehrt und bei verpartnerten Betrieben zu Chilipaste verarbeitet wird. Das Spannende bei der Idee des Regionalsortenprojekts ist, dass regionale Gemeinschaften gebildet werden, die die aufwändige Zulassung einer Sorte umgehen können und auf gegenseitige Unterstützung bei Produktion und Verarbeitung aufbauen.

78 www.saatgut-forschung.de

# Solidarische Landwirtschaft: Freiräume schaufeln für freies und vielfältiges Gärtnern

»Kulturpflanzenvielfalt braucht Freiräume jenseits ökonomischer Verwertungsinteressen.«
Heistinger 2001:140

»So ein Bauer!« Mal ganz ehrlich, wer fühlt sich bei diesem Ausdruck geehrt? Vermutlich niemand! Mancherorts ist ›Bauer‹ ein Schimpfwort für einen groben, ungebildeten Menschen. Das ist eine nicht gerade passende Anerkennung für die Menschen, die unser Überleben sichern.

Neben der fehlenden gesellschaftlichen Wertschätzung macht vielen Bäuerinnen und Bauern der immense ökonomische Druck zu schaffen, unter dem sie stehen. Sie sind darauf angewiesen, viel, schnell und möglichst billig an Groß- und Einzelhandel zu liefern. Agrarsubventionen und Supermarktketten drücken die Preise so weit, dass die Existenz kleiner Betriebe andauernd bedroht ist (S. 28). Der Preis- und Produktionsdruck lässt die Felder immer größer und einheitlicher werden. Für Vielfalt ist hier kein Platz mehr. Bäuerinnen, die dennoch einen kleinen Hof bewirtschaften wollen, arbeiten oft an der Grenze ihrer Kräfte.

An diesen Punkten setzt die Solidarische Landwirtschaft an, die derzeit in Deutschland und anderen Ländern auf großes Interesse stößt. In diesem Modell schließt sich eine Gruppe Menschen zusammen, um gemeinsam die Landbewirtschaftung eines Hofs für ein Jahr zu finanzieren. Im Gegenzug erhalten die Mitglieder (also die Menschen, die die Betriebskosten tragen) die erzeugten Lebensmittel. Hier zählt nicht mehr der Preis pro Kilogramm Tomaten, sondern die gesamten Kosten, für die ein Betrieb jährlich im Rahmen seiner Landwirtschaft aufkommen muss (SoLawi 2015).

Dieses Modell senkt den Produktionsdruck und gibt den Bäuerinnen und Gärtnern Anerkennung, einen größeren Gestaltungsspielraum und Sicherheit. Die Finanzierung des Betriebs sowie die Abnahme der Produkte sind garantiert; die Produzentinnen tragen nicht allein die Risiken der Landwirtschaft, wie beispielsweise Ernteausfälle durch Trockenperioden. Hier werden Bäuerinnen nicht als ungebildet abgewertet. Stattdessen kann ein solidarisches und wertschätzendes Miteinander entstehen zwischen den Menschen, die Nahrungsmittel produzieren, und denen, die diese essen.[79]

Unter diesen Voraussetzungen kann eine andere Landwirtschaft gestaltet werden, die Raum lässt für Vielfalt, bodenschonende und humusaufbauende Maßnahmen und für die Freude am Gärtnern. Hier gibt es Platz für den Anbau vieler verschiedener Sorten anstatt nur einiger weniger; für Sorten, die im industriellen Anbau nicht bestehen können, da sie zu wenig tragen, nicht genügend Resistenzen haben oder ihr Saatgut nicht einheitlich genug keimt; und auch für Ernteprodukte, die den Handelsnormen nicht entsprechen, wie etwa krumme Gurken, kleine Brokkoliköpfe oder gebogene Möhren. Manche der Solidarischen Landwirtschaften bauen tatsächlich ausschließlich samenfeste Sorten an, andere versuchen, einen Teil ihres Saatgutes selbst zu produzieren. In den nächsten drei Interviews spreche ich mit Gärtnerinnen und Gärtnern von drei Solidarischen Landwirschaften darüber, wie sie mit dem Thema Saatgut umgehen und welche Perspektiven und Herausforderungen sie sehen.

**79** Viele Solidarische Landwirtschaften versuchen, auch den Esserinnen gegenüber solidarisch zu sein. In manchen Betrieben beispielsweise können die Mitglieder frei gewählte Beiträge bezahlen: In einer anonymen Biete-Runde geben die Mitglieder an, was sie bezahlen können. Werden die Gesamtkosten durch die gebotenen Beträge nicht gedeckt, folgen weitere Biete-Runden. Hiermit versucht die Solidarische Landwirtschaft, auch Menschen mit wenig Geld den Zugang zu guten Lebensmitteln zu ermöglichen. Mehr zu den solidarischen Prinzipien in der Solidarischen Landwirtschaft bei Cropp (2013).

Interview

# Nachdenken über bäuerliche Saatgutsysteme – Die Gartencoop Freiburg

## GESPRÄCH MIT NORA*, KATHRIN* UND LUKAS* VON DER GARTENCOOP FREIBURG

Die Gartencoop hat sich einen Namen gemacht. Spätestens seit ihrem Film ›Die Strategie der krummen Gurken‹ ist die Initiative auch über den Freiburger Raum hinaus bekannt. Besonders beeindruckend sind die großen Lastenfahrräder der Gartencoop, mit denen das Gemüse zu den Abholpunkten der 290 Mitglieder gefahren wird. Auf der Internetseite der Gartencoop wird deutlich, dass sich die Gärtnerinnen und Gärtner nicht nur um ihren eigenen Hof kümmern: Es geht ihnen um solidarische Strukturen des Landwirtschaftens und Lebens auf der ganzen Erde. An einem heißen Sommertag sitze ich mit Nora*, Kathrin* und Lukas* im Schatten, verwöhnt mit Tee, Kaffee und Himbeeren.

**Woher bekommt ihr in der Gartencoop euer Saatgut?**

**Lukas:** Wir verwenden nur samenfeste Sorten. Die meisten bestellen wir bei ökologischen Saatgutbetrieben in Deutschland, Frankreich und der Schweiz. Dann bekommen wir noch einiges von Erhaltungsinitiativen wie Kokopelli[80], von Saatgutnetzwerken und Tauschbörsen. Und von Leuten, die einfach so Saatgut vorbeibringen.

**Zieht ihr eure Jungpflanzen selbst?**

**Kathrin:** Nein, das macht Piluweri (S. 205) für uns.

**Lukas:** Bisher ist es für uns effizient mit den Piluweris, wir sind sehr zufrieden mit der Zusammenarbeit. Es macht Spaß mit ihnen zusammenzuarbeiten und sie sind Profis. Wir haben gute Resultate. Und wir denken, dass wir die richtigen Leute unterstützen.

**Also setzt ihr bewusst auf Kooperation mit Projekten, die ihr gut findet?**

**Lukas:** Ja, solidarische Strukturen und Zusammenarbeit sind essenziell für uns.

**Nora:** Solange wir nicht die Strukturen haben, selbst Saatgutarbeit zu machen, unterstützen wir die Leute, die diese Arbeit machen können und die diese auch gut machen. Und die Unterstützung ist auch gegenseitig. Es ist beispielsweise sehr wertvoll für die Piluweris, wenn wir Rückmeldung zu bestimmten Sorten geben.

**Ist es denn ein Ziel von euch, Saatgut selber zu gewinnen?**

**Lukas:** Ja, aber kein direkt greifbares Ziel. Einerseits wollen wir zur Vielfalt beitragen und vielleicht langfristig bestimmte Sorten vermehren oder auch züchten. Andererseits kann man sich schon fragen, was es mir überhaupt bringt, Möhren selbst zu vermehren, wenn es doch Projekte gibt,

80 www.kokopelli-semences.fr

die darauf spezialisiert sind und zum Beispiel die richtigen Reinigungsmaschinen haben.

**Nora:** Ja, diese Gedanken habe ich auch. Ich habe bei Sativa[81] gearbeitet und habe gesehen, was für eine Infrastruktur nötig ist, um hochqualitatives Saatgut zu produzieren! Da ist es einfacher, mit denen zusammenzuarbeiten, die diese Infrastruktur haben. Wir sind leider nicht ganz frei von marktwirtschaftlichen Zwängen und müssen auch darauf achten, dass wir effizient arbeiten. Auch wenn wir es gerne wollten, können wir nicht gar zu viel ausprobieren, dürfen uns nicht allzu sehr im Kleinteiligen verlieren, und nebenher hier und da und dort etwas Saatgut vermehren. Wenn man richtig professionellen Anbau mit guten Erträgen machen will, aber dazu halb-professionell vermehrtes Saatgut nutzt, macht man sich viel mehr Arbeit.

**Seht ihr keine gute Möglichkeit, wie Samenbau wieder auf dem Hof stattfinden kann?**

**Nora:** Ich denke schon, dass Saatgut auf den Hof gehört, und dezentrale Strukturen sind ja auch weniger angreifbar. Es kommt eben darauf an, wie das gestaltet ist. Vielleicht könnten größere Strukturen Hand in Hand mit kleinen gehen, professionelle Strukturen mit halb-professionellen – oder man könnte sich die Saatgutarbeit zwischen den Höfen aufteilen, so dass jeder Betrieb etwas übernimmt.

81 www.sativa-biosaatgut.de

**Lukas:** Ich würde auch versuchen, einen Mittelweg zu gehen. Ich glaube, dass es der Vielfalt enorm zuträglich ist, wenn es viele kleine Saatgutstrukturen gibt. Da laufen dann nicht alle auf einem 100 Prozent professionellen Niveau, aber dafür wird Saatgutarbeit in unterschiedlichen Formen gemacht. Das dient einfach der Dezentralisierung. Es braucht mit Sicherheit die richtig professionellen Strukturen, davon hängen wir jetzt gerade ja auch vollkommen ab. Aber Schritt für Schritt etwas mehr selber machen, das wäre schon super – und sei es einfach, zwei oder drei Sorten zu vermehren. Das ist ja bei manchen Sorten kein Aufwand, das kann man integrieren, damit kann man einfach anfangen.

**Kathrin:** Ich finde es schon wichtig, sich die Frage zu stellen: Wozu eigentlich Saatgutarbeit auf dem Hof? Es ist eine wichtige Überlegung, Saatgutarbeit zu dezentralisieren, aber es kommt auf die Umsetzung an. Es könnte eine Zusammenarbeit zwischen verschiedenen Höfen und auch Züchtern geben. Die Züchter könnten ihre Zuchtsorten an verschiedene Höfe geben und diese dann besuchen, das erscheint mir ganz interessant. Wenn eine Sorte an verschiedenen Orten von verschiedenen Menschen angebaut wird, kommen auch verschiedene Gesichtspunkte zum Vorschein – wie wächst der Kohl eigentlich an dem einen Ort im Vergleich zu einem anderen? Also sinnvoll wäre vielleicht, viele kleine Strukturen zu schaffen und verbindende Menschen. Menschen, die an verschiedenen Höfen die Züchtung und Vermehrung betreuen und den Leuten bei der Saatgutarbeit immer mal unter die Arme greifen.

**Sind denn solche Ideen leichter in einer Solidarischen Landwirtschaft umzusetzen?**

**Nora:** Ich habe mir tatsächlich schon oft überlegt, wie die Saatgutarbeit in eine Solidarische Landwirtschaft integriert sein kann. Ich finde gerade diese steht in der Verantwortung, gute zukunftsweisende Züchtung zu unterstützen und zu fördern. Und durch die gute Vernetzung zwischen den Höfen[82] und den Austausch über die Saatgutthematik mit den Mitgliedern könnte das schon gut funktionieren. Aber wir sind auch gut ausgelastet mit unserer Arbeit. Möglich wäre es vielleicht, wenn Mitglieder von uns öfter hier auf den Hof kommen und Patenschaften für Sorten übernehmen würden!

**Kathrin:** Wichtig ist auf jeden Fall der Bildungsaspekt in der Solidarischen Landwirtschaft: Wir informieren unsere Mitglieder, darüber haben wir schon auch eine Wirkung. So ist es auch möglich für uns, ausschließlich samenfeste Sorten zu verwenden.

**Lukas:** Wenn sich in der Freiburger Region noch weitere Solidarische Landwirtschaftshöfe gründen würden, dann könnten wir zusammen mit allen Mitgliedern eine gemeinsame Jungpflanzenanzucht finanzieren und ein Züchtungsprojekt angliedern. Das wäre total spannend und würde Sinn machen. Aber mir würde es dabei gar nicht darum gehen, von den tollen Züchtungsinitiativen unabhängig zu werden, mit denen wir jetzt zusammenarbeiten! Vielmehr will ich diese in den jetzigen Verhältnissen eher aufbauen und unterstützen. Abhängig zu sein ist ja nicht immer schlimm, es kommt eben darauf an, von wem man abhängig ist.

**82** Die Solidarischen Landwirtschaftshöfe sind in dem Netzwerk Solidarische Landwirtschaft organisiert (SoLawi 2015).

Interview

# Spielerisch Neues entstehen lassen – Die GeLa Ochsenherz

## GESPRÄCH MIT PETER LASSNIG* UND JAN BÖHNHARDT*

Die Initiative ›Gemeinsam Landwirtschaften‹ (GeLa) Ochsenherz liegt ein Stückchen außerhalb von Wien. Sie ist der erste Solidarische Landwirtschaftshof Österreichs, und hier wird Gemüse für etwa 300 Mitglieder angebaut. Die Gärtnerinnen und Gärtner nutzen fast nur samenfeste Sorten, und gewinnen das benötigte Saatgut zum Großteil selbst. Bei meinen Recherchen habe ich mich auf der Internetseite der GeLa Ochsenherz ›verloren‹: Die Beschreibungen und Fotos der Sorten laden zum Stöbern und Schmökern ein. Hier ist auch der Satz zu finden: »Die Vielfalt an Kulturpflanzenarten, die wir am Ochsenherz Gärtnerhof kultivieren, vermehren und weiterentwickeln, ist zentraler Teil unserer Betriebsidentität.« Das klingt toll. Zu meinem Besuch komme ich pünktlich zum Mittagessen – heute ist Mitgliedertag, einige Menschen sind zum Mithelfen gekommen und es wird gemeinsam gegessen. Danach unterhalte ich mich mit Peter Laßnig*, Gärtner und Gründer des Hofs, und Jan Böhnhardt*, Gemüse- und Samengärtner.

**Ihr baut ungefähr 80 Gemüse- und Kräuterarten an, und von manchen eine Vielzahl von Sorten. Wie schafft ihr das, insbesondere hinsichtlich der so oft genannten ökonomischen Zwänge?**

**Jan** *(lacht)*: Ja, gute Frage. Peter, warum machen wir das überhaupt? Wir könnten ja auch einige besondere Sorten haben und dann einen Hektar Gemüse, mit dem man Geld verdienen kann.

**Peter:** Aber dann kriegt man eine Schizophrenie in den Betrieb rein: Das eine ist für die Liebhaberei, das andere fürs Einkommen. Ein paar Raritäten gehen gut, aber wenn man wirklich vielfältig gärtnern will, ist es schwer. Vielfalt ist ein sehr schwieriges Unterfangen, wenn man einen marktwirtschaftlichen Fokus hat. Viele Sorten heißt viele kleine Sätze Gemüse, und viele kleinteilige Arbeitsschritte, die sich nicht so leicht mechanisieren lassen. Jede Frucht im Supermarkt ist in industrialisierter Anbauweise produziert worden, und damit muss man dann konkurrieren.

**Und wie kriegt ihr das hin?**

**Peter:** Wir sind jetzt anders organisiert, deswegen geht es. So wie vorher hätten wir nicht weitermachen können. Der Fokus unseres Betriebs lag von Anfang an auf einem vielfältigen Anbau. Aber wenn die Gärtner auf Dauer davon leben wollen, funktioniert es so nicht. Die Nachfrage nach unserem Gemüse wurde größer, wir haben mehr Märkte gemacht, mehr produziert. Wir haben uns gedacht, dass es dadurch vielleicht wirtschaftlicher wird. Aber so ist es nicht gewesen. Dann haben wir irgendwann den Punkt erreicht, dass wir grundsätzlich was ändern mussten. Eine Möglichkeit wäre gewesen, weniger Vielfalt anzubauen und die Kulturarten wegzulassen, die uns am meisten Energie kosten und am wenigsten Geld bringen. Dann hätten wir anfangen müssen, Gemüse durchzurechnen. Aber die Vorstellung hat mir gar nicht gut gefallen.

**Jan:** Naja, es kann schon sein, dass man eine Kultur mal weglässt. Ist ja zum Beispiel blöd, wenn man einen Salat anbaut, der sofort in die Blüte geht, bevor er dick genug zum Ernten ist. Dann erntet man nur fünf Köpfe vom ganzen Feld.

**Peter:** Ja klar, im Einzelfall verzichten wir auch mal auf eine Sorte, aber nicht als Strategie für den ganzen Betrieb. Wir haben uns stattdessen vor vier Jahren dafür entschieden, das CSA-Modell[83] auszuprobieren. Der Auslöser war zwar, dass wir sonst wirtschaftlich nicht weitergekommen wären, aber ich sehe viele weitere Vorteile. Wir wollten, dass unsere Stammkunden mit unserem Gemüse möglichst grundversorgt werden. Und es ist für mich ein wichtiges Element, mit den Leuten im Kontakt zu sein, so entsteht ein Bild von den Menschen, für die man das Gemüse macht. Es hat etwas sehr Befriedigendes, wenn Menschen dein Gemüse schätzen.

**Und neben einem vielfältigen Anbau legt ihr einen weiteren Schwerpunkt auf Samengärtnerei?**

**Jan:** Ja, wir haben uns in den letzten Jahren zunehmend auf Saatgut konzentriert. Aber trotzdem mache ich diese Arbeit immer noch am Schluss: Erst kommt alles andere, dann das Saatgut. Ich möchte langsam versuchen, das zu ändern. Aber ja, Samenbau hat schon einen wichtigen Stellenwert bei uns. Wir bedenken das in der Anbauplanung und unsere Lehrlinge werden mit einbezogen in diese Thematik. Wenn klar ist, dass eine Pflanze als Samenstand stehenbleiben soll, dann bekommen das die Kollegen mit. Wenn jemand doch erntet, gibt's Schimpfe *(lacht)*.

**Geht denn für euch Gemüse- und Samenbau gut zusammen?**

**Peter:** Grundsätzlich ist das eine gute Kombination. Mit unseren Gemüsebestandsgrößen kann man schon sinnvoll selektieren und Sorten pflegen.

**Jan:** Wenn man beides macht, hat man einen ganz anderen Zugang. Wenn man nur Saatgut vermehrt, macht man das für andere Betriebe, die das Saatgut aussäen. Wir dagegen gewinnen Saatgut von den Sorten, die wir auch direkt auf unserem Betrieb verwenden. Das fühlt sich gut an. Und es ist auch einfach praktisch, wenn man Gemüse- und Samenbau kombiniert. Beispielsweise fällt bei der Vermehrung von Paprikasaatgut als Nebenprodukt das

**83** CSA ist die Abkürzung für ›Community Supported Agriculture‹. So wird die Solidarische Landwirtschaft im englischsprachigen Raum genannt.

Fruchtfleisch an. Das können wir eingelegt als Winterversorgung nutzen. Stell dir vor, du machst nur Saatgut, dann ist das für dich Kompost. Ein anderes Beispiel: Wenn man Kohl vermehrt und aus 500 Kohlköpfen 200 zur Saatgutgewinnung selektiert – was macht man mit den anderen 300, wenn man nur Saatgut gewinnt? Wenn du einen reinen Saatgutvermehrungsbetrieb hast, geht es um das Produkt des Saatgutes. Das Gemüse ist dann lästig, man muss es wegwerfen oder nach Abnehmern suchen. Bei uns ist Saatgut der Ausgangspunkt, um Gemüse anzubauen, und gleichzeitig ist es Endpunkt unseres Gemüseanbaus.

**Gebt ihr euer Saatgut auch an andere ab?**

**Jan:** Wir haben mit der Vermehrung für unseren Bedarf angefangen. Dann hatten wir Saatgut übrig und es wurde zum Selbstläufer. Wir haben auch manchmal für Saatgutbetriebe vermehrt. Aber wir können das nicht effizient machen, da fehlen uns grundlegende Gerätschaften, Lager, Strukturen. Als Saatgutbetrieb machst du das als Hauptarbeit, und arbeitest strukturell anders. Wir sind einfach kein Vermehrungsbetrieb in dem Sinne. Wir machen das eher im Nebenher und am Liebsten geben wir unser Saatgut an Hausgärtner ab. Wir bekommen schon auch Anfragen von Gärtnereien, aber unser Saatgut eignet sich nicht so gut dafür.

**Warum eignet sich euer Saatgut denn nicht für Gärtnereien?**

**Jan:** Bei manchen Sorten habe ich einfach ein ungutes Gefühl, sie an Erwerbsgärtner weiterzugeben. Zum Beispiel unser Karottenmix. Wir haben ziemlich viele verschiedene Karottensorten, und irgendwann sind wir auf die Idee gekommen, sie alle gemeinsam abblühen zu lassen. Das Ergebnis ist eine komplett bunte Mischung aus Farben und Formen, eine Vielfalt in alle Richtungen. Bei Hausgärtnern ist sie total der Renner geworden. Aber wenn sie von Erwerbsgärtnern nachgefragt wird, fühle ich mich nicht so wohl dabei und kommuniziere das dann auch. Wenn ich das professionellen Züchtern erzähle, wie wir unseren Karottenmix erzeugt haben, fallen die wahrscheinlich in Ohnmacht *(lacht)*!

Ein anderes Beispiel ist, dass wir ziemlich viel im Freiland und ohne Isoliertunnel[84] vermehren. Oft wollen wir, dass sich die Sorten verkreuzen, da so immer mal etwas Neues entsteht, das Spaß macht. Aber manchmal passieren auch ungewollte Einkreuzungen in eine Sorte. Das Ergebnis können wir Erwerbsgärtnereien nicht anbieten, das geht nicht. Bei Hausgärtnern

**84** Isoliertunnel sind mit feinmaschigen Netzen bezogen. Sie werden in der Samengärtnerei verwendet, um bei Fremdbestäubern die Verkreuzung mit anderen Sorten zu verhindern (Kasten S. 52, S. 149). Allerdings müssen im Tunnel Insekten gehalten werden, um die Bestäubung der Pflanzen zu gewähren.

ist es nicht so dramatisch, die können sich beschweren und dann kriegen sie neues Saatgut. Bei Gärtnereien muss man einfach aufpassen, weil die auch finanziell davon abhängig sind.

**Ihr könnt also für euer Saatgut nicht immer garantieren, dass es sortenrein ist. Habt ihr noch weitere Bedenken?**

**Peter:** Es gibt schon auch mal Beschwerden wegen der Keimfähigkeit. Die Erwerbsgärtner ziehen den Vergleich mit standardisiertem Saatgut aus dem Handel und da können wir einfach nicht mithalten. Obwohl wir unser Saatgut ja auch selbstverständlich in unserem Betrieb verwenden.

**Warum könnt ihr Saatgut mit niedriger Keimfähigkeit verwenden und andere Gärtnereien nicht?**

**Peter:** Wir sind eben darauf eingestellt und rechnen mit einer anderen Keimfähigkeit. Und wir machen viel Handarbeit, wir pikieren fast alles. Das heißt, wir säen einfach mehr aus und vereinzeln hinterher. Dann ist es egal, wenn irgendwas nicht zu 95 Prozent keimt. Aber die meisten Gärtnereien arbeiten mit einem maschinellen Topfplattensystem und in jedem Töpfchen ist ein Korn drin, das dann auch keimen muss. Auch wenn du direkt in die Erde säen willst, kannst du mit unserem Saatgut verzweifeln.

**Jan:** Das kommt darauf an – wir machen in unsere Handsämaschine einfach ein bisschen mehr Saatgut rein. Wenn die Pflänzchen dann zu dicht stehen, ziehen wir eben welche per Hand raus, wir müssen ja eh jäten. Aber das mögen viele Gärtnereien nicht, da soll nichts zu dicht und nichts zu locker stehen. In großen Gärtnereien jätet auch niemand per Hand, das passiert entweder maschinell, oder es wird eben gegen Unkraut gespritzt. Das ist wirklich ein arbeitswirtschaftliches Problem. Man muss jemanden bezahlen, der jätet oder pikiert. Hausgärtner hingegen säen einfach aus und dann kommen Pflanzen. Wenn von 20 Samen einer Tomatensorte 15 keimen, ist das mehr als genug für den Hausgarten. Und wir machen das ja selber so, wir arbeiten überhaupt nicht effizient in dem Sinne!

**Also, wenn man viel per Hand arbeitet, muss das Saatgut auch nicht perfekt sein?**

**Peter:** Das Gegenteil passiert in den Jungpflanzenbetrieben, die sind äußerst spezialisiert und alles läuft maschinell. Einem bekannten Gärtner ist das so gegangen, der hat unser Saatgut einem Jungpflanzenbetrieb gegeben, und die haben protestiert: Mit so etwas würden sie nicht weiterarbeiten *(lacht)*!

**Oft wird argumentiert, dass die Früchte einer Sorte möglichst gleichzeitig abreifen sollen, weil so die Ernte weniger Arbeit macht und die Flächen besser genutzt werden können. Wie ist das bei euren Sorten?**

**Jan:** Ich finde, wenn eine Kultur reif ist kann man sie räumen, auch wenn es noch ein paar Nachzügler gibt. Aber es gibt eben Sorten, bei denen das Erntefenster größer ist, die also nicht gleichzeitig abreifen.

**Peter:** Und bei uns ist es auch nicht notwendig, alles gleichzeitig zu ernten. Es ist oft eher günstig, wenn die Zeiträume etwas länger sind. Wenn man beispielsweise von einem Satz zwei bis drei Wochen ernten kann, dann haben unsere Mitglieder länger was davon. Wenn man stattdessen für einen Großhändler produziert, muss man möglichst viel auf einmal liefern.

**Wie sind denn die Erträge von euren Sorten?**

**Peter:** Ertragsmäßig liegen unsere samenfesten Sorten meist deutlich unter dem Niveau von Hybriden. Aber wir rechnen gar nicht erst mit so hohen Erträgen und dann ist es eben so. Dafür schmecken unsere Sorten oft viel besser als die der industriellen Produktion. Ich habe sowieso das Gefühl, dass wir eher wie ein Selbstversorgerbetrieb arbeiten, der Gemüse für eine größere Gruppe produziert. Wir haben ähnliche Kriterien wie im Hausgarten, und als Hausgärtner setze ich mir auch nichts in den Garten, das ich nicht essen will!

Die Saatgutwerkstatt der GeLa Ochsenherz

**Jan:** Das ist eine Frage, die mich immer wieder beschäftigt: Warum bauen Bauern Pflanzen an, die sie nicht selber essen würden? Ich kenne Bauern, die spritzen ihr Gemüse im eigenen Hausgarten nicht, aber auf dem Feld zögern sie nicht, zu Pestiziden zu greifen.

**Peter:** Ich denke, das hat etwas mit der Anonymität zu tun. Wenn du an irgendeinen Großhändler lieferst, wo du nie als Betrieb genannt wirst und auch deine Kunden nicht kennst – da hast du kein anderes Interesse, als so viel Ertrag wie möglich abzuliefern, alles andere wäre ja Blödsinn. Es ist am Ende alles eine Frage des Wirtschaftens und der Profitorientierung.

### Was macht euch denn Spaß an der Saatgutgärtnerei?

**Jan:** Manchmal kriegen wir von Züchtern neue Sorten zum Testanbau, vergleichen verschiedene Sorten, und schauen, was uns hier gefällt. Das macht echt Spaß.

**Peter:** Generell sind Sortenpflege oder Erhaltungszüchtung ein Thema, das uns Spaß macht. Bei manchen Sorten sind wir intensiver dran, bei anderen weniger. Manchmal selektieren wir eine Sorte sehr sauber aus einem großen Bestand, und dann vermehren wir sie wieder ein paar Jahre lang mit weniger Aufwand. Und wir spielen auch gerne und lassen etwas Neues entstehen. Letztendlich ist das für mich der Wert der Saatgutarbeit im Kleinen, das ist der Weg, wie auch wieder Vielfalt entstehen kann! Wenn man wie wir einfach zulässt, dass sich mal was verkreuzt, dann muss man das Auge dafür haben. So nah, wie wir am Gemüse dran sind, merken wir, wenn irgendwo was auftaucht, das interessant sein könnte.

**Jan:** Es ist auch einfach eine spannende Frage, wo du als Gärtner hin willst. Viele Züchter züchten das, was von anderen gewollt ist. Wenn du aber selber weißt, was du für deinen Betrieb willst, wird es spannend!

Interview

# Kooperieren statt konkurrieren – Die RegioSaatCoops

## GESPRÄCH MIT NIKO HADER*[85]

Wie können Saatgutsysteme solidarisch gestaltet sein? Was geschieht, wenn Höfe miteinander kooperieren, anstatt in Konkurrenz zu stehen? Diese Fragen haben sich einige Gärtnerinnen und Gärtner der Solidarischen Landwirtschaft gestellt. Hieraus entstand die Idee der RegioSaatCoops; das sind Zusammenschlüsse von Betrieben einer Region, die gemeinsam ihren Saatgutbedarf decken. Die beteiligten Betriebe übernehmen neben der Nahrungsmittelproduktion auch die Vermehrung von Saatgut. Doch nicht alle machen alles! Vorher wird abgesprochen, wer für welche Sorten verantwortlich ist und das erzeugte Saatgut wird innerhalb der Gruppe getauscht.

Auf diese Weise können die Betriebe recht unabhängig vom Saatgutmarkt arbeiten. Dennoch ist das Ziel der Gruppe nicht, sich abzuschotten. Vielmehr wird ein solidarisches Netzwerk angestrebt, in dem Kooperationen mit Züchterinnen, Erhaltungsinitiativen und Vermehrungsbetrieben eine vielfaltsbetonte und eigenmächtige Saatgutstruktur bilden. Ich habe mit Züchter, Gemüse- und Samengärtner Niko Hader* über die Herausforderungen und Freuden der RegioSaatCoops gesprochen.

**Niko, was ist deine Motivation, bei den RegioSaatCoops mitzumachen?**

Für mich geht es nicht, dass die Züchtung aus dem Prozess der Landwirtschaft herausgenommen wird. Das endet darin, dass nur für die Agrarindustrie gezüchtet wird. Hierdurch geht die Züchtung an den Bedürfnissen von Gärtnern und Verbrauchern vorbei. Das ist gefährlich und total zweckentfremdet. Zudem wissen die Gärtnereiauszubildenden nicht mehr, wie Saatgut und Samenträger aussehen. Ein riesiger Block von Kompetenzen, Wissen und Unabhängigkeit wird so aufgegeben. Es wird einfach nur noch produziert, das finde ich unerträglich. Aus all diesen Gründen meine ich, dass wir die Züchtung wieder zurück in die Landwirtschaft holen müssen, und die RegioSaatCoops können ein Weg hierfür sein.
Zusätzlich gibt es noch einen praktischen Grund für die RegioSaatCoops: Wenn ich beispielsweise Petersilienwurzel vermehre, brauche ich mindestens 30 abblühende Samenträger, weil das ein Fremdbefruchter ist. Aber Petersilienwurzelsamen sind klein, und 30 Samenträger viel! Es entsteht automatisch eine große Menge Saatgut, wenn ich gute Arbeit machen will. Diese Menge Saatgut kann ich nie alleine aufbrauchen. Auf der anderen Seite kann ich mich nicht komplett mit Saatgut selbstversorgen. Ich bräuchte allein 50

**85** Name auf Wunsch geändert.

verschiedene Standorte, um meine Kohlsorten isoliert abblühen zu lassen, damit sie sich nicht verkreuzen. Oder ich müsste sehr aufwändig mit Isoliertunneln (S. 230) arbeiten, dann könnte ich nebenbei kein Gemüse mehr anbauen.

Deswegen kam es zu folgender Überlegung: Wir schließen uns zusammen, sprechen uns ab und tauschen. Mein Saatgut von der Petersilienwurzel reicht für etwa 15 Betriebe. Bei manchen Kulturpflanzen ist das Saatgut lange haltbar, dann reicht es sogar für ein paar Jahre. Und wenn das nicht nur ich, sondern viele Betriebe machen, wird ganz von selbst Vermehrung und Züchtung betrieben. Es stellt sich dann auch gar nicht die Frage, wie das finanziert werden soll – bei der Solidarischen Landwirtschaft wird die Saatgutarbeit von den Mitgliedern mitgetragen.

**Ist es nicht ein großer Mehraufwand, Saatgut neben dem Gemüsebau zu produzieren?**

Das kommt darauf an, und es ist insbesondere eine Frage des Wissens. Ich vermehre Saatgut von etwa 15 etwas aufwändigeren Sorten. Und dann noch von einer ganzen Menge, die eben so nebenher anfallen. Von Tomaten beispielsweise gewinne ich mein Saatgut komplett selbst, ich kaufe höchstens mal etwas dazu, weil ich neugierig bin und ausprobieren will. Bei manchen anderen Kulturpflanzen selektiere ich nur ein bisschen. Bei diesen drei Reihen Spinat hier lasse ich zum Beispiel die mittlere Reihe einfach abblühen, und ziehe dann ein paar schwach aussehende Pflanzen raus. Andere Sorten selektiere ich sorgfältig und pflanze manche Samenträger im Herbst ins Gewächshaus, damit sie nicht nass werden. Das Prinzip ist einfach: Ich gehe sowieso durch die Gewächshäuser und über den Acker und schaue, welcher Salatkopf mir gefällt und welcher nicht. Ich will gutes Gemüse, tolle Früchte und einen guten Ertrag und schaue dauernd, was meiner Idee entspricht und was nicht. Wenn ich ernte, schneide ich ja nicht blind oder wahllos alles ab. Ich beobachte, wähle die schönen Früchte aus. Dabei kann ich auch gleichzeitig selektieren, welche Pflanzen ich stehenlasse, um Saatgut zu gewinnen. Das ist praktisch kein zusätzlicher Aufwand. Manchmal habe ich sogar noch die Zeit, nebenher an der Züchtung einer neuen Sorte zu arbeiten.

**Nicht alle Gärtner schauen sich ihre Felder dauernd so genau an, glaube ich.**

Ja, aber dafür bin ich doch Gärtner geworden! Ich beobachte, probiere ständig aus, experimentiere, ich finde Vielfalt einfach so toll. Ich hab auch Lust auf Kompliziertes, mir wird langweilig, wenn ich alles weiß und kann. Die Experimente machen für mich aushaltbar, dass ich ständig produzieren muss!

**Für dieses ›Komplizierte‹ braucht man doch auch eine gehörige Portion Wissen?**

Ja, und in der Ausbildung wird dieses Wissen überhaupt nicht mehr vermittelt! Die Saatgutarbeit ist komplett von den Höfen verschwunden, man kriegt davon nichts mehr mit. Das hat zur Folge, dass viele Gärtner denken, Saatgutarbeit sei eine Riesenhexerei, und nur spezialisierte Betriebe könnten diese Arbeit übernehmen. Wenn auf mehr Höfen Saatgutarbeit stattfinden würde, würden sie ganz schnell sehen, dass das eben keine Hexerei ist. Wenn man das einmal gesehen und erlebt hat, kann man ein ganz anderes Gefühl dazu entwickeln. Man kann immer mit leichten Kulturen anfangen und ›learning by doing‹ ein paar Schritte weitergehen. Vielleicht kann man auch das Experimentieren und Fehlermachen wieder lernen. Man kann es so machen wie ich, dann klappt zunächst ganz vieles nicht. Ich bin mit vielen Sachen nicht zufrieden und starte immer wieder neue Versuche *(lacht)*.

**Aber wenn etwas schief geht bei der Saatgutgewinnung, hängt doch auch wirklich viel davon ab?**

Es ist natürlich ärgerlich, wenn mal was nicht klappt, aber in der Situation einer Solidarischen Landwirtschaft ist es nicht schlimm. Wenn sich mal ein bisschen was einkreuzt und ein paar der Radieschen dunkel-lila statt rot sind, dann ist das eben so. Für jemanden, der an den Großhandel liefert, wäre das richtig schlimm. Aber was

Samen- und Gemüsebau gleichzeitig: Hier die Samenträger der Petersilienwurzel neben Paprikapflanzen.

stört mich das? Die Mitglieder denken eben: ›Oh witzig, da ist ja mal ein lila Radieschen dabei‹. Schlimmer ist natürlich, wenn die Keimfähigkeit schlecht ist oder Krankheiten dabei sind. Aber das ist wieder eine Wissensfrage und wir wissen schon, worauf wir achten und wann wir vorsichtig sein müssen. Die Neueinsteiger sollten mit Kulturpflanzen anfangen, die sich nicht einkreuzen und die keine samenbürtigen Krankheiten bekommen.

**Was macht ihr denn, wenn etwas nicht gelingt bei der Vermehrung von dem Saatgut, das ihr an die anderen Coop-Höfe geben wolltet?**

Kommunikation ist hier ganz wichtig. Wenn das Saatgut nicht so gut gereinigt ist

Das Schildchen schützt den Samenträger eines Fenchels vor verfrühter Abernte.

oder sich vielleicht etwas eingekreuzt haben könnte, muss das kommuniziert werden. Dann können die anderen entscheiden, ob sie das Saatgut trotzdem wollen oder ob sie lieber Saatgut dazukaufen. Und ich habe zum Beispiel überhaupt kein Problem damit, wenn eine Tomate nur 50 Prozent keimfähig ist. Hauptsache ich weiß das vorher, dann schmeiße ich halt doppelt so viel Saatgut in die Saatschale.

**Das geht aber nur, weil du so viel mit Hand arbeitest.**

Ja klar, wer nicht pikiert und nur maschinell standardisiert arbeitet, kann nicht so spielerisch damit umgehen und braucht absolut perfektes Saatgut. Bei den Ansprüchen wird auch das eigenständige Erzeugen von Saatgut irgendwann schwierig. Aber das finde ich todlangweilig!

**Nehmen wir mal an, Züchtung und Vermehrung könnte auf diese Weise wieder zurück auf die Höfe geholt werden. Sollte es dann deiner Meinung nach trotzdem noch spezialisierte Züchtung geben?**

Ja, auf jeden Fall. Spezialisierte Züchtung ist wichtig, aber sie sollte eben für wirklich Innovatives genutzt werden. Wenn wir zum Beispiel einen extra frühen Brokkoli wollen, oder von mir aus auch etwas ganz Neues. Aber die alltägliche Saatgutarbeit kann von Betrieben gemacht werden. Und diese können auch mit Züchtern zusammenarbeiten. Wenn zum Beispiel ein

Züchter den Auftrag kriegt, frühen Brokkoli zu züchten, baut er zunächst ganz viele Brokkolilinien an, sichtet und selektiert sie. Zwei, drei Linien stellen sich dann für die Züchtung einer frühen Sorte als geeignet heraus. Die anderen Linien können noch so gut sein – wenn sie spät abreifen, und die Vorgabe ein früher Brokkoli war, kann der Züchter in der Regel nicht weiter mit ihnen arbeiten und wirft sie raus. Er steht auch unter Druck. Aber anstatt diese Linien wegzuwerfen, könnte der Züchter davon ein paar an uns geben. Wir könnten dann an den Linien, die sich für unseren Standort als gut erweisen, weiterarbeiten. Und ein paar Jahre später wird der Züchter vielleicht gebeten, einen späten Brokkoli zu züchten. Und er denkt sich: ›Zum Glück habe ich die nicht rausgeworfen‹ und kann sie von uns wiederhaben. Und wir haben sie inzwischen sogar weiterentwickelt! Wir könnten diese Synergieeffekte nutzen.

**Was sagst du zur Zulassung von Sorten, gibt sie dir Sicherheit über die Qualität der Sorten?**

Für unsere SaatCoop brauchen wir das nicht, da ist eine Zulassung überflüssig. Wenn mir jemand sagt, er hätte eine tolle Paprika, die er irgendwo her hat, freue ich mich. Ich glaube dem das einfach und muss sowieso ausprobieren, ob sie bei mir gut wächst. Es ist mir egal, wie die Sorte heißt oder ob sie zugelassen ist. Und für mich ist auch irrelevant, ob sie homogen ist. Da kann doch ruhig Variation drin sein.

**Woran liegt es deiner Ansicht nach, dass manche Solidarische Landwirtschaftshöfe Hybriden verwenden?**

Ich finde das total inkonsequent! Es wäre wichtig, dass alle Gärtner die Bedeutung von Hybriden verstehen und zumindest keine CMS-Hybriden verwenden (S. 98). Manche sagen, es gäbe nicht genügend samenfeste Sorten. Aber wenn mir jemand erzählt, dass es keinen guten samenfesten, ertragreichen, genügend großen Blumenkohl mit engem Erntefenster gibt, dann ist das totaler Quatsch. Schau dir diesen hier an, perfekter könnte er ja fast nicht sein. Bei Brokkoli ist es etwas anderes, da habe ich tatsächlich auch noch keine gute samenfeste Sorte gefunden. Aber dann baue ich eben keinen an. Ich benutze nur samenfeste Sorten, etwas anderes mache ich nicht. Auf der anderen Seite finde ich die Fixierung auf alte Sorten auch nicht sinnvoll. Ich will nicht vorrangig alte Sorten, ich will gute Sorten. Wenn eine Sorte nicht zu meinen Anbaubedingungen passt oder sonst nicht meinen Vorstellungen entspricht, ist es mir egal, ob sie alt ist oder neu. Und wenn sie toll ist, darf sie auch ruhig neu sein.

**Gibt es denn in der Solidarischen Landwirtschaft ›mehr Luft‹ zum Ausprobieren und für samenfeste Sorten?**

Ich kenne viele Solidarische Betriebe, die auch Hybriden anbauen. Das hat mit der Solidarischen Landwirtschaft nur mittelmäßig viel zu tun. Wir von der Coop sind ziemlich idealistisch, uns ist das richtig wichtig. Aber klar, wenn jemand für Großhandel oder auch Einzelhandel produziert, hat er knallharte Auflagen, da ist nichts mit lila Radieschen! Aber alle Direktvermarkter haben die Möglichkeit, bunte Radieschen zu verkaufen. Ich glaube, das hängt schon viel an den Leuten. Und natürlich am Produktionszwang, von dem man sich auch nicht komplett befreien kann, selbst wenn man als Solidarische Landwirtschaft arbeitet. Die Teller müssen trotzdem voll werden! Aber ich will mich nicht verrückt machen lassen. Ich suche mir gute Leute und gute Strukturen, und dann kann der Druck mir den Rücken herunterperlen.

**Also brauchen wir gute Strukturen und ein bisschen mehr Mut?**

Ja, und wir müssen einfach anfangen. Hätten wir uns vorher über alle Probleme Gedanken gemacht, die mit den SaatCoops vielleicht auftreten könnten, hätten wir nie angefangen. Wir fangen einfach an, und dann stehen wir vor Problemen, und dann können wir sie lösen.

**Vor welchen Herausforderungen steht ihr mit den RegioSaatCoops?**

Ich schaffe es schon jetzt, ziemlich viele Sorten zu vermehren, und andere von uns auch. In ein paar Jahren will ich kein Saatgut mehr kaufen müssen, aber wenn mal was nicht klappt, dann kaufe ich halt welches. Wir sind nicht verbissen, das ist wichtig. Aber es ist schon herausfordernd, in Betrieben Saatgut zu gewinnen, die bisher nicht darauf ausgelegt waren. Beispielsweise werden zum Trocknen der Samenstände geeignete Räumlichkeiten auf den Höfen benötigt. Oder aber es fehlen Maschinen zur Reinigung des Saatgutes. Gerade überlegen wir, ob wir eine gemeinsame Saatgutwerkstatt aufbauen. Oder wir bauen ein Auto als Saatgutmobil aus, das mit den nötigen Maschinen ausgestattet ist und nach Bedarf auf den jeweiligen Hof gefahren werden kann. Auch für die Heißwasserbehandlung (S. 203) fehlt uns noch die Technik und das Wissen. Es fehlen schon noch viele Schritte, bis es unseren Ansprüchen nach läuft. Aber wenn das einmal funktioniert, dann läuft das auch, da bin ich mir sicher!

# Die Saat denen, die säen!

»Saatgutsouveränität bedeutet für mich: Das Recht und die Möglichkeit für alle, die mit Saatgut umgehen, das in der Weise zu tun, die für sie selber und ihre Praxis gut und richtig ist, ohne anderen zu schaden.«

Andreas Riekeberg*

Im gesamten Teil III dieses Buches geht es darum, wie selbstbestimmte bäuerliche Saatgutsysteme gestaltet sein können und welche Wege dorthin führen mögen. Aus den Erkundungen dieser Wege, den Gesprächen und Streifzügen trage ich nun zusammen, was Saatgutsouveränität bedeuten kann. Immer wieder habe ich in diesem Buch gefragt, wer das Sagen über unsere Saat hat. Mit dieser Frage im Sinn könnte man sagen: Saatgutsouveränität heißt, dass die Menschen, die säen, das Sagen über ihre Saat haben. Wie könnte dies genauer aussehen?

## Das Recht, Saatgut zu vermehren und weiterzugeben

Grundlegend für Saatgutsouveränität ist das Recht, Saatgut zu vermehren und weiterzugeben. Menschen in saatgutsouveränen Strukturen können selbst entscheiden, woher sie ihr Saatgut beziehen, was sie damit machen und an wen sie es wie weitergeben: Sie können es verschenken, tauschen oder verkaufen. Auch können sie selbst entscheiden, wie sie die Qualität ihres Saatgutes sichern.

## Das Recht, passende Sorten zu verwenden und neue zu züchten

Ein weiterer elementarer Bestandteil von Saatgutsouveränität ist der sichere Zugang zu Saatgut von guten, samenfesten Sorten, die sowohl für die Anbaubedingungen als auch für die Verarbeitungs- und Kochbedürfnisse der Menschen vor Ort stimmig sind. Hierzu gehört das Recht, selbst gewonnenes Saatgut oder das anderer Menschen zu verwenden, um neue Sorten zu züchten.

### Das Recht, solidarische Strukturen aufzubauen und sich zu vernetzen

Saatgutsouveränität bedeutet auch die Möglichkeit, sich den marktorientierten Strukturen zu entziehen und alternative, solidarische Agrar- und Saatgutsysteme aufzubauen. Hierzu gehört, Sorten und Saatgut nicht als Ware behandeln zu müssen, sondern es kollektiv als ein Gemeingut organisieren und schützen zu können. Dies beinhaltet das Recht darauf, solche Netzwerke und Gemeinschaften auszubilden, die zur Organisation eines Gemeingutes nötig sind (S. 36). Diese Gemeinschaften können beispielsweise aus Bäuerinnen, Saatgutproduzenten, Züchterinnen, Wissenschaftlerinnen, Essern, Nachbarinnen, Freunden und anderen Gruppen bestehen: »Saatgutsouveränität kann nicht von Bauern allein erreicht werden«, schreibt hierzu Kloppenburg (2010:379, Üs. AB).

### Das Recht, die Politik rund ums Saatkorn vor Ort selbst zu bestimmen

Saatgutsouveränität heißt auch, dass die Menschen, die mit Saatgut umgehen, Entscheidungen darüber selbst treffen und mit ihren Bedürfnissen und Erfahrungen im Mittelpunkt stehen – allerdings, wie Andreas Riekeberg* im Eingangszitat anmerkt, ohne dabei anderen zu schaden. Methoden wie Gentechnik und Strategien wie geistige Eigentumsrechte oder Freihandelsabkommen fallen nicht unter Saatgutsouveränität. Diese liegen nicht in den Händen derer, die säen, und sind nicht umsetzbar, ohne anderen zu schaden. saatgutsouveräne Strukturen werden nicht von oben herab definiert, sondern von unten und vor Ort ausgehandelt.

Dies gilt, so unterschiedlich die Bedingungen und Lebensrealitäten der Menschen auch sein mögen, für den globalen Süden sowie für den Norden. Denn »trotz der Unterschiede legen alle landwirtschaftlichen [...] Produzenten Samenkörner in die Erde. [...] In zunehmendem Maße und weltweit sehen sich Bauern jeglichen Typs konfrontiert mit warenförmigem, patentiertem/geschütztem, hochpreisigem, unternehmenseigenem Saatgut« (Kloppenburg 2010:370, Üs. AB). Die Frage nach Saatgutsouveränität adressiert also nicht vorrangig oder ausschließlich das Gefälle zwischen Nord und Süd, sondern die Strukturen, die weltweit bestimmen, wer das Sagen über die Saat hat.

Saatgutsouveränität bedeutet auch, Wissen und Fähigkeiten über Züchtung und Samenbau zurückzugewinnen, zu entwickeln und weiterzugeben. Dies beinhaltet die Möglichkeit, sich mit Menschen auf Augenhöhe zusammenzuschließen, die wertvolle Erfahrungen über Züchtung, Samengärtnerei oder agrarökologischen Anbau mitbringen oder entwickeln. Nur wer einen sicheren Zugang zu Bildung hat, kann zufriedenstellend aushandeln, wie Saatgutsouveränität vor Ort aussehen sollte.

Was genau jedoch Saatgutsouveränität bedeutet, ist von den Menschen vor Ort zu gestalten, und die jeweiligen Antworten können und sollen von Ort zu Ort variieren. Offensichtlich ist allerdings, dass ein von den Menschen vor Ort bestimmtes Saatgutsystem nicht alleine, unabhängig vom ›Rest der Welt‹ gedacht werden kann. Damit Saatgutsouveränität überhaupt möglich ist, müssen die Rahmenbedingungen, die gesetzlichen Regelungen und die Strukturen der Agrar- und Wirtschaftssysteme grundsätzlich anders gestaltet sein. Die Frage nach Saatgutsouveränität dringt tief in die Ausrichtung unserer Gesellschaft ein.

Für die Erprobung von Alternativen braucht es Strukturen, die nicht auf Profit ausgerichtet werden und einer gänzlich anderen Logik folgen, wie auch Helfrich & Kaiser schreiben: »Vier Dinge sind für einen diversifizierten, möglichst regionalen Anbau entscheidend: Fruchtbare Böden. Gute Sorten. Viel Wissen. Und eine große Biodiversität. Und alle vier schwinden. Sie wurden und werden vom dominierenden Zucht- und Landwirtschaftsbetrieb erdrosselt, durch hochgradige Arbeitsteilung eingedampft und im Wettbewerb um die ›effizienteste‹ Lebensmittelproduktion wegoptimiert. [D]iesem Problem ist nicht durch kosmetische Änderungen an Saatgut- und Sortenregistrierungsverordnungen beizukommen.«[86] Und weiter: »*Das Problem ist grundsätzlicher Natur*« (Helfrich & Kaiser 2014:3f, kursiv AB).

Da Saatgut eine Grundlage der Ernährung ist, ist Saatgutsouveränität eine Grundlage von Ernährungssouveränität. Die vielen Schritte in Richtung Ernährungssouveränität, die derzeit weltweit gegangen werden, sind daher gleichzeitig Schritte in Richtung Saatgutsouveränität. Und das gilt auch umgekehrt: »Ohne unser eigene-

**86** Fußnote im Original: „Dies ist auch den meisten AktivistInnen klar, die sich mit den aktuellen Gesetzgebungen beschäftigen. Deren Aktivitäten wollen wir keinesfalls in Frage stellen. Uns ist nur wichtig, gemeinsam weiter nach vorne zu schauen und aus der Defensive zu kommen" (Helfrich & Kaiser 2014:3).

nes [bäuerliches] Saatgut kann es keine Agrarökologie geben. Ohne Agrarökologie können wir keine Ernährungssouveränität aufbauen«, sagte Elisabeth Mpofu, Bäuerin aus Simbabwe und globale Koordinatorin von La Via Campesina auf einer Konferenz zu Ernährungssouveränität im Januar 2014 in Den Haag (LVC 2014:2, Üs. AB).

Wenn Saatgut- und Ernährungssouveränität bedeuten, dass Menschen vor Ort über ihre Agrar- und Saatgutsysteme entscheiden, wird das Ergebnis aufgrund vieler verschiedener Bedürfnisse und Umweltbedingungen in jedem Fall dynamisch und vielfältig sein. Für die vielseitigen Fragen der Ernährung in einer bunten Welt gibt es nicht *die eine*, sondern viele lokale Antworten. Um den Umgang mit dieser Vielfalt geht es auf den nächsten Seiten.

# Zum Weiterlesen und -schauen...

**AgrarAttac (Hrsg.) (2013): Die Zeit ist reif für Ernährungssouveränität!**
[www.ernährungssouveränität.at/wp-content/uploads/2014/01/Broschuere_ES_2.Auflage_WEB.pdf; 10.11.2015].
*Eine kleine und sehr informative Broschüre zu Themen rund um Ernährungssouveränität. Mit tollen Comics!*

**Darou, S., Ibarra, L. (2013): Die Strategie der krummen Gurken.**
Merzhausen: cine rebelde.
*In schönen Bildern und lebendigen Gesprächen gibt dieser Dokumentarfilm Einblicke in den Solidarischen Landwirtschafts-Alltag der Gartencoop Freiburg.*

**Haide, E. v. d. (2011): Widerständige Saat.**
*Dokumentarfilm über die Saatgut-Aktionstage in Brüssel 2011. Hier kommen viele Aktive zu Wort!*

**Heistinger, A., Arche Noah, ProSpecieRara (Hrsg.) (2003): Handbuch Samengärtnerei.**
Sorten erhalten. Vielfalt vermehren. Gemüse genießen.
Innsbruck: loewenzahn.
*Ein schön bebildertes Buch mit detaillierten Informationen zur Samengärtnerei.*

**Klaphake, U., Lüdemann, K., Jensen, D. (2009): Reichtum ernten.**
Vielfalt im Gemüsebeet.
Stuttgart: Kosmos.
*Das Buch umreißt grob die aktuellen Entwicklungen in Landwirtschaft und Saatgutpolitk, portraitiert zehn Samengärtnerinnen und beschreibt 22 Kulturpflanzen, die im Erwerbsanbau nur selten Platz finden. Mit schönen Fotos.*

**Kraus, J., Thiele, H. (2013): Über den Tellerrand.**
Ernährungssouveränität in Zeiten des Klimawandels.
Münster: Zwischenzeit.
*Der Film begleitet eine ›Karawane für Ernährungssouveränität‹ durch Bangladesh und lässt die Aktiven zu vielen verschiedenen Aspekten der Ernährungssouveränität zu Wort kommen.*

**LVC (Hrsg.) (2013): Our seeds, our future.**
Jakarta. [www.viacampesina.org/downloads/pdf/en/EN-notebook6.pdf; 10.11.2015].
*Berichte von Bäuerinnen und Bauern aus verschiedenen Ländern, die ihre Rechte verteidigen und Kulturpflanzenvielfalt erhalten und weiterentwickeln.*

**Ortner, M. (2012): Saatgut aus dem Hausgarten:**
Kräuter-, Gemüse- und Blumensaatgut selber gewinnen.
Staufen: ökobuch.
*Schönes Buch über die Praxis der Samengärtnerei. Auch für Anfängerinnen geeignet!*

**Seguin, S., Widmer, M., Widmer, O. (2015): Saatgut ist Gemeingut.**
Lehrfilme für Samengärtnerei.
*Anhand wunderschöner Bilder und handgezeichneter Animationen zeigen diese vier Lehrfilme die Praxis des Samenbaus für 32 verschiedene Gemüsesorten. Absolut empfehlenswert!*

**Sperl, I. (2013): Die Vielfalt kehrt zurück.**
Alte Gemüsesorten nutzen und bewahren.
Stuttgart: Ulmer.
*Das Buch portraitiert 15 Gemüsegärtnerinnen, die mit Leidenschaft schon fast vergessene Sorten anbauen. Mit Rezepten!*

Nachwort

# Über die Vielfalt

# Ein Plädoyer für mehr Chaos

»[Wir machen] alle gerne den Fehler, sichtbare Ordnung mit funktionaler Ordnung und sichtbare Komplexität mit Unordnung gleichzusetzen.«

Scott 2014:71[87]

## Ein Chaos, diese Vielfalt?

»Schau, wie viele es sind, eine Sorte für jedes Mikroklima. Eine Sorte für jede Familie. Eine Sorte für jede Nutzung. Ist ›Henderson White Bunch‹ dieselbe Sorte wie ›White Bunch‹? Ist sie anders, weil sie über die Familie Henderson weitergegeben wurde? Wurde sie an einem Ort mit dem Namen Henderson angebaut?«, fragt die Autorin, Aktivistin und Gärtnerin Janisse Ray (2012:55, Üs. AB). Der Übergang zwischen einer bäuerlichen Sorte und einer anderen kann fließend sein. Dies zeigt auch die folgende Geschichte, die Heistinger aus der bäuerlichen Mohnzüchtung erzählt.

Viele der lokalen Mohnsorten in Südtirol blühen nicht einfarbig, sondern rot, lila und weiß. Eine Bäuerin jedoch mochte den roten Mohn am liebsten, und so wählte sie aus ihrem Mohnacker immer die Samenstände der rot blühenden Pflanzen aus, um deren Saatgut im nächsten Jahr zu verwenden. Ihre Nachbarin hingegen mochte einen möglichst vielfarbigen Mohnacker, und achtete bei der Selektion darauf, dass alle Farben vertreten waren. »Auch wenn sie vielleicht ursprünglich dieselbe Sorte angebaut hatten, werden sich die Äcker und damit die Mohnsorten der Bäuerinnen unterscheiden. Mit der Zeit wird jede der beiden Frauen unverkennbar ›ihre‹ Sorte heraus-zügeln[88]. Die Sorte trägt die Handschrift der Züchterin« (Heistinger 2001:100).

Bauen die Bäuerinnen nun dieselbe Mohnsorte an, oder sind es verschiedene Sorten? Bis zu welchem Punkt ist es dieselbe, ab wann sind sie verschieden? Kulturpflanzenvielfalt ist nicht einfach und starr, sondern komplex, unübersichtlich und vor allem dynamisch! Ein und dieselbe Sorte kann für verschiedene Menschen oder an verschiedenen Orten unterschiedliche, verschiedene Sorten können den gleichen Namen haben. Pflanzenindividuen der gleichen Sorte können unterschiedlich aussehen, unterschiedliche

**87** Dieses Kapitel ist inspiriert durch das Kapitel ›Lokale Ordnung, offizielle Ordnung‹ in Scott (2014:54ff).

**88** Der Ausdruck ›zügeln‹ wird in Südtirol alltagssprachlich für das Züchten und Anbauen von Pflanzen verwendet (Heistinger 2001:38).

Sorten können gleich aussehen. Und dann verändern sich alle Sorten auch noch, je nachdem, wo sie wachsen, wie und von wem sie angebaut werden! Ist Vielfalt einfach nur ein riesiges Chaos?

Ja und nein. Es kommt auf die Definition des Wortes ›Chaos‹ an. Als ›chaotisch‹ können nämlich zwei unterschiedliche Zustände eines Systems beschrieben werden: »Zum einen, dass etwas so chaotisch ist, dass *nichts funktioniert*. Dann bringt die Unordnung Katastrophen für das System hervor. [...] Zum anderen, dass etwas so kompliziert ist, dass wir es *nicht verstehen*. Das bedeutet keineswegs, dass dieses ›Chaos-System‹ etwa nicht funktionieren würde – im Gegenteil! Etwas so komplex-chaotisches wie die Natur funktioniert hervorragend, nur wir begreifen sie kaum, und deshalb nennen wir sie ›chaotisch‹« (Stowasser 2006:83).

Auch Kulturpflanzenvielfalt ist in diesem Sinne etwas komplex-chaotisches, das ganz wundervoll funktioniert. Und dieses ›Chaos‹ der Kulturpflanzen ist eine der Grundvoraussetzungen für langfristig stabile und krisensichere Agrarökosysteme. Doch Kulturpflanzen können nicht ohne die gedacht werden, die sie kultivieren. Wie kamen und kommen die Menschen seit Jahrtausenden mit dieser unbegreiflichen Komplexität, diesem Chaos an Formen, Arten, Sorten und lokalen Variationen klar?

## Das Spiel mit der Vielfalt: Funktionale Ordnung

»Viele unserer Sorten haben verschiedene Namen, obwohl es die gleichen Sorte sind. Die Frauen haben von verschiedenen Orten Bohnen mitgebracht, und sie haben für die gleichen Bohnen zwei oder drei Namen. Die Frauen erzählen von ihren Sorten, sie wissen alles über diese Sorten. Und auch wenn es die gleichen Sorten sind über die sie reden – sie erzählen so schön und so unterschiedlich, dass ihre Geschichten immer wieder begeistern! Letztendlich ist es auch egal, wir haben so viele verschiedene Sorten, und alle sind toll...«, beschreibt mir Begzada Alatović* den Umgang mit der Vielfalt im Rosenduftgarten (S. 142).

Ganz sicherlich ist es in bäuerlichen Saatgutsystemen nicht immer ›egal‹, welche Sorte welche ist. Doch wie im Rosenduftgarten sind es die Namen und Geschichten, die Bäuerinnen eine Orientierung in der Vielfalt der Arten und Sorten bieten, indem sie Herkunft, Anbauweise, Verarbeitung, Lagerung oder Heilwirkung beschreiben. Diese Namen und Geschichten sind mit den Menschen und ihren Gärten und Feldern gewachsen und haben sich bewährt. Dieser spielerische Umgang mit der Vielfalt kann als ›funktionale Ordnung‹ in den bäuerlichen Saatgutsystemen bezeichnet werden (Scott 2014:65ff). Die Namen und Geschichten werden oft mündlich überliefert, sind verschlungen und überschneiden oder widersprechen sich sogar. Dass sie für die Beteiligten eine ordnende oder orientierende Funktion haben, ist von außen auf den ersten Blick nicht sichtbar.

Ein anderes Beispiel für solch eine funktionale Ordnung gibt der Botaniker Edgar Anderson (1952:140f). Er erzählt, wie er in Mittelamerika an einem überwucherten Fleckchen Land vorbeiging. Bei genauem Hinsehen jedoch stellte sich heraus, dass dies ein bäuerlicher Garten war! Obwohl der Garten zunächst nach einem großen Durcheinander aussah, fand Anderson beim Kartieren eine überzeugende Funktionalität vor. Die geschickte Bepflanzung stellte sicher, dass der Boden rund ums Jahr bedeckt war und beugte damit Erosion und Trockenheit vor; auch waren die Pflanzen der gleichen Art weit voneinander entfernt gepflanzt, sodass sich Krankheiten und Schädlinge nicht so leicht verbreiten konnten. Und so lieferte der Garten mit wenig Pflegeaufwand Gemüse, Getreide, Obst und Heilpflanzen! Das Durcheinander des Gartens stellte ein Chaos mit genialer Funktionalität dar, ein fein ausgeklügeltes, gut abgestimmtes System.

**Das Durcheinander des Gartens stellte ein Chaos mit genialer Funktionalität dar, ein fein ausgeklügeltes, gut abgestimmtes System.**

### Versuche der Vereinfachung: Sichtbare Ordnung

Wer die funktionale Ordnung des von Anderson beschriebenen Gartens nicht kennt, mag seine Komplexität als Unordnung verkennen (Scott 2014:71ff). Da kann schnell ein Bedürfnis nach Einfachheit und Übersichtlichkeit aufkommen, nach sichtbarer Ordnung.

Die Industrialisierung der Landwirtschaft kann aus diesem Blickwinkel auch als Versuch gesehen werden, sichtbare Ordnung auf die Äcker und in die Agrarsysteme weltweit zu bringen. Die vielfältigen bäuerlichen Saatgutsysteme werden durch sichtbar geordnete und leicht verwaltbare Systeme ersetzt: Mit Sortenbereinigungen, die alle mehrfach vorhandenen Sorten entfernen sollen (S. 112); mit Genbanken, in denen Sorten aus aller Welt auf molekularer Ebene analysiert werden, sodass ihre Merkmale global und digital einsehbar sind (S. 81); mit Sorten-Nummern wie IR-8, die die Namen und Geschichten ersetzen (S. 74); mit DUS-Kriterien, die klar definieren, was überhaupt als Sorte gilt und was nicht (S. 108); und mit Registerprüfungen, die nur die Sorten zulassen, die diesen Kriterien entsprechen (S. 110).

Und so verdrängt die industrielle Landwirtschaft lokale bäuerliche Praktiken rund um die Erde. Kleine, vielfältige und bäuerliche Systeme, die zuvor relativ resistent gegen Kontrolle und Besitznahme waren, werden durch große und einheitliche Systeme ersetzt. Diese erleichtern hierarchische Machtstrukturen und die Kontrolle über die Menschen, ihre Landwirtschaft und ihre Lebensgrundlagen (Scott 2014:60). Besonders wohl fühlen sich in diesen global vereinheitlichten Landwirtschaften natürlich multinationale Konzerne, die überall sehr ähnliche Bedingungen vorfinden (Scott 2014:78f).

Eine große Schwäche dieser einheitlichen, zentral geplanten Systeme ist, dass sie gegenüber Störungen sehr anfällig sind (S. 40). Eine weitere Schwäche ist, dass sie eigentlich immer von informellen Systemen getragen werden (Scott 2014:69). Dies wird im südspanischen Plastikmeer sehr deutlich (S. 22): Das Funktionieren des Gemüsebaus in der Wüste ist stark abhängig von den abertausenden illegalisierten Einwanderern, die dort *informell* arbeiten. Und von dem Wasser, das aus den unterirdischen Grundwasserseen des informellen Systems ›Natur‹ entnommen wird. Auch das industrielle Saatgutsystem, das als das offizielle und formelle Saatgutsystem gilt, kann nur existieren, weil es ständig auf Sorten aus den bäuerlichen, informellen Systemen weltweit zugreifen kann.

## Sichtbar geordnete Vielfalt?

Neben der Frage, für wen diese Übersichtlichkeit in Landwirtschaft und Kulturpflanzenvielfalt überhaupt geschaffen wird, stellt sich eine weitere Frage: Kann Vielfalt überhaupt sichtbar geordnet werden? In der Theorie ja: Genau dies macht die botanische Systematik, wenn sie Pflanzen einteilt, bestimmt und benennt. In der Praxis jedoch ist das sichtbare Ordnen von Vielfalt viel schwieriger oder sogar unmöglich. Zwar können ›übersichtliche‹, homogene, unterscheidbare und beständige Sorten gezüchtet und genauestens auf diese Kriterien hin geprüft werden. Durch Sortenbereinigungen wird immer wieder versucht, sich zu sehr ähnelnde Sorten zu entfernen. Doch können diese Maßnahmen eine wirklich sichtbare Ordnung herstellen?

Hierzu erkärt mir Quirin Wember*: »Beständigkeit ist etwas, das es bei Kulturpflanzen nicht gibt. Pflanzen sind Lebewesen und als solche nun mal nicht starr, sondern veränderlich. Das heißt, Sorten werden nur dadurch beständig, dass die Züchterinnen und Züchter sie ständig auf das Sortenbild hin selektieren. Schon aus diesem Grund ist der Ansatz von Sortenbereinigungen – wenn man diese denn überhaupt gut fände – sehr fragwürdig. Nach der Sortenbereinigung verändern sich die Sorten weiter. Wenn man sie 20 Jahre später anschaut, haben sie sich weiter entwickelt und dann kann man wieder von vorne anfangen«.

Und auch die Registerprüfung scheint nicht die Erwartungen einer sichtbaren Ordnung zu erfüllen: Heiko Becker, Göttinger Dozent für Pflanzenzüchtung, stellt die Frage, »ob ein wichtiges Ziel der Sortenzulassung, nämlich ein ›Sortenwirrwarr‹ zu vermeiden, heute wirklich noch erreicht wird«. Er beklagt einerseits, dass besonders bei Mais, Weizen und Kartoffeln die zugelassene Anzahl von Sorten so groß ist, dass »selbst Spezialisten kaum noch alle Sorten [kennen]«. Gleichzeitig werden nur ganz wenige Getreidesorten angebaut: »Während zwischen 30 und über 100 Sorten zugelassen sind, spielen im praktischen Anbau nur höchstens etwa 10 Sorten eine größere Rolle« (Becker 2011:40).

Beckers Frage offenbart zwei Probleme. Zum einen werden über 100 zugelassene Sorten je Hauptgetreideart schon als ›zu viel‹ angesehen, da ›Spezialisten‹ diese Sorten nicht mehr alle kennen können. Doch im Vergleich zu einer Landwirtschaft, in der in jedem Tal eine andere Sorte angebaut wird, sind 100 Sorten sehr wenig. Zum anderen spielen jeweils höchstens *zehn Sorten* eine Rolle beim Anbau der wichtigsten Getreidearten! Das sind nun wirklich sehr wenige.

Ob Sortenbereinigung, Registerprüfung oder Industrialisierung der Landwirtschaft – all die Maßnahmen, die Übersichtlichkeit herstellen sollen, können zwar eine sichtbare Ordnung schaffen. Doch diese Ordnung reduziert die Vielfalt zur Einfalt. Diese von oben herab geplante Vereinfachung entspricht den Anforderungen der industriellen Landwirtschaft, aber sie eignet sich nicht als Strategie für zukunftsfähige Agrarsysteme. Denn diese benötigen Vielfalt und Komplexität.

## Komplex, widerständig und lebendig

Um noch einmal auf das ›Chaos der Vielfalt‹ zurückzukommen: In vielen Katalogen von Erhaltungsorganisationen sind sicherlich viele Sorten doppelt beschrieben, jedoch mit unterschiedlichem

Namen. Janisse Ray beschreibt, wie sie mit dieser Tatsache zu kämpfen hat. Wäre nicht viel weniger Erhaltungsarbeit zu tun, würde man alle Doubletten rausschmeißen? Wäre das nicht viel effizienter? Wozu alle Sorten aufheben, wenn es dieselben sind? Der in den USA bekannte Erhaltungszüchter Will Bonsall erzählte ihr, eine Initiative habe versucht, ihre Kartoffelsammlung auf Dopplungen testen zu lassen. Das Ergebnis: »Das beste, was sie jemals herausfinden konnten, war: ›Ja, diese Kartoffel ist wirklich anders‹. Nie konnten sie einen Test finden, der bescheinigte: ›Ja, dies ist wirklich dieselbe‹. [...] Die Kartoffelleute haben nach Vereinfachung gesucht. [...] Der Vorteil von Einfachheit ist, dass sie bequemer ist. Aber sie ist auch sehr gefährlich. In der Komplexität liegt Sicherheit. In Komplexität liegt immer Stärke« (Ray 2012:63, Üs. AB).

Auf Seite 41 habe ich die Stärke von Komplexität und Vielfalt als ›Redundanz‹ beschrieben. Hierfür habe ich das Beispiel der Obstblüten verwendet, die durch viele verschiedene ›Elemente‹ (Insekten) bestäubt werden. In einem komplexen Agrarökosystem geschehen viele Dinge gleichzeitig und nebeneinander, alle Elemente sind miteinander verflochten, ergänzen sich und haben mehrere Funktionen! Welche der komplexen Vorgänge, Wechselbeziehungen, Verbindungen und Zusammenhänge in unseren Abermillionen von (Agrar-)Ökosystemen weltweit haben wir verstanden? Wie viel Prozent der Lebewesen auf diesem Planet kennen wir überhaupt? Und von welchen wissen wir tatsächlich, welche Funktionen sie in ihrem Ökosystem übernehmen? Wie viele kaum bekannte Kulturpflanzenarten und -sorten hat das industrielle Agrarsystem schon vernichtet?

Vor kurzem habe ich einen Artikel über die jüngsten Theorien zu der Frage gelesen, warum sich die Blätter von Laubbäumen im Herbst bunt verfärben. Ich war erstaunt, dass es hierzu noch keine vollständig gesicherten wissenschaftlichen Erklärungen gibt – ist doch das Verfärben der Blätter so etwas Auffälliges, im Herbst Alltägliches... In der Flut der wissenschaftlichen Informationen ist es leicht zu vergessen, wie wenig wir Menschen eigentlich über diesen Planeten wissen, den wir in kürzester Zeit so tiefgreifend verändern.

Wir können die Agrarökosysteme und ›die Natur‹ nicht kontrollieren und beherrschen, ohne dabei unsere eigenen Lebensgrundlagen zu untergraben. Wäre es nicht sehr viel klüger, Chaos im Sinne von Komplexität zuzulassen, dieses Chaos immer weiter verstehen zu lernen und dabei uns und unseren Planeten lebendig zu halten?

# Was tun?!

Es gibt nicht *den einen* Weg zu Saatgutsouveränität. Denn »[s]o vielfältig und verschlungen die Wege waren, die Kulturpflanzen bisher genommen haben, sollen sie auch bleiben. Das Wissen der Bäuerinnen und Bauern, ihre Fähig- und Fertigkeiten Pflanzen anzubauen und zu züchten, beruht nicht auf planerischer Tätigkeit, sondern auf ihrer Kunst des Improvisierens« (Heistinger 2001:137). Daher ist Kreativität und Improvisationskunst gefragt, aber auch Entschlossenheit, Mut und Leidenschaft. Hier eine kleine, sicherlich völlig unvollständige Sammlung an Tritten und Schritten in Richtung Saatgutsouveränität.

Saatgut von samenfesten und ökologisch gezüchteten Sorten verwenden (S. 262f, 191ff)

Im eigenen Garten oder auf dem Balkon Nahrungsmittel anbauen und Saatgut gewinnen

Über Saatgut diskutieren, sich selbst und anderen viele Fragen stellen

Ökologische Züchtung unterstützen (S. 219ff)

Die Überarbeitung der Saatgutgesetzgebung mitverfolgen und beeinflussen (S. 114f)

Den Gemüsehändler auf dem Markt, die Chefin des Bioladens und den Angestellten des Biosupermarktes mit Fragen zu den angebotenen Gemüsesorten und zu Hybriden löchern (S. 98f, 191ff)

Saatgutboxen aufstellen (Kasten S. 172)

Saatgut-Tauschbörsen und -feste organisieren (S. 172ff)

Einen Saatgutschaugarten oder ein Schaubeet besuchen oder aufbauen (S. 181)

Saatgut per Post an Freunde verschicken

Sich von all den wundervollen Saatgutprojekten inspirieren lassen (S. 139–239)

Sortenpatenschaften übernehmen (S. 144ff)

Zum Geburtstag, als Mitbringsel oder einfach so Saatgut verschenken

Nicht daran glauben, dass nur Spezialisten züchten und Saatgut gewinnen können (S. 139ff, 198ff)

Mit Mitgliedern der Solidarischen Landwirtschaft oder der Food Coop über Saatgut reden (S. 223ff)

Sich vernetzen, gemeinsam Samenbau betreiben und untereinander Saatgut weitergeben, und damit den Umgang mit Saatgut als Gemeingut üben (S. 36ff)

Straßentheater zu Themen rund ums Saatgut spielen

Recherchieren, Weiterlesen

Saatgutseminare besuchen oder veranstalten

Sich mit Freunden zusammenschließen und einen Gemeinschaftsgarten gründen (S. 180ff)

Leidenschaft für Saatgut weitergeben

Eine Kultursaat-Ausbildung anfangen (S. 139)

Nicht darauf warten, dass andere / die Regierung / Nichtregierungsorganisationen das Problem lösen

Aktivistinnen und Bauern hier und anderswo unterstützen – insbesondere, wenn sie in Schwierigkeiten geraten, weil sie sich gegen Ungerechtigkeiten wehren

RegioSaatCoops und andere Erzeugergemeinschaften gründen (S. 222, 234ff)

Sich trauen und anfangen, in der Solidarischen Landwirtschaft oder dem Erwerbsanbau Saatgut selbst zu gewinnen (S. 198ff, 223ff)

Sich gegen entmündigende und erniedrigende Gesetze auflehnen (S. 161ff)

Epilog

# Das blaue Popkorn

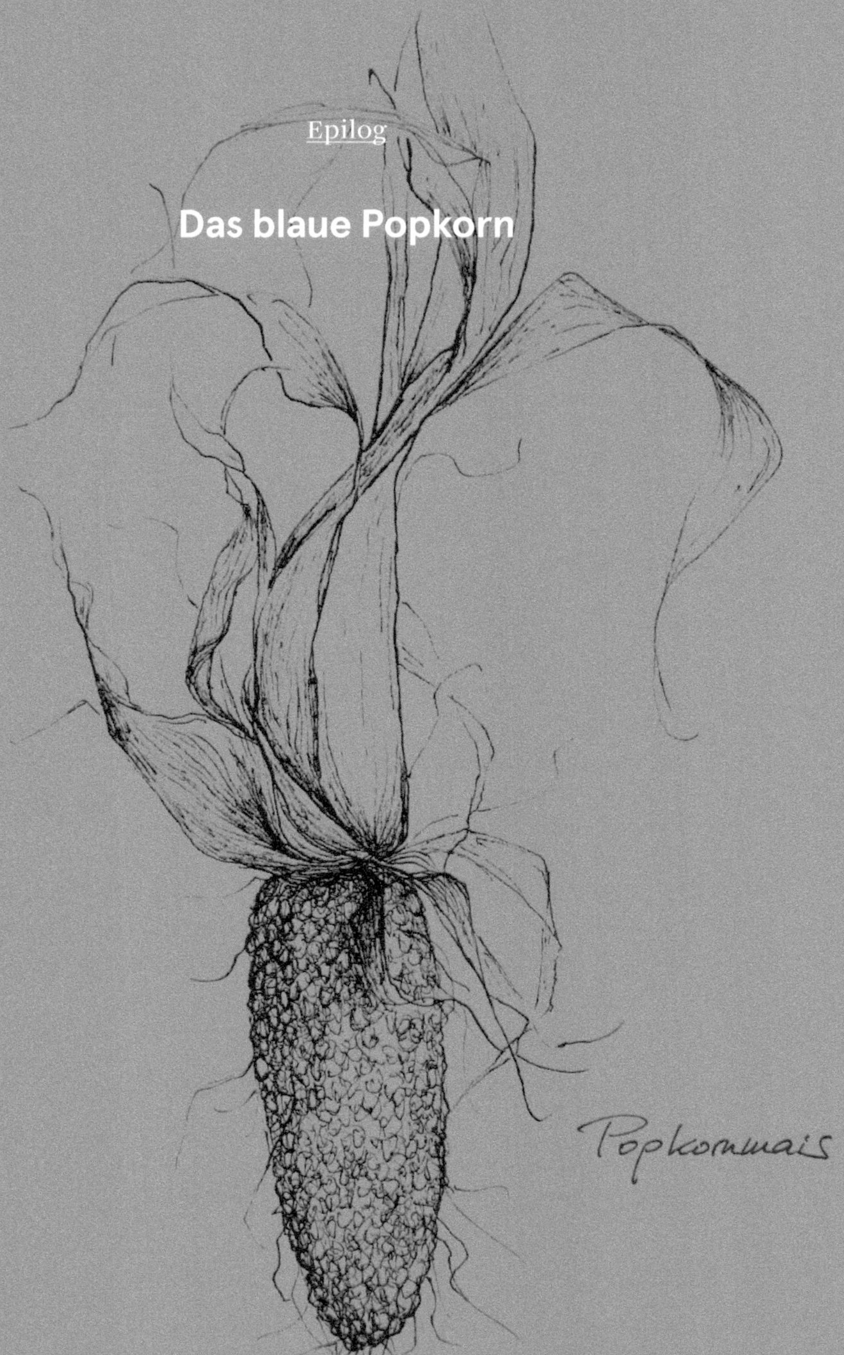

Ganz langsam bekommen sie Kolben, die nach und nach dicker werden, und dann sogar etwas bläulich. Doch sie schaffen es nicht, vor dem Winter richtig reif zu werden. Im November muss ich mich entscheiden: Entweder ich ernte die unreifen Kolben ab oder sie erfrieren mir. Ich ernte.

Zweifelnd streife ich die Hüllblätter zurück und hänge die Kolben an den Blättern kopfüber zum Trocknen auf. Vielleicht reift mein blauer Popkornmais ja noch nach? Nach einigen Wochen reibe ich die kleinen, weiß-, hell- und dunkelblauen Körnchen ab und bewahre sie bis zum Frühjahr auf. Da ich nicht glauben kann, dass auch nur eines dieser Körner keimt, mache ich einen Keimtest – und staune nicht schlecht: Von 50 Samen kommen 46, das sind über 90 Prozent! Vielleicht ist der blaue Popkornmais doch noch nicht verloren.

Doch in diesem Frühjahr bin ich wenig im Garten, da ich ein Buch zu schreiben habe. In den nächsten Wochen bin ich zu viel unterwegs, als dass ich mich um die Aussaat meines Popkornmais kümmern könnte – zumal ich dieses Jahr einen sonnigeren Ort für ihn suchen wollte als meinen Garten. Also hebe ich die Samen für nächstes Jahr auf, verschenke viele davon und hoffe, dass sie an verschiedenen Orten keimen werden. Und mit einer kleinen Menge der Körner mache ich das, was man mit Popkornmais auf jeden Fall tun sollte: Popkorn!

Hierzu erhitze ich die Körner mit etwas Öl in einem Topf und warte, bis es knallt! Es macht immer wieder Spaß, Popkorn selbst zu machen. Dabei darf man nicht vergessen, den Deckel auf den Topf zu legen, sonst springen die Körner aus dem Topf. Das fertige Popkorn ist leider nicht blau, genauso wie Popkorn aus gelben Maiskörnern nicht gelb ist. Doch an den Stellen des Popkorns, an denen die Schale zu sehen ist, schimmert es bläulich... und es schmeckt ganz wundervoll.

# Dank

Am Ende eines langen Recherche- und Schreibprozesses schaue ich auf zwei bunte, kreative, spannende und herausfordernde Jahre zurück. Dieses Buch wäre nicht möglich gewesen ohne all die Bäuerinnen, Samengärtner, Züchterinnen, Aktivistinnen, urbanen Gärtner und Wissenschaftlerinnen aus verschiedensten Ländern, mit denen ich für dieses Buch gesprochen habe. Sie haben sich Zeit genommen, mir ihre Sicht auf das Saatgutthema erklärt und dann auch noch den betreffenden Text gegengelesen – meinen wärmsten Dank dafür! All diese Menschen sind im Personenverzeichnis auf Seite 260f aufgeführt.

Zudem haben sich viele Menschen dazu bereit erklärt, Kapitelabschnitte, ganze Kapitel oder gar das gesamte Manuskript zu lesen. Für die hilfreichen Anmerkungen, den kritischen Blick und die vielen Ermutigungen und Diskussionen möchte ich danken: Andreas Riekeberg, Benjamin Bollmann, Bettina Thormann, Carla Wember, Charlotte Ellerbrok, Ella von der Haide, Eva Gelinsky, Florian Hackmann, Friedemann Maurer, Gregor Kaiser, Manja Kunzmann, Michael Fink, Michael Flitner, Patrick Becker, Philipp Meyer-Gfeller, Pierre Hohmann, Quirin Wember, Simon Arbach und Stefi Clar. Für (hoffentlich kaum vorkommende) Irrtümer sind natürlich nicht sie, sondern ich verantwortlich. Mein ganz besonderer Dank gilt Andreas, Ben und Manja für die inhaltliche und emotionale Unterstützung während des gesamten Schreibprozesses!

Dirk Heider danke ich für die großartigen Ideen, die gute Zusammenarbeit und das wunderschöne Layout. Sonja Tröster hat sich viel Zeit für die Fotoaktion in der Saatgutwerkstatt genommen; Britta Plote und Torsten Schlusche haben sich trotz eines sehr straffen Zeitplans darauf eingelassen, mein Buch zu lektorieren und zu korrigieren; und Clemens Herrmann vom oekom Verlag hat viel Geduld und Offenheit für mein Projekt aufgebracht. Danke dafür! Auch den im Impressum genannten Stiftungen gilt mein herzlicher Dank.

Ich wäre gar nicht erst auf die Idee gekommen, ein so großes Experiment wie dieses Buch anzufangen, hätte ich nicht ein wundervolles Zuhause und tolle Menschen um mich herum gehabt. Ein liebevolles Dankeschön an all die, die mich umarmt, neugierig gefragt, unterstützt und an dieses Projekt geglaubt haben.

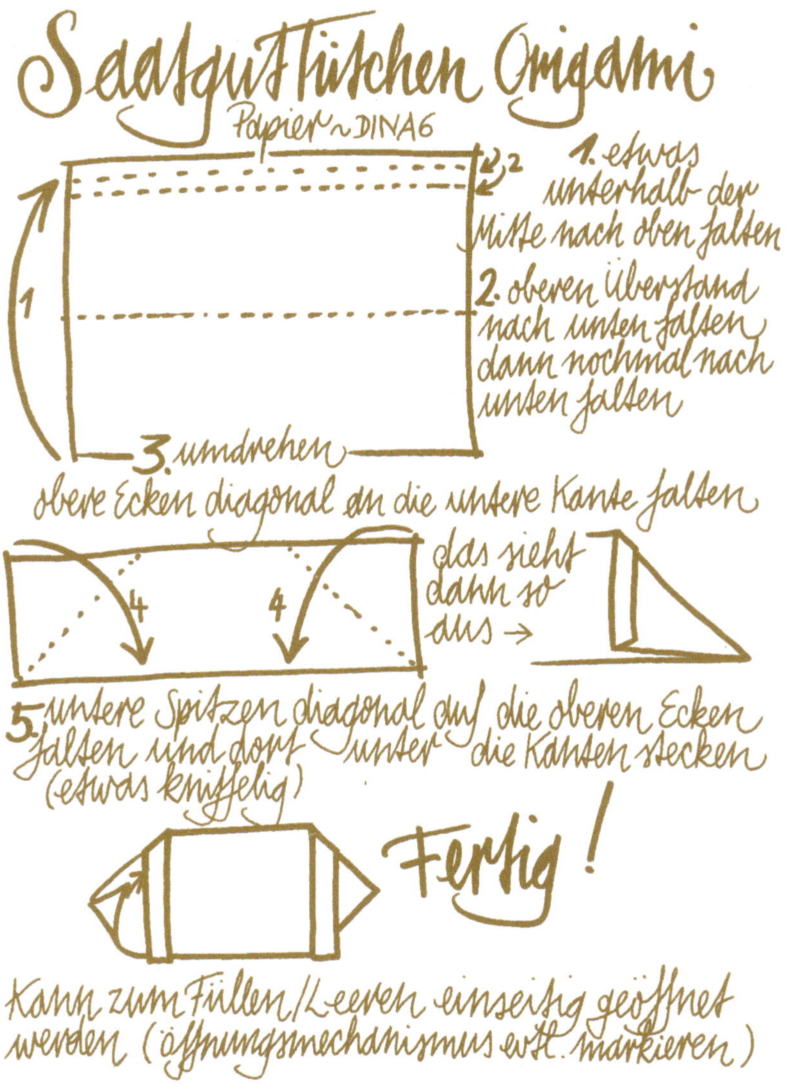


Zeichnung von Sara Meißner

# Personenverzeichnis

Verzeichnis der Menschen, mit denen die Autorin Gespräche für dieses Buch geführt hat. Im Text sind die Namen der hier verzeichneten Menschen mit einem Sternchen * markiert.

**Alexandra Becker**
Social Seeds – Kulturpflanzenvielfalt in Berliner Gemeinschaftsgärten. www.social-seeds.net, S. 181.

**Andrea Bertele**
Gemeinschaftsgarten des Ökologischen Bildungszentrums München, www.oebz.de, S. 171, 183.

**Andreas Backfisch**
Gärtnerei Rote Rübe – Schwarzer Rettich, www.roteruebe-schwarzerrettich.de, S. 99, 199.

**Andreas Riekeberg**
Saatgutkampagne, www.saatgutkampagne.org, S. 116, 240f.

**Beate Koller**
Arche Noah, Gesellschaft für die Erhaltung der Kulturpflanzenvielfalt und ihre Entwicklung, Österreich, www.arche-noah.at, S. 139, 214ff.

**Begzada Alatović**
Rosenduftgarten Berlin, www.suedost-ev.de/interkultureller_garten/interkultureller_garten.php, S. 142f, 247.

**Britta Eschmann**
Rheinischen Gartenarche Köln, www.rheinischegartenarche.de, S. 182ff.

**Chito Medina**
MASIPAG, Philippinen, www.masipag.org, S. 216ff.

**Cynthia Osorio Torres**
Hüter der Samen des Lebens, Kolumbien, www.rgsv-colombia.org, S. 163.

**Debal Deb**
Reiszentrum Vrihi, Indien, www.cintdis.org/vrihi, S. 20.

**Dirk Kerstan**
Gemeinschaftsgarten Neuland Köln, www.neuland-koeln.de, S. 182ff.

**Eva Gelinsky**
ProSpecieRara Schweiz, Interessensgemeinschaft für gentechnikfreie Saatgutarbeit. www.prospecierara.ch, www.gentechnikfreie-saat.org, S. 98, 117, 139, 140, 194, 197, 198, 211.

**Famara Diédhiou**
FAHAMU Afrika – Netzwerk für soziale Gerechtigkeit, www.fahamu.org, S. 161.

**Farida Akhter**
Ubinig, Nayakrishni Bäuerinnenbewegung, Bangladesh, www.ubinig.org, S. 35, 151.

**Gebhard Rossmanith**
Bingenheimer Saatgut AG, www.bingenheimersaatgut.de, S. 207, 211.

**Jack Kloppenburg**
Universität Wiscosin, OSSI, USA, www.dces.wisc.edu/people/emeritus-faculty/jack-kloppenburg, www.osseeds.org, S. 48, 127, 161, 188ff.

**Jan Böhnhardt**
Gärtnerei Ochsenherz, Österreich, www.ochsenherz.at, S. 228ff.

**Jörgen Beckmann**
ProSpecieRara Deutschland, www.prospecierara.de, S. 180.

**Jürgen Holzapfel**
Longo Maï Kooperative Hof Ulenkrug, www.prolongomai.ch, S. 157ff, 176f, 191, 212.

**Kathrin**
Gartencoop Freiburg, www.gartencoop.org, S. 225ff.

**Konrad Bucher**
Gemeinschaftsgarten des Ökologischen Bildungszentrums München, www.oebz.de, S. 171.

**Kornelia Becker**
Kultursaat, www.kultursaat.org, S. 119f.

**Lukas**
Gartencoop Freiburg, www.gartencoop.org, S. 225ff.

**Manja Rupprecht**
Stadtgarten Nürnberg, www.stadtgarten-nuernberg.de, S. 181.

**Najeha Abid**
Internationale Gärten Göttingen, www.internationale-gaerten.de, S. 142f.

**Nicolae Lalu**
Eco Ruralis, Rumänien, www.ecoruralis.ro, S. 168f.

**Niko Hader**
RegioSaatCoops, S. 198, 234ff.

**Nikos Dompazis**
Peliti, www.peliti.gr, S. 146f.

**Nora**
Gartencoop Freiburg, www.gartencoop.org, S. 225ff.

**Oliver Christ**
Gärtnerei Piluweri, www.piluweri.de, S. 205f, 194, 196f.

**Pat Bowen**
Seedy Sunday, Großbritannien, www.seedysunday.org, S. 178f.

**Peter Laßnig**
Gärtnerei Ochsenherz, Österreich, www.ochsenherz.at, S. 228ff.

**Philipp Meyer-Gfeller**
Landmais, Schweiz, www.landmais.ch, S. 196f.

**Pierre Hohmann**
Forschungsinstitut für Biologischen Landbau, Schweiz, www.fibl.org, S. 191.

**Quirin Wember**
Dreschflegel, www.dreschflegel-saatgut.de, S. 200ff, 219, 250.

**Reinhard Lühring**
Dreschflegel, www.dreschflegel-saatgut.de, S. 154f, 207f.

**Sara Baga**
Gaia, Portugal, www.gaia.org.pt, S. 150, 180.

**Stefi Clar**
Dreschflegel, www.dreschflegel-saatgut.de, S. 118, 200ff.

**Ulrike Behrendt**
Kultursaat, www.kultursaat.org, S. 116, 195.

**Ursula Reinhard**
Verein zur Erhaltung der Nutzpflanzenvielfalt, www.nutzpflanzenvielfalt.de, S. 83, 144ff.

**Xènia Torras**
Esporus, Katalonien, www.esporus.org, S. 83, 152.

## Bildnachweis

Anja Banzhaf: S. 12, 117, 138, 143, 147, 156 links, 159, 167, 173, 175, 177, 185, 232, 236, 237, 257
Kinka Tadsen: S. 201
Klaus Pichler: S. 215
Mara Ort: S.156 rechts
Privat: S. 144, 152, 154, 179, 202, 205
Sonja Tröster: S. 141
www.anhalonium.com: S. 61, 100
www.seedfilm.org: S. 34, 149

Die Autorin hat die Inhalte dieses Buches genau überprüft. Für die Richtigkeit der Informationen wird keine Haftung übernommen.

# Hier gibt es mehr zu entdecken: Bewegungen, Initiativen, Saatgut, Schaugärten…

**Agrarkoordination**
*Infos Landwirtschaft und Ernährung*
22765 Hamburg
Tel. 040-39 25 26
info@agrarkoordination.de
www.agrarkoordination.de

**Arbeitsgemeinschaft bäuerliche Landwirtschaft**
*Infos bäuerliche Landwirtschaft*
59065 Hamm
Tel. 02381-9053171
www.abl-ev.de

**Arche Noah**
*Saatgut, Schaugarten, Infos, Kurse u.v.m.*
A-3553 Schiltern
Tel. 043-(0)2734-8626
info@arche-noah.at
www.arche-noah.at

**Bantam!**
*Saatgut, Infos gentechnikfreie Landwirtschaft*
10117 Berlin
Tel. 030-24047146
info@bantam-mais.de
www.bantam-mais.de

**Bergische Gartenarche**
*Saatgut, Patenschaften*
42115 Wuppertal
info@bergische-gartenarche.org
www.bergische-gartenarche.org

**Bingenheimer Saatgut AG**
*Saatgut, Infos*
61209 Echzell
Tel. 06035-18990
info@bingenheimersaatgut.de
www.bingenheimersaatgut.de

**Bio-Saatgut**
*Saatgut, Infos*
97252 Frickenhausen/Main
www.bio-saatgut.de

**Dreschflegel**
*Saatgut, Infos, Schaugarten, Kurse u.v.m.*
37202 Witzenhausen
Tel. 05542-502744
info@dreschflegel-saatgut.de
www.dreschflegel-saatgut.de

**Ellenbergs Kartoffelvielfalt**
*Pflanz- und Speisekartoffeln, Infos*
29576 Barum
Tel. 05806-304
kartoffelvielfalt@t-online.de
www.kartoffelvielfalt.de

**Freie Saaten**
*Infos, Kurse*
68519 Viernheim
www.freie-saaten.org

**Freies Saatgut für alle**
*Saatgutboxen, Infos*
40233 Düsseldorf
Tel. 01578-9335716
www.freiessaatgut.de

**Interessengemeinschaft für gentechnikfreie Saatgutarbeit**
*Infos gentechnikfreie Landwirtschaft*
37075 Göttingen
gentechnikfreie-saat@gmx.de
www.gentechnikfreie-saat.org

**Kaiserstühler Garten**
*Samengarten, Kurse, Infos*
79356 Eichstetten / Kaiserstuhl
Tel. 07663-932313
www.kaiserstuehler-garten.de

**Kein Patent auf Leben!**
*Infos Patente auf Leben*
80807 München
Tel. 0151-54638040
info@no-patents-on-seeds.org
www.no-patents-on-seeds.org

**Kultursaat**
*Züchtung, Kurse, Infos u.v.m.*
61209 Echzell
Tel. 06035-208097
www.kultursaat.org

### La Via Campesina
*Infos zu kleinbäuerlichen Kämpfen weltweit*
viacampesina@viacampesina.org
www.viacampesina.org

### Nyéléni
*Infos Ernährungssouveränität, Vernetzung*
info@nyeleni.de
www.nyeleni.de

### Pomologen-Verein
*Infos alte Obstsorten, Seminare*
20251 Hamburg
Tel. 040-46063755
www.pomologen-verein.de

### ProSpecieRara
*Saatgut, Infos, Kurse u.v.m.*
79098 Freiburg
Tel. 061-59390007
info@prospecierara.de
www.prospecierara.de
Schweiz: www.prospecierara.ch

### Reclaim the fields
*Infos kooperative Landwirtschaft, Vernetzung, Aktionstage*
www.reclaimthefields.org

### Reinsaat
*Saatgut, Infos*
A-3572 St. Leonhard
Tel. 043-(0)2987-2347
www.reinsaat.at

### Saat:gut
*Züchtung, Infos*
24887 Esperstoftfeld
Tel. 0152-22782484
info@saat-gut.org
www.saat-gut.org

### Saatgutfonds der Zukunftsstiftung Landwirtschaft
*Infos Förderung Ökozüchtung und Saatgutsparen*
44789 Bochum
Tel. 0234-57975172
landwirtschaft@gls-treuhand.de
www.saatgutfonds.de

### Saatgutkampagne
*Infos Saatgutpolitik, Tauschbörsen u.v.m.*
info@saatgutkampagne.org
www.saatgutkampagne.org

### Samenbau Nordost
*Saatgut, Kurse*
15306 Vierlinden/Alt-Rosenthal
Tel. 033477-54580
www.samenbau-nordost.de

### Sativa
*Saatgut, Infos, Züchtung*
CH-8462 Rheinau
Tel: 041-(0)523049160
sativa@sativa-rheinau.ch
www.sativa-rheinau.ch

### Save our Seeds
*Infos gentechnikfreie Landwirtschaft*
10117 Berlin
Tel. 030-24047146
info@saveourseeds.org
www.saveourseeds.org

### Solidarische Landwirtschaft
*Infos solidarische Landwirtschaft*
info@solidarische-landwirtschaft.org
www.solidarische-landwirtschaft.org

### Verein zur Erhaltung der Nutzpflanzenvielfalt
*Saatgut, Tauschbörsen, Saatgutfeste, Infos u.v.m.*
36041 Fulda
Tel. 05306-1402
geschaeftsstelle@nutzpflanzenvielfalt.de
www.nutzpflanzenvielfalt.de

### Verein zur Erhaltung und Rekultivierung von Nutzpflanzen
*Saatgut, Schaugarten, Infos u.v.m.*
16278 Greiffenberg/Uckermark
Tel. 033334-70232
vern_ev@freenet.de
www.vern.de

# Literatur


**Acosta, A. (2015): Buen Vivir.**
Vom Recht auf ein gutes Leben.
München: oekom.

**AFSA, GRAIN (2015): Land and seed laws under attack.**
Who is pushing changes in Africa? [www.grain.org/article/entries/5121-land-and-seed-laws-under-attack-who-is-pushing-changes-in-africa; 10.11.2015].

**Altieri, M. (1983): Agroecology, the scientific basis for alternative agriculture.**
Berkeley: U.C. Berkeley.

**Altieri, M., Nicholls, C. (2005): Agroecology and the search for a truly sustainable agriculture.**
Mexiko: United Nations Environment Programme.

**Anderson, E. (1952): Plants, man and life.**
Boston: Little, Brown & Company.

**Arche Noah (2014): Danke allen UnterstützerInnen!**
[www.arche-noah.at/politik/saatgutverordnung/-danke-allen-unterstuetzerinnen; 10.11.2015].

**Arvay, C. G. (2014): Hilfe, unser Essen wird normiert!**
Wie uns EU-Bürokraten und Industrie vorschreiben, was wir anbauen und essen sollen.
München: Redline.

**Bachmann, L., Cruzada, E., Wright, S. (2009): Food security and farmer empowerment.**
A study of the impacts of farmer-led sustainable agriculture in the Philippines. Carbern Village: MASIPAG.

**Bannier, H. (2013): Krankheitsanfälligkeit und Inzucht inklusive.**
Plädoyer für die Wertschätzung und züchterische Nutzung vitaler alter Sorten.
[www.arche-noah.at/files/moderne-apfelsorten.krankheitsanfaelligkeit-inklusive.pv-jh.2013_webseite_pdf.pdf; 10.11.2015].

**BD (The Berne Declaration) (Hrsg.) (2014): Owning seeds, accessing food.**
A human rights impact assessment of UPOV 1991 based on case studies in Kenya, Peru and the Philippines. [www.evb.ch/fileadmin/files/documents/Saatgut/2014_07_10_Owning_Seed_-_Accessing_Food_report_def.pdf; 10.11.2015].

**BDP (Bundesverband Deutscher Pflanzenzüchter) (2015a): Die Pflanzenzüchter.**
Imagefilm. [www.die-pflanzenzuechter.de/ueber-uns.html; 10.11.2015].

**Becker, H. (2011): Pflanzenzüchtung.**
Stuttgart: Eugen Ulmer.

**Bergstedt, J. (2011): Monsanto auf Deutsch.**
Flensburg: SeitenHieb-Verlag.

**Bertolami, S. (1981): Für wen die Saat aufgeht.**
Pflanzenzucht im Dienste der Konzerne.
Basel: Z-Verlag.

**BfN (Bundesamt für Naturschutz) (2015): Nagoya-Protokoll**
(Nutzung genetischer Ressourcen).
[www.bfn.de/index_abs.html; 10.11.2015].

**Böll et al. (Heinrich-Böll-Stiftung, BUND, IASS, Le Monde diplomatique) (Hrsg.) (2015): Bodenatlas.**
Daten und Fakten über Acker, Land und Erde.
Würzburg: Phoenix Print GmbH. [www.boell.de/sites/default/files/bodenatlas2015_iv.pdf; 10.11.2015].

**Brodal, S. (2006): Moderne Sklavenarbeit in der europäischen Landwirtschaft.**
Illegalität und Ausbeutung. Widerspruch 51/06:155–164.

**Brosius, B. (2004): Entstehung und Entfaltung einer egalitären Gesellschaft.**
München. [www.urkommunismus.de/catalhueyuek.pdf; 10.11.2015].

**BSA (Bundessortenamt) (2015): Bundessortenamt.**
[www.bundessortenamt.de/internet30/index.php?id=3; 10.11.2015].

**BS (Bingenheimer Saatgut AG) (2015): Ökologische Saaten.**
Bingenheimer Saatgut.
Paderborn: Bonifatius Druck- und Buchverlag.

BUKO (BUKO-Kampagne gegen Biopiraterie) (Hrsg.) (2005): Grüne Beute.
Biopiraterie und Widerstand. Grafenau/ Frankfurt a.M.: Trotzdem Verlagsgenossenschaft.

BUKO et al. (BUKO-Kampagne gegen Biopiraterie, Europäisches BürgerInnenforum, Interessengemeinschaft gentechnikfreie Saatgutarbeit) (Hrsg.) (2008): Kulturpflanzen-Vielfalt für alle!
Dokumentation der 3. Europäischen Saatgut-Tagung. Halle/Saale, 19.–20.05.2007. [www.biopiraterie.de/fileadmin/pdf/Saatgut-Tagung_Halle/Docu_Halle_2007_de.pdf; 10.11.2015].

BUKO Agrar-Koordination (Hrsg.) (1998): Saatgut.
Stuttgart: Schmetterling Verlag.

BUKO Agrar-Koordination (Hrsg.) (2002): Biologische Vielfalt und Ernährungssicherung.
Stuttgart: Schmetterling Verlag.

Carstensen, J., Andersen, J., Gustafsson, B., Conley, D. (2014): Deoxygenation of the Baltic Sea during the last century.
PNAS 111/15:5628–5633.

CEO (Corporate Europe Observatory) (2013): Open Letter on the conflicts of interest with the seed industry of a national expert seconded to DG SANCO.
[www.corporateeurope.org/agribusiness/2013/04/open-letter-conflicts-interest-seed-industry-national-expert-seconded-dg-sanco; 10.11.2015].

CEO (2013a): Is the seed industry about to win a decisive victory in the battle over food chain control?
[www.corporateeurope.org/blog/seed-industry-about-win-decisive-victory-battle-over-food-chain-control, 10.11.2015].

CFS (Center for food safety) (2005): Monsanto vs. farmers.
Washington. [www.centerforfoodsafety.org/files/cfsmonsantovsfarmerreport11305.pdf; 10.11.2015].

Charles, D. (2014): Plant breeders release first ›open source seeds‹.
NPR 17.4.2014. [www.npr.org/sections/thesalt/2014/04/17/303772556/plant-breeders-release-first-open-source-seeds; 10.11.2015].

Christ, M. (Hrsg.) (2010): Bedrohte Saat.
Saatgutpflege und der Kampf gegen die Macht der Agrarkonzerne. Dornach: Pforte.

Clar, S. (2002): Die Grüne Revolution.
In: BUKO Agrar-Koordination (Hrsg.) (2002:43–48).

Cropp, J.-H. (2013): Was ist eigentlich ›solidarisch‹ an der ›Solidarischen Landwirtschaft‹?
[www.keimform.de/2013/was-ist-eigentlich-solidarisch-an-der-solidarischen-landwirtschaft; 10.11.2015].

Dreschflegel (2015): Saaten & Taten 2015.
Witzenhausen.

DS (Deutsche Stimme) (2006): Für die Ernährungssouveränität der Völker.
Im Gespräch mit Helmut Ernst. Deutsche Stimme 09/2006.

Duranti, J. (2013): A struggle for survival in Colombia's countryside.
Eyes on trade, 31.08.2013. [www.bilaterals.org/spip.php?article23762; 10.11.2015].

ETC (ETC Group) (2013): Putting the cartel before the horse ...and farm, seeds, soil, peasants, etc.
Who will control agricultural inputs, 2013? Communiqué Nr. 111. [www.etcgroup.org/putting_the_cartel_before_the_horse_2013; 10.11.2015].

ETC (2013a): With climate change... who will feed us?
Twenty things we don't know about world food security. [www.etcgroup.org/sites/www.etcgroup.org/files/Food%20Poster_Design-Sept042013%20copy.pdf; 10.11.2015].

EvB, PSR (Erklärung von Bern, ProSpecieRara) (2014): Saatgut.
Bedrohte Vielfalt im Spannungsfeld der Interessen. [www.evb.ch/fileadmin/files/documents/Saatgut/Doku_Saatgut_D_Web.pdf; 10.11.2015].

EvB, Forum UE, Miseror (2014): Agropoly.
Wenige Konzerne beherrschen die weltweite Lebensmittelproduktion. [www.evb.ch/fileadmin/files/documents/Shop/EvB_Agropoly_DE_Neuauflage_2014_140707.pdf; 10.11.2015].

Exner, A., Kratzwald, B. (2012): Solidarische Ökonomie & Commons.
Wien: Mandelbaum kritik & utopie.

**Fagan, J., Antonio, M., Robinson, C. (2014): GMO myths and truths.**
London: Earth Open Source. [www.earthopensource.org/earth-open-source-reports/gmo-myths-and-truths-2nd-edition; 10.11.2015].

**FAO (Food and Agriculture Organization of the United Nations) (1997): The state of the world's plant genetic resources for food and agriculture.**
Rom: FAO. [ftp.fao.org/docrep/fao/meeting/015/w7324e.pdf; 10.11.2015].

**FAO (2011): The state of food and agriculture 2010–2011. Women in agriculture.**
Closing the gender gap for development. Rom: FAO. [www.fao.org/docrep/013/i2050e/i2050e.pdf; 10.11.2015].

**Fatheuer, T. (2011): Buen Vivir.**
Eine kurze Einführung in Lateinamerikas neue Konzepte zum guten Leben und zu den Rechten der Natur. Berlin: Heinrich-Böll-Stiftung. [www.boell.de/sites/default/files/Endf_Buen_Vivir.pdf; 10.11.2015].

**Fleck, M., Boie, P. (2009): Fair-Breeding.**
Wegweisende Partnerschaft zwischen Naturkostfachhandel und Gemüsezüchtern. In: AgrarBündnis (Hrsg.) (2009:116–120): Der kritische Agrarbericht. [www.kritischer-agrarbericht.de/fileadmin/Daten-KAB/KAB-2009/Fleck_Boie.pdf; 10.11.2015].

**Flitner, M. (1995): Sammler, Räuber und Gelehrte.**
Die politischen Interessen an pflanzengenetischen Ressourcen 1895–1995. Frankfurt a.M.: Campus.

**Forster, F. (2008): Ernährungssouveränität: Alternativen, Widerstand und Perspektiven.**
Über die gesellschaftspolitische Relevanz von Ernährung. Kurswechsel 3/2008:59–69.

**Forum UE (Forum Umwelt und Entwicklung) (Hrsg.) (2015): Konzernmacht grenzenlos.**
Die G7 und die weltweite Ernährung. Berlin. [www.forumue.de/wp-content/uploads/2015/05/Konzernmacht_grenzenlos_Broschuere_A4_web.pdf; 10.11.2015].

**Franke, N. M. (2012): Naturschutz gegen Rechtsextremismus.**
Eine Argumentationshilfe. Mainz: Landeszentrale für Umweltaufklärung Rheinland-Pfalz. [www.umdenken.de/cweb/cgi-bin-noauth/cache/VAL_BLOB/5858/5858/1283/brosch%FCre%20downloadversion2.pdf; 10.11.2015].

**Frühschutz, L. (2008): Hybrid-Saatgut passt nicht zu Bio – und ist trotzdem weit verbreitet.**
BioHandel 9/2008:24–29.

**Fuchs, N. (2010): Agro-Gentechnik – Stolperstein für eine gesellschaftliche Neuorientierung.**
In: Christ, M. (Hrsg.) (2010:89–116).

**Gelinsky, E. (2013): Geistige Eigentumsrechte im Bereich der neuen Pflanzenzuchtverfahren.**
Literaturübersicht und Einschätzungen im Auftrag der Eidgenössischen Ethikkommission für die Biotechnologie im Außerhumanbereich. Arau.

**Gendreck-weg (Hrsg.) (2010): Risiken und Nebenwirkungen.**
Die Genbank Gatersleben und die Freisetzung von gentechnisch verändertem Weizen. Hamm: AbL Verlag. [www.gen-ethisches-netzwerk.de/files/Risiken_und_Nebenwirkungen__online__final.pdf; 10.11.2015].

**GRAIN (2004): Iraq's new patent law: A declaration of war against farmers.**
[www.grain.org/article/entries/150-iraq-s-new-patent-law-a-declaration-of-war-against-farmers; 10.11.2015].

**GRAIN (2012): The great food robbery.**
How corporations control food, grab land and destroy the climate. Cape Town, Dakar, Nairobi, Oxford: Pambazuka Press.

**GRAIN (2013): Colombia farmers' uprising puts the spotlight on seeds.**
[www.grain.org/article/entries/4779-colombia-farmers-uprising-puts-the-spotlight-on-seeds; 10.11.2015].

**GRAIN (2014): Trade deals criminalise farmers' seeds.**
[www.grain.org/article/entries/5070-trade-deals-criminalise-farmers-seeds; 10.11.2015].

**GRAIN, LVC (La Via Campesina) (2015): Seed laws that criminalise farmers.** Resistance and fightback. [www.grain.org/article/entries/5142-seed-laws-that-criminalise-farmers-resistance-and-fightback; 10.11.2015].

**Grupo Semillas (2011): Las leyes de semillas aniquilan la soberanía y autonomía de los pueblos.** Bogotá: Arfo impresores LTDA. [www.leyesdesemillas.com/app/download/6317802049/cartilla+las+leyes+de+semilla.pdf?t=1344127219; 10.11.2015].

**Heistinger, A. (2001): Die Saat der Bäuerinnen.** Saatkunst und Kulturpflanzen in Südtirol. Innsbruck: loewenzahn.

**Helfrich, S. (2012): Gemeingüter sind nicht, sie werden gemacht.** In: Helfrich, S., Heinrich-Böll-Stiftung (Hrsg.) (2012:85-91): Commons. Für eine neue Politik jenseits von Markt und Staat. Bielefeld: Transcript.

**Helfrich, S. (2014): Dauerkrautfunding und Copyleft für Saatgut-Commons.** Commonsblog, 06.01.2014. [www.commonsblog.wordpress.com/2014/01/06/dauerkrautfunding-und-copyleft-fur-saatgut-commons; 10.11.2015].

**Helfrich, S., Kuhlen, R., Sachs, W., Siefkes, C. (2009): Gemeingüter – Wohlstand durch Teilen.** Berlin: Heinrich-Böll-Stiftung. [www.boell.de/sites/default/files/Gemeingueter_Report_Commons.pdf; 10.11.2015].

**Helfrich, S., Meretz, S., Kratzwald, B. (2012): Was sind Commons?** [www.commonsblog.files.wordpress.com/2007/08/schulservice-1-was-sind-commons.pdf; 10.11.2015].

**Helfrich, S., Kaiser, G. (2014): Sorten als Commons.** Ein Diskussionsbeitrag anlässlich der Internationalen Konferenz ›EU Seed Policy and Legislation – Challenges for Producers, Consumers and Citizens: Who will own the seeds?‹. Brüssel, 22.01.2014. [www.vielfalt-wald.de/commons_saatgut_bruessel_2014.pdf; 10.11.2015].

**Hennenkämper, U. (2012): Die Arbeit der Bäcker-Bauern in Frankreich.** In: Keyserlingk-Institut (2012:28–32): Mitteilungen aus der Arbeit. Heft 24.

**Heyden, B. (2010): Getreidezüchtung am Bodensee.** In: Christ, M. (Hrsg.) (2010:147–186).

**Heyden, B. (2014): Nachrichten aus der Saatgutforschung.** Newsletter des Keyserlingk-Instituts, Dezember 2014. [www.saatgut-forschung.de/aktuell/newsletter; 10.11.2015].

**Howard, P. H. (2009): Visualizing consolidation in the global seed industry: 1996–2008.** Sustainability 1/4:1266-1287. [www.mdpi.com/2071-1050/1/4/1266; 10.11.2015].

**ICA (Instituto Colombiano Agropecuario) (2010): Nueva era para la agroindustria de semilla y las siembras agrícolas en Colombia.** Pressemitteilung vom 17.3.2010. [www.ica.gov.co/Noticias/Agricola/2010/Nueva-era-para-la-agroindustria-de-semilla-y-las-s.aspx; 10.11.2015].

**ICA (2011): Semillas ilegales destruidas.** Pressemitteilung vom 26.08.2011. [www.ica.gov.co/Noticias/Agricola/2011/Semillas-ilegales-destruidas.aspx; 10.11.2015].

**ICIPE (International Centre of Insect Physiology and Ecology) (2015): A novel farming system for ending hunger and poverty in sub-Saharan Africa.** [www.push-pull.net; 10.11.2015].

**Imhoof, M. (2012): More than honey.** Dokumentarfilm.

**IPC (International Potato Center) (2015): Potato.** [www.cipotato.org/potato; 10.11.2015].

**IPK (Leibnitz-Institut für Pflanzengenetik und Kulturpflanzenforschung) (2015): GBIS/I. Genbankinformationssystem des IPK Gatersleben.** [gbis.ipk-gatersleben.de/GBIS_I; 10.11.2015].

**IPK (2015a): Abteilung Genbank.** [www.ipk-gatersleben.de/genbank; 10.11.2015].

**ISAAA (International Service for the Acquisition of Agri-biotech Applications) (2007): Global status of commercialized biotech/GM crops 2007.** Executive summary. ISAAA Brief 37/2007. [www.isaaa.org/resources/publications/briefs/37/executivesummary/default.html; 10.11.2015].

**Jones, S. (2006): Breeding resistance to special interests. In: The Land Institute (2006:13–15): The Land Report 85.**
[www.landinstitute.org/wp-content/uploads/2014/11/LR-085.pdf; 10.11.2015].

**Kaiser, G. (2012): Eigentum und Allmende.**
Alternativen zu geistigen Eigentumsrechten an genetischen Ressourcen. München: oekom.

**Kingsbury, N. (2009): Hybrid.**
The history & science of plant breeding. Chicago, London: The University of Chicago Press.

**Kloppenburg, J. (2004): First the Seed.**
The political economy of plant biotechnology. Wisconsin: The University of Wisconsin Press.

**Kloppenburg, J. (2010): Impeding dispossession, enabling repossession.**
Biological open source and the recovery of seed sovereignty. Journal of Agrarian Change 10/3:367-388. [www.dces.wisc.edu/wp-content/uploads/sites/30/2013/08/2010-Impeding-Dispossession-Enabling-Repossession.pdf; 10.11.2015].

**Kloppenburg, J. (2013): Re-purposing the master's tools.**
The Open Source Seed Initiative and the struggle for seed sovereignty. Vortrag auf der Internationalen Konferenz ›Food Sovereignty: A Critical Dialogue‹. Yale University, 14.–15.09.2013. [www.dces.wisc.edu/wp-content/uploads/sites/30/2013/08/2013-Repurposing.pdf; 10.11.2015].

**Kloppenburg, J., Chappel, J., Colley, M., Goldmann, I., Luby, C., Michaels, T., Morton, F., Slight, M., Stearns, T. (2013): Free as in speech, not as in beer: The Open Source Seed Initiative.**
Vortrag auf der ›Organic Seed Growers Conference‹. Corvallis, 30.01.–01.02.2013. [www.opensource.com/sites/default/files/images/law-uploads/Kloppenburg%20et%20al%202014%20free%20as%20in%20speech_0.pdf; 10.11.2015].

**Knight, D. K. (2010): Romania and the Common Agricultural Policy.**
The future of small scale Romanian farming in Europe. University of Denver, Eco Ruralis Association. [www.sar.org.ro/wp-content/uploads/2013/01/Romania-and-the-Common-Agricultural-Policy.pdf; 10.11.2015].

**Kotschi, J., Kaiser, G. (2012): Open Source für Saatgut.**
Diskussionspapier. Göttingen: AGRECOL. [www.agrecol.de/?q=node/275; 10.11.2015].

**Kotschi, J., Minkmar, L. (2015): Zur Anwendbarkeit von Open Source Lizenzen auf Saatgut.**
Göttingen: AGRECOL. [www.agrecol.de/files/kotschi_&_minkmar_2015.pdf; 10.11.2015].

**Kotschi, J., Wirz, J. (2015): Wer zahlt für das Saatgut?**
Gedanken zur Finanzierung ökologischer Pflanzenzüchtung. Arbeitspapier. Göttingen, Dornach: AGRECOL, Freie Hochschule für Geisteswissenschaft. [www.agrecol.de/files/Kotschi_und_Wirz_DE_2015_6_0.pdf; 10.11.2015].

**Limagrain (2015): The construction of an international cooperative group.**
[bkp2013.limagrain.fr/limagrain/history/the-construction-of-an-international-cooperative-group/article-20/gb.html; 10.11.2015].

**Limagrain (2015a): Annual activity and corporate responsibility report 2014.**
[www.limagrain.com/?action=search.download&idDoc=mediaPDF_642&lang=en; 10.11.2015].

**Lissek-Wolf, G., Lehmann, C., Huyskens-Keil, S. (2012): Die Vielfalt alter Salatsorten – eine Dokumentation.**
Erstellt im Rahmen des Modell- und Demonstrationsvorhabens ›Wiedereinführung alter Salatsorten zur regionalen Vermarktung‹. Berlin: Humboldt-Universität. [www.bmel.de/SharedDocs/Downloads/Landwirtschaft/Klima-und-Umwelt/BiologischeVielfalt/SalatsortenBroschuere.pdf?__blob=publicationFile; 10.11.2015].

**Löwenstein, F. z. (2011): Food Crash.**
Wir werden uns ökologisch ernähren oder gar nicht mehr. München: Pattloch.

**LVC (La Via Campesina) (2011): The international peasant's voice.**
[www.viacampesina.org/en/index.php/organisation-mainmenu-44; 10.11.2015].

**LVC (Hrsg.) (2013): Our seeds, our future.**
Jakarta. [www.viacampesina.org/downloads/pdf/en/EN-notebook6.pdf; 10.11.2015].

LVC (2014): Rede von Elisabeth Mpofu, Konferenz ›Food Sovereignty: A critical Dialogue‹.
Den Haag, 24.01.2014. [www.viacampesina.org/downloads/pdf/en/Elizabeth-The%20Hague-ISS-25%20January%202014.pdf; 10.11.2015].

LVCE (La Via Campesina Europe) (2012): Position on the marketing of seeds, plant health and controls.
Arbeitspapier. [www.eurovia.org/IMG/article_PDF_article_a711.pdf; 10.11.2015].

Mammana, I. (2014): Concentration of market power in the EU seed market.
Studie im Auftrag der Greens/EFA Group im Europäischen Parlament. [www.greens-efa-service.eu/concentration_of_market_power_in_EU_see_market/index.html#1; 10.11.2015].

MASIPAG (2013): About MASIPAG.
[www.masipag.org/about-masipag; 10.11.2015].

Méon, F., Pinkenburg, G. (2014): Selbstmorde: Jeden zweiten Tag nimmt sich ein französischer Landwirt das Leben.
Arte Journal, 27.01.2014. [www.arte.tv/de/selbstmorde-jeden-zweiten-tag-nimmt-sich-ein-franzoesischer-landwirt-das-leben/7773908,CmC=7773718.html; 10.11.2015].

Meyer-Gfeller, P. (2014): Landmais-Ertragsvergleich.
Landmaissorten als echte Alternative zu Hybridmais. Bachelorthesis. Hochschule für Agrar-, Forst- und Lebensmittelwissenschaften Zollikofen.

Mgbeoji, I. (2006): Global biopiracy.
Patents, plants, and indigenous knowledge. New York: UBC.

Michaels, T. (1999). General Public License for Plant Germplasm: A proposal by Tom Michaels.
Vortrag auf der ›Bean Improvement Cooperative Conference‹. Calgary, 06.10.1999.

Mkindi, A. R. (2015): Farmers' seed sovereignty is under threat.
Policy Paper 03/2015. Berlin: Rosa-Luxemburg-Stiftung. [www.rosalux.de/fileadmin/rls_uploads/pdfs/Standpunkte/policy_paper/PolicyPaper_03-2015.pdf; 10.11.2015].

Mooney, P., Fowler, C. (1991): Die Saat des Hungers.
Wie wir die Grundlagen unserer Ernährung vernichten.
Reinbek bei Hamburg: Rowohlt Taschenbuch.

Navdanya (Hrsg.) (2012): Seed freedom.
A global citizens‘ report. Neu-Delhi: Navdanya. [www.navdanya.org/attachments/Seed%20Freedom_Revised_8-10-2012.pdf; 10.11.2015].

NPD (2010): Das Parteiprogramm.
Beschlossen auf dem Bundesparteitag am 4.–5.6.2010 in Bamberg.

NPD (2015): Umwelt – schützt unseren Lebensraum.
[www.npd.de/thema/umwelt; 10.11.2015].

NPOS (No Patents On Seeds) (2015): Patente auf Brokkoli und Tomaten bestätigt.
Patente auf konventionell gezüchtete Pflanzen und Tiere auch in Zukunft möglich. Pressemitteilung vom 27.03.2015. [www.no-patents-on-seeds.org/de/information/aktuelles/patente-brokkoli-tomaten-bestaetigt; 10.11.2015].

Nyéléni (2007): Erklärung von Nyéléni.
Nyéléni, Gemeinde Sélingué, Mali. 27.02.2007. [www.nyeleni.org/spip.php?article331; 10.11.2015].

ÖLB (Ökolandbau) (2015): Ziele ökologischer Pflanzenzüchtung.
[www.oekolandbau.de/erzeuger/pflanzenbau/allgemeiner-pflanzenbau/pflanzenzucht/ziele-oekologischer-pflanzenzuechtung; 10.11.2015].

Osorio, C. (2014): Kolumbien: Vehementer Widerstand gegen Landwirtschaftspolitik.
Archipel 222. [www.forumcivique.org/de/artikel/kolumbien-vehementer-widerstand-gegen-landwirtschaftspolitik; 10.11.2015].

OSSI (Open Source Seed Initiative) (2014): The Open Source Seed Initiative.
[www.osseeds.org; 10.11.2015].

P.M. (1983): bolo'bolo.
Zürich: Paranoia City.

Patel, R. C. (2012): Food sovereignty:
Power, gender, and the right to food. PLoS Med 9/6.

**Prall, U. (1998): Saatgut und internationale Vorgaben des gewerblichen Rechtsschutzes.**
In: BUKO Agrar-Koordination (Hrsg.) (1998:52–57).

**Prall, U. (2010): Genetische Vielfalt, geistiges Eigentum und Saatgutverkehr. Der Rechtsrahmen.**
In: Christ, M. (Hrsg.) (2010:187–216).

**Projektwerkstatt (2006): Geschlechterverhältnisse und kreativer Widerstand.**
Reiskirchen: Projektwerkstatt. [www.projektwerkstatt.de/gender/download/a5_gender.pdf; 10.11.2015].

**ProPlanta (2015): Deutschlands größtes Weizenzucht-Projekt startet.**
Nachricht vom 04.05.2015. [www.proplanta.de/Agrar-Nachrichten/Pflanze/Deutschlands-groesstes-Weizenzucht-Projekt-startet_article1430737047.html; 10.11.2015].

**RAFI (Rural Advancement Foundation International) (2000): Mexican bean biopiracy:**
US-Mexico legal battle erupts over patented ›Enola‹ bean. [www.grain.org/es/article/entries/1884-biopiracy-news-from-brazil-guyana-and-%20mexico%20MEXICAN; 10.11.2015].

**Ragonnaud, G. (2013): The EU seed and plant reproductive material market in a perspective: A focus on companies and market shares.**
Brüssel: Europäisches Parlament. [www.lfl.bayern.de/mam/cms07/ipz/dateien/studie_des_eu-parlaments_zur_gr%C3%B6%C3%9Fe_der_saatgutfirmen.pdf; 10.11.2015].

**Rasper, M. (2012): Vom Gärtnern in der Stadt.**
Die neue Landlust zwischen Beton und Asphalt. München: oekom.

**Ray, J. (2012): The seed underground.**
A growing revolution to save food. White River Junction: Chelsea Green Publishing.

**Reinhardt, S., Lunnebach, S. (2002): Die Bedeutung der indigenen Gemeinschaften für die Kulturpflanzenvielfalt in Ecuador.**
In: BUKO Agrar-Koordination (Hrsg.) (2002:14–20).

**Röder, B. (Hrsg.): Ich Mann, du Frau.**
Feste Rollen seit Urzeiten? Freiburg: Rombach.

**Roeckl, C., Willing, O. (2006): Eine Aufgabe für alle.**
Ökologische Saatgutzüchtung und ihre Voraussetzungen. In: AgrarBündnis (Hrsg.) (2006:139–144): Der Kritische Agrarbericht. [www.kritischer-agrarbericht.de/fileadmin/Daten-KAB/KAB-2006/Roeckl_Willing.pdf; 10.11.2015].

**RSLC (Red de Semillas Libres de Colombia) (2013): Documento de posición por la defensa de las semillas.**
Revista Semillas 53/54:56–57. [www.semillas.org.co/es/revista/53-54; 10.11.2015].

**Saatgutkampagne (2012): Politisch-rechtliches zu Erhaltungssorten.**
[www.saatgutkampagne.org/erhaltungsrecht.html; 10.11.2015].

**Saatgutkampagne (2014): Widerständige Saat.**
Über Saatgutindustrie, das EU-Saatgutrecht und das Engagement für Saatgut-Souveränität. [www.saatgutkampagne.org/PDF/Booklet_Saatgutfilm2013_web.pdf; 10.11.2015].

**Saatgutkampagne (2015): Saatgut-Börsen überall!**
[www.saatgutkampagne.org/diverse_boersen.html; 10.11.2015].

**Sahlins, M. (1968): The Original Affluent Society.**
In: Solway, J. (Hrsg.) (2006:79–98): The politics of egalitarianism. Theorie and praxis. New York, Oxford: Berghahn Books.

**Schievelbein, C. (2000): Die eigene Ernte säen.**
Die Auseinandersetzung um Nachbaugebühren und Sortenschutzgesetze. In: AgrarBündnis (Hrsg.): Der Kritische Agrarbericht. [www.ig-nachbau.de/fileadmin/Dokumente/IG_Nachbau/kab_2000.pdf; 10.11.2015].

**Schievelbein, C. (2003): EuGH kippt allgemeinen Auskunftsanspruch.**
Erfolg im Nachbaustreit für Bäuerinnen und Bauern. Unabhängige Bauernstimme, Sonderdruck zum EuGH-Erfolg, 5/2003. [www.ig-nachbau.de/fileadmin/Dokumente/IG_Nachbau/bauernstimme_5_2003.pdf; 10.11.2015].

**Schweigler, A. (2014): Monopol und Elend.**
Die weltweite Vereinheitlichung von Saatgut dient den Interessen der Agrarkonzerne und führt zur Entrechtung und Enteignung kleiner Landwirte. Junge Welt, 23.01.2014.

**Scott, J. C. (2014): Applaus dem Anarchismus.**
Wuppertal: Peter Hammer.

**Seedy Sunday (2015): Run your own.**
[www.seedysunday.org.uk/category/runyourown; 10.11.2015].

**Semana (2013): La historia detrás del 970.**
Semana, 24.08.2013. [www.semana.com/nacion/articulo/la-historia-detras-del-970/355078-3; 10.11.2015].

**Shiva, V. (1991): The violence of the Green Revolution.**
Third world agriculture, ecology and politics. London: Zed Books.

**Solano, V. (2012): 9.70 documentary.**
Dokumentarfilm. [www.youtube.com/watch?v=TkQ8U2kHAbI; 10.11.2015].

**SoLawi (Solidarische Landwirtschaft) (2015): Solidarische Landwirtschaft.**
Sich die Ernte teilen. [www.solidarische-landwirtschaft.org; 10.11.2015].

**Stowasser, H. (2006): Anarchie!**
Idee – Geschichte – Perspektiven. Hamburg: Nautilus.

**Szoks, A., Rodriguez, M., Srovnalova, A. (2015): Landgrabbing in Romania.**
Fact finding mission report. Cluj Napoca: Eco Ruralis association. [www.ecoruralis.ro/web/en/Publications; 10.11.2015].

**Then, C. (2015): Handbuch Agro-Gentechnik.**
Die Folgen für Landwirtschaft, Mensch und Umwelt. München: oekom.

**Then, C., Tippe, R. (2009): Saatgut und Lebensmittel.**
Zunehmende Monopolisierung durch Patente und Marktkonzentration. [www.keinpatent.de/uploads/media/Report_Saatgut_und_Lebensmittel.pdf; 10.11.2015].

**Then, C., Tippe, R. (2014): Vor der Entscheidung: Europäische Patente auf Pflanzen und Tiere.**
München: Kein Patent auf Saatgut! [www.no-patents-on-seeds.org/sites/default/files/news/europaeische_patente_auf_pflanzen_und_tiere_2014_2.pdf; 10.11.2015].

**U&A (Umwelt & Aktiv) (2015): An die Besucher der Seite.**
[www.umweltundaktiv.de; 10.11.2015].

**Ubining (2015): Nayakrishi Andolon.**
[www.ubinig.org/index.php/network/userNayakrishi/english; 10.11.2015].

**UPOV (2002): Allgemeine Einführung zur Prüfung auf Unterscheidbarkeit, Homogenität und Beständigkeit und Erarbeitung harmonisierter Beschreibungen von neuen Pflanzensorten.**
TG 1/3. Genf: UPOV. [www.upov.int/export/sites/upov/publications/de/tg_rom/pdf/tg_1_3.pdf; 10.11.2015].

**UPOV (2011): Was ist Sortenschutz?**
Video-Interview mit Willi Wicki. [www.upov.int/overview/de/protection.html; 10.11.2015].

**UPOV (2015): Prüfungsrichtlinien.**
[www.upov.int/test_guidelines/de/list.jsp; 10.11.2015].

**Visser, J. (o.D.): Reconsidering ITPs/breeders law.**
A biological necessity. Utrecht.

**Vivas, E. (o.D.): Without women there is no food sovereignty.**
[www.nyeleni.de/wp-content/uploads/2015/01/e-vivas.pdf; 10.11.2015].

**Wichterich, C. (2012): The future we want.**
A feminist perspective. Berlin: Heinrich-Böll-Stiftung. [www.boell.de/sites/default/files/endf_the_future_we_want.pdf; 10.11.2015].

**Zeller, F. J. (2005): Herkunft, Diversität und Züchtung der Banane und kultivierter Zitrusarten.**
Journal of Agriculture and Rural Development in the Tropics and Subtropics, Beiheft 81. Kassel: University Press. [www.uni-kassel.de/upress/online/frei/978-3-89958-116-4.volltext.frei.pdf; 10.11.2015].

**ZSL (Zukunftsstiftung Landwirtschaft) (Hrsg.) (2009): Wege aus der Hungerkrise.**
Die Erkenntnisse des Weltagrarberichts und seine Vorschläge für eine Landwirtschaft von morgen. Hamm: AbL Verlag.

**ZSL (Hrsg.) (2013): Wege aus der Hungerkrise.**
Die Erkenntnisse und Folgen des Weltagrarberichts: Vorschläge für eine Landwirtschaft von morgen. Hamm: AbL Verlag.

## Saatgut ist Gemeingut
## Lehrfilme zur Samengärtnerei

Die Lehrfilme Saatgut ist Gemeingut richten sich an alle, die lernen wollen, Saatgut von Gemüse selbst zu vermehren. Sie zeigen die vielfältigen Handgriffe, die beim Anbau, Ernten, Sortieren und Lagern von Saatgut angewendet werden. Die Samengärtnerei von 32 verschiedenen Gemüsesorten wird Schritt für Schritt in einzelnen kurzen Filmen erklärt.

Box mit 4 DVD deutsch, englisch und französisch
436 Minuten zum Preis von
58.- CHF inklusive Versandkosten
Ausschnitte auf: www.seedfilm.org

Zu bestellen bei:
Pro Longo mai
Postfach 1848
4001 Basel
oder bei: www.seedfilm.org

## 51 Lebensgeschichten »stiller Heldinnen«

Die Geschichte des ökologischen Landbaus wurde bisher vor allem als Geschichte »großer Männer« geschrieben. Dabei waren auch viele Frauen – wie Mina Hofstetter, Lili Kolisko oder Gabrielle Howard – an der Entwicklung und Verbreitung einer alternativen Landwirtschaft von Anbeginn beteiligt. Heide Inhetveen, Mathilde Schmitt und Ira Spieker zeichnen die Lebensgeschichten und Leistungen von mehr als 50 Pionierinnen nach.

*H. Inhetveen, M. Schmitt, I. Spieker*

**Passion und Profession**
Pionierinnen des ökologischen Landbaus
400 Seiten, Broschur, 26 Euro
ISBN 978-3-96238-293-3
Auch als E-Book erhältlich

---

## Pionierin des ökologischen Landbaus

Historiker Peter Moser macht erstmals die Texte Mina Hofstetters gesammelt zugänglich. Die Schweizer Pionierin des biologischen Landbaus und Ökofeministin stellte ab den 1920ern ihre Ernährung um, bewirtschaftete den Familienbetrieb fortan viehlos und inspirierte weltweit andere, es ihr gleich zu tun.

*P. Moser*

**Mina Hofstetter**
Eine ökofeministische Pionierin des biologischen Landbaus.
Texte und Korrespondenz
402 Seiten, Softcover mit zahlreichen Abbildungen, 34 Euro
ISBN 978-3-98726-071-1
Auch als E-Book erhältlich